动物药理

主 编 程 汉 颜友荣 杨慧萍

苏州大学出版社

图书在版编目(CIP)数据

动物药理/程汉,颜友荣,杨慧萍主编. —苏州:苏州大学出版社,2016.8
ISBN 978-7-5672-1795-9

Ⅰ.①动… Ⅱ.①程… ②颜… ③杨… Ⅲ.①兽医学—药理学—教材 Ⅳ.①S859.7

中国版本图书馆CIP数据核字(2016)第181347号

动物药理

程汉 颜友荣 杨慧萍 主编

责任编辑 周建兰

苏州大学出版社出版发行
(地址:苏州市十梓街1号 邮编:215006)
宜兴市盛世文化印刷有限公司
(地址:宜兴市万石镇南漕河滨路58号 邮编:214217)

开本 787mm×1092mm 1/16 印张15.5 字数387千
2016年8月第1版 2016年8月第1次印刷
ISBN 978-7-5672-1795-9 定价:42.8元

苏州大学版图书若有印装错误,本社负责调换
苏州大学出版社营销部 电话:0512-65225020
苏州大学出版社网址 http://www.sudapress.com

《动物药理》编委会

主　编	程　汉	江苏农牧科技职业学院
	颜友荣	江苏农牧科技职业学院
	杨慧萍	杨凌职业技术学院
副主编	吴海港	信阳农林学院
	陈　高	江苏农牧科技职业学院
	刘秀玲	商丘职业技术学院
编　委	方向红	江苏农牧科技职业学院
	高月秀	江苏农牧科技职业学院
	郝福星	江苏农牧科技职业学院
	叶兆伟	信阳农林学院
	李尽哲	信阳农林学院
	刘锦妮	信阳农林学院
	黄雅琴	信阳农林学院
	申红音	恩施职业技术学院
	罗厚强	温州科技职业学院

前 言

本教材是依据《教育部关于加强高职高专教育人才培养工作的意见》和《关于加强高职高专教育教材建设的若干意见》等文件精神,结合高职高专"培养适应生产、建设、管理、服务第一线,德、智、体、美全面发展的高等技术应用型专门人才"的人才培养目标及相关要求而编写的。

为了使教材符合高职高专教育的教学规律,充分体现高等职业教育的特点,突出能力和素质培养,在编写过程中,注重实践技能的训练和提高,尤其注重教育内容的科学性、针对性、应用性和实践性。

鉴于学科特点,考虑到本课程的培养目标,本教材力求实用和有用。因此,在编写过程中正确处理了理论与实践、局部与整体、微观与宏观、个性与共性、现实与长远、宽与窄、详与略等方面的关系。在内容上力求反映当代新知识、新方法和新技术,以保证其先进性;在结构体系上力求既适用于教学,又方便于实际工作,以保证其实用性;在阐述上力求既精练,又尽可能蕴含丰富的信息,以保证其完整性。

本书不仅可作为高职高专相关专业学生的教材,还可作为基层兽医人员的参考书。

在编写过程中,编者参阅了大量资料并反复修订了教材内容,但限于编者水平,书中难免存在错误和不当之处,敬请同行、专家和广大读者批评指正。

编 者
2016.5

目 录

| 绪 论 | 1 |

第一章 总 论 ... 5

- 第一节 药物的基本知识 ... 5
- 第二节 药物对机体的作用——药效学 ... 10
- 第三节 机体对药物的作用 ... 15
- 第四节 影响药物作用的因素 ... 20
- 第五节 动物诊疗处方的开写 ... 23
- 复习思考题 ... 28

第二章 抗微生物药物 ... 29

- 第一节 防腐消毒药 ... 30
- 第二节 抗生素 ... 40
- 第三节 化学合成抗菌药 ... 59
- 第四节 抗病毒药 ... 73
- 第五节 抗微生物药物的合理应用 ... 74
- 复习思考题 ... 78

第三章 抗寄生虫药物 ... 79

- 第一节 抗寄生虫药物概述 ... 79
- 第二节 抗蠕虫药 ... 82
- 第三节 抗原虫药 ... 88
- 第四节 杀虫药 ... 96
- 复习思考题 ... 101

第四章 作用于中枢神经系统的药物 ... 102

- 第一节 全身麻醉药 ... 102

第二节　镇静药与抗惊厥药 …… 107
第三节　化学保定药 …… 110
第四节　中枢兴奋药 …… 111
复习思考题 …… 114

第五章　作用于外周神经系统的药物 …… 115

第一节　局部麻醉药 …… 115
第二节　作用于传出神经的药物 …… 119
复习思考题 …… 127

第六章　用于消化系统的药物 …… 128

第一节　健胃药与助消化药 …… 129
第二节　制酵药与消沫药 …… 133
第三节　瘤胃兴奋药 …… 134
第四节　泻药与止泻药 …… 134
复习思考题 …… 140

第七章　用于呼吸系统的药物 …… 141

第一节　祛痰药 …… 141
第二节　镇咳药 …… 143
第三节　平喘药 …… 144
第四节　祛痰、镇咳与平喘药的合理选用 …… 144
复习思考题 …… 146

第八章　用于血液循环系统的药物 …… 147

第一节　强心药 …… 148
第二节　止血药 …… 150
第三节　抗凝血药 …… 152
第四节　抗贫血药 …… 153
第五节　血容量扩充药 …… 155
复习思考题 …… 157

第九章　用于泌尿系统的药物 …… 158

第一节　利尿药 …… 158
第二节　脱水药 …… 160
第三节　利尿药和脱水药的合理选用 …… 160

复习思考题 ··· 162

第十章　用于生殖系统的药物 ··· 163

第一节　子宫收缩药 ··· 164
第二节　性激素类药物 ··· 165
第三节　促性腺激素与促性腺激素释放激素 ··· 166
第四节　前列腺素 ··· 168
复习思考题 ··· 170

第十一章　调节新陈代谢的药物 ··· 171

第一节　调节水盐代谢药 ··· 171
第二节　调节酸碱平衡药 ··· 173
第三节　维生素 ··· 174
第四节　钙、磷及微量元素 ··· 177
第五节　糖皮质激素药物 ··· 180
复习思考题 ··· 187

第十二章　抗组胺药与解热镇痛抗炎药物 ··· 188

第一节　抗组胺药 ··· 188
第二节　解热镇痛抗炎药 ··· 190
复习思考题 ··· 197

第十三章　解毒药 ··· 198

第一节　非特异性解毒药 ··· 198
第二节　特异性解毒药 ··· 200
复习思考题 ··· 208

第十四章　技能训练 ··· 209

实验一　实验动物的捉拿、保定及给药方法 ··· 209
实验二　消毒药的配制 ··· 212
实验三　药物的配伍禁忌 ··· 214
实验四　不同剂量对药物作用的影响 ··· 215
实验五　动物诊疗处方开写 ··· 217
实验六　药物的溶血性实验 ··· 218
实验七　防腐消毒药的杀菌效果的观察 ··· 219
实验八　链霉素对神经肌肉传导阻滞作用的观察 ··· 221

实验九　应用管碟法测定抗菌药物的抑菌效果 …………………………………… 222
实验十　应用试管稀释法测定药物的最小抑菌浓度 ……………………………… 224
实验十一　敌百虫驱虫实验 …………………………………………………………… 225
实验十二　水合氯醛的全身麻醉作用及氯丙嗪的增强麻醉作用的观察 ………… 226
实验十三　肾上腺素对普鲁卡因局部麻醉作用的影响的观察 …………………… 228
实验十四　消沫药的消沫作用的观察 ………………………………………………… 229
实验十五　泻药的作用实验 …………………………………………………………… 230
实验十六　不同浓度枸橼酸钠对血液作用的观察 ………………………………… 231
实验十七　利尿药与脱水药的利尿作用的观察 …………………………………… 232
实验十八　解热镇痛药对发热家兔体温影响的观察 ……………………………… 234
实验十九　有机磷酸酯类中毒与解救实验的观察 ………………………………… 235
实验二十　亚硝酸盐中毒与解救实验的观察 ……………………………………… 237

参考文献 ……………………………………………………………………………… 239

绪 论

- 理解动物药理的性质和研究内容。
- 熟练掌握动物药理的基本概念与常用术语。
- 了解动物药理的发展简史。

一、动物药理的概念、性质和内容

动物药理是研究药物与动物机体(包括病原体)之间相互作用规律的一门学科,是为临床合理用药、防治疾病提供基础理论的兽医基础学科。

动物药理是运用动物生理、动物生化、动物病理、动物微生物等基础理论和知识,阐明药物的作用原理、主要适应证和禁忌证,为临床合理用药、防治疾病提供理论基础。所以,它是基础兽医与临床兽医的桥梁,其内容包括两个方面:

1. 药物效应动力学

药物效应动力学简称药效学,是指研究药物对动物机体(包括病原体)的作用规律,阐明药物防治疾病的原理,主要包括药物的作用、作用机制、适应证、不良反应和禁忌证等。

2. 药物代谢动力学

药物代谢动力学简称药动学,是指研究动物机体对药物的处置过程,即药物在动物机体内的吸收、分布、生物转化和排泄过程中药物随时间变化的规律。

药物对机体的作用和机体对药物的处置过程在体内同时进行,并且相互联系,是同一个过程而又紧密联系的两个方面。动物药理探讨这两个过程的规律,为合理用药、发挥药物的治疗作用、减少不良反应打下理论基础,也为寻找新药提供线索,并为认识和阐明动物机体生命活动的本质提供科学依据。

二、学习动物药理的目的和方法

(一)学习目的

学习动物药理的目的主要有三方面:一是使未来的兽医师通过学习动物药理的基本理

论知识,学会正确选药、合理用药,以提高药效,减少不良反应,更好地指导畜牧生产,充分发挥药物防治动物疾病和促进生产的作用,并保证动物性食品的安全,维护人类健康;二是为进行兽医临床前药理实验研究,寻找开发新药及新制剂创造条件;三是更进一步对动物机体的生理生化过程,乃至对生命的本质有所阐明,为发展生物科学做出贡献。

(二) 学习方法

学习动物药理要理论联系实际,应以辩证唯物主义为指导思想,来认识和掌握药物与动物机体之间的相互关系,正确评价药物在防治疾病中的作用。重点要学习现代药理学的基本规律,以及各章节中的代表性药物,分析每类药物的共性和特点。对重点药物要全面掌握其作用、作用原理及应用,并与其他药物进行比较和鉴别。

动物药理又是一门实验性的学科,学习过程中要注重掌握常用的实验方法和基本操作,仔细观察、记录实验结果,通过实验研究,培养学生实事求是的科学作风以及分析问题和解决问题的能力。

三、动物药理的发展简史

动物药理是药理学的组成部分,许多药理学的研究大多以动物实验为基础,所以,动物药理学的发展与药理学的发展有着密切的联系。药物是劳动人民在长期的生产实践中发现和创造出来的,从古代的本草学发展成为现代的药物学经历了漫长的岁月,是前人药物知识和经验的总结。其中本草学发展很早,文献极为丰富,对世界药理学的发展做出了重要的贡献。

(一) 古代本草学或药物学阶段

1. 最早的药物学著作《神农本草经》

大约公元前1世纪,《神农本草经》(简称《本经》或《本草经》)系统地总结了秦汉以来医家和民间的用药经验,贯穿着朴素的唯物主义思想。《神农本草经》当时把"本草"作为药物的总称,即含有以草类治病为本之意,借神农之名问世,是集东汉以前药物学之大成的名著,也是我国现存最早的药物学专著。该书收载药物365种。其中,植物药252种、动物药67种、矿物药46种。本书对药物的功效、主治、用法、服法均有论述。如麻黄平喘、常山截疟、黄连止痢、海藻疗瘿、瓜蒂催吐、猪苓利尿、黄芩清热、雷丸杀虫等,至今仍为临床实践和科学实验所证明。同时,提出了"药有君、臣、佐、使"的组方用药等方剂学理论,堪称现代药物配伍应用实践的典范。

2. 世界第一部药典《新修本草》

《新修本草》又称《唐本草》,由唐代苏敬等二十余人于公元657年开始集体编写,完成于659年,是最早由国家颁布发行的药典,比欧洲著名的纽伦堡药典(1494年)早800多年。全书在陶弘景的《本草经集注》所列730种药物的基础上,新增114味,共844种,54卷。收录了安息香、胡椒、血竭、密陀僧等许多外来药。《新修本草》的颁发,对药品的统一、药性的订正、药物的发展都有积极的促进作用,具有较高的学术水平和科学价值。

3. 闻名世界的药学巨著《本草纲目》

明代李时珍广泛收集民间用药知识和经验,参考 800 余种文献书籍,修改 3 次,历经 27 年的辛勤努力,至 1578 年完成了《本草纲目》,全书 52 卷,190 万字,收药 1892 种,插图 1160 幅,药方 11000 条,曾被译为英、日、德、俄、法、朝、拉丁 7 种文字。《本草纲目》总结了 16 世纪以前我国的药物学,纠正了以往本草书中的某些错误,提出当时纲目清晰、最先进的药物分类法,系统论述了各种药物的知识,纠正了反科学见解,丰富了世界科学宝库,辑录保存了大量古代文献,促进了我国医药的发展,被誉为中国古代的百科全书。

4. 最早的兽医专著《元亨疗马集》

公元 1608 年,明代喻本元、喻本亨等集以前及当时兽医实践经验,编著了《元亨疗马集》,收载药物 400 多种、药方 400 余条,是最早的兽医专著。

(二)近现代药理学阶段

药理学的建立和发展与现代科学技术的发展密切相关。西欧文艺复兴时期(14 世纪开始)后,人们的思维开始摆脱宗教束缚,认为事各有因,只要客观观察都可以认识。瑞士医生 Paracelsus(1493—1541)批判了古希腊医生 Galen 恶液质唯心学说,结束了医学史上 1500 余年的黑暗时代。后来,英国解剖学家 W. Harvey(1578—1657)发现了血液循环,开创了实验药理学新纪元。18 世纪,意大利生理学家 Fontana(1720—1805)通过动物实验对千余种药物进行了毒性测试,得出结论认为,天然药物都有其活性成分,并且选择性作用于机体某个部位而引起典型反应。

而使药理学真正成为一门现代科学是从 19 世纪开始的。Buchheim(1820—1879)在德国建立了第一个药理实验室,写出了第一本药理教科书,他也是世界上第一位药理学教授。其后,他的学生 Schmiedberg(1832—1921)用动物实验方法,研究药物对机体的作用,分析药物的作用部位,进一步发展了实验药理学,被称为器官药理学。他们对现代药理学的建立和发展做出了伟大贡献。德国 Serturner(1804)从阿片中提取出吗啡,用狗实验证明其有镇痛作用。1819 年,德国 Magendi 用青蛙证明士的宁作用于脊髓;1856 年,德国 Bernald 用青蛙证明筒箭毒碱作用于神经肌肉接头,阐明了它们的药理特点,为药理学的发展提供了可靠的实验方法。

20 世纪初,德国 Ehrlich(1909)发现砷凡纳明(606)能治疗锥虫病和梅毒,从而开始用合成药物治疗传染病。1928 年,英国的细菌学家弗莱明在研究葡萄球菌时发现,青霉菌能够产生一种杀死或抑制葡萄球菌生长的物质,他把这种化学物质叫作青霉素。德国 Domagk(1935)发现磺胺类药物可治疗细菌感染。英国 Florey(1940)在 Fleming(1928)研究的基础上,从青霉菌培养液中分离出青霉素,并开始将抗生素应用于临床,开辟了抗寄生虫病和细菌感染的药物治疗,促进了化学治疗学(chemotherapy)的发展。

近年来,由于分子生物学等学科的迅猛发展,以及新技术在药理学中的应用,药理学有了很大发展。如对药物作用机制的研究,已由原来的系统、器官水平,深入到细胞、亚细胞、受体、分子和量子水平;已分离纯化得到多种受体(如 N 胆碱受体等);阐明了多种药物对钙、钠、钾离子通道的作用机制。从中药中提出的镇痛药罗通定,解痉药山莨菪碱,强心苷类药羊角拗甙、黄夹甙和铃兰毒甙等,均在临床上有广泛应用。药理学通过现代科学技术,用科学的理论来解释药物的作用,在深度上出现了生化药理学、分子药理学等。

化学的发展使人们能从植物药中提取有效成分和合成新药,扩大了药物的范围。生化学的发展为药理学的发展提供了可靠的科学方法,使人们能够观察药物对生理功能的影响,从而打破了药物作用的神秘观点。随着生物化学和分子生物学的发展,药理学从整体、器官、细胞和亚细胞水平进入到分子水平,从深度上产生了生化药理学、分子药理学等。随着自然科学的相互渗透,出现了一系列药理学与其他学科之间的边缘学科,如临床药理学、精神药理学、免疫药理学等。其中临床药理学研究药物和人体相互作用的规律、药物的临床疗效、药物不良反应与监测、药物相互作用以及新药的临床评价等。这些分支学科的建立和发展,大大充实与丰富了药理学的研究内容。

然而随着化学药的发展,药物的不良反应也日趋严重。如砷制剂治疗梅毒引起黄疸等,引起了世界各国对药物不良反应的高度重视。荷兰于1972年出版了第一部《药源性疾病》专著,毒理学研究也在不断深入和发展。

我国现代药理学的形成是在20世纪20年代,陈克恢的麻黄研究和相继进行的几十味中药的研究是开创性工作,形成了延续至今的研究思路,即提取化学成分,通过筛选研究确定其药效和有效成分,与植物药的研究模式极为相似。20世纪50—80年代,开展了中药对呼吸、心血管、中枢、抗感染和抗肿瘤的研究。进入20世纪90年代,复方、作用机制和不良反应的研究增多。此外,我国于20世纪50年代开设兽医药理学,1959年出版了全国试用教材《兽医药理学》。之后出版了《兽医临床药理学》《兽医药物代谢动力学》《动物毒理学》等著作。其中较为重要的是冯淇辉教授等主编的《兽医临床药理学》一书,它总结和反映了新中国成立后中西兽药理论研究和临床实践的主要成果,广泛介绍了国外有关兽药方面的新动向和新成就,具有较高的学术水平和实用价值,对提高我国兽药研究水平、促进兽医药理学的发展都有重大作用。

第一章

总　论

王某以前是某企业的一名职工,现在看到兽药行业发展前景很好,经济效益较高,欲投资开办一个兽药店。王某与你所在的兽药公司董事长是多年的老朋友,总经理指派你指导王某开办兽药店,为王某兽药店的开办提出建议。

- 掌握动物药理的基本概念及常用术语。
- 掌握药物对机体作用的基本形式、类型、二重性及作用机制,理解药物的构效关系与量效关系。
- 掌握机体对药物的作用,即药物在体内的转运转化以及影响药物作用的因素。
- 理解处方内容,能对格式不规范的动物处方进行纠正。

- 掌握动物诊疗处方的开写。
- 掌握剂量对动物作用的影响。

第一节　药物的基本知识

▶▶ 一、基本概念

药物是指用于疾病治疗、预防和诊断的安全、有效和质量可控的化学物质。以动物为使用对象的药物称为兽药,主要包括血清制品、疫苗、诊断制品、微生态制剂、中药材、中成药、化学药品、抗生素、生化药品、放射性药品及外用杀虫剂、消毒剂等。此外,还包括有目的地调节动物生理机能的物质。毒物是指能够对动物体产生损害作用或使动物体出现异常反应的物质。药物超过一定的剂量也能产生毒害作用,药物与毒物之间仅存在剂量的差别,并无绝对的界限,药物剂量过大或者长期使用也可能成为毒物。

兽用处方药是必须凭执业兽医师开写处方才可调配、购买和使用的药品;兽用非处方药是指由国务院兽医行政管理部门公布的、不需要凭兽医处方就可以自行购买并按照说明书使用的兽药。处方药和非处方药不是药品本质的属性,而是管理上的界定。无论是处方药还是非处方药,它们都是经过国家药品监督管理部门批准的,其安全性和有效性是有保障的。

二、药物的来源

药物种类很多,根据其来源大体可以分为三大类。

1. 天然药物

利用自然界的物质经过加工而成的药物,称为天然药物。天然药物还可以进一步分为来源于动物、植物、矿物及微生物的药物。

2. 合成药物

合成药物是指应用分解、结合及取代等化学方法合成的药物,如磺胺类药物等。当然,许多人工合成药物是在天然药物的化学结构基础上加以改造而成的。因此,天然药物和人工合成药物并无绝对区别。

3. 生物技术药物

生物技术药物是指通过细胞工程、基因工程等分子生物学技术生产的药物。例如,疫苗、单抗、纤溶酶原激活剂、生长因子等。

三、药物的剂型

根据兽药典或兽药规范将原料药物加工成具有一定形态和规格的药品,称为药物剂型,简称剂型,如片剂、注射剂、胶囊剂等。通常将药物剂型按形态分为液体剂型、气体剂型、固体剂型及半固体剂型。

(一)液体剂型

1. 芳香水剂

芳香水剂系指挥发油或其他挥发性芳香药物的饱和或近饱和澄明水溶液。例如,薄荷水、樟脑水等。

2. 醑剂

醑剂系指挥发性药物的浓乙醇溶液。由于挥发性药物在乙醇中的溶解度一般均比在水中的大,所以醑剂的浓度比芳香水剂的大得多,为 5% ~ 20%。醑剂中乙醇的浓度一般为 60% ~ 90%。当醑剂与水性制剂混合或制备过程中与水接触时,可因乙醇浓度降低而发生浑浊。例如,樟脑醑、芳香氨醑等。

3. 溶液剂

溶液剂系指药物溶解于适宜溶剂中制成的澄清液体制剂。其溶质一般为非挥发性的低分子化学药物。溶剂多为水,也可为乙醇、植物油或其他液体。例如,过氧化氢溶液、氨溶液等。

4. 注射剂

注射剂系指药物制成的供注入体内的无菌溶液(包括乳浊液和混悬液)以及供临用前配成溶液或混悬液的无菌粉末或浓溶液。例如,葡萄糖注射液、注射用青霉素 G 钾等。

5. 合剂

合剂系指由两种或两种以上药物制成的液体制剂,一般以水作溶剂,供内服用。例如,胃蛋白酶合剂、三溴合剂等。

6. 搽剂

搽剂系指药材提取物、药材细粉或挥发性药物,用乙醇、油或适宜的溶剂制成的澄清或混悬的外用液体制剂。例如,松节油搽剂、樟脑搽剂等。

7. 酊剂

酊剂系指把生药浸在乙醇里或把化学药物溶解在乙醇里而成的药剂。例如,颠茄酊、橙皮酊、碘酊等。

8. 乳剂

乳剂由水和油通过乳化而成。有两种类型,一种是水分散在油中,另一种是油分散在水中。例如,氯氰菊酯水乳剂。

9. 浸剂

浸剂系指浸泡生药所得的溶液,如洋地黄浸剂。

10. 流浸膏剂

流浸膏剂系指药材用适宜的溶剂浸出有效成分,蒸去部分溶剂,调整浓度至规定标准而制成的制剂。除另有规定外,流浸膏剂每 1mL 相当于原药材 1g。例如,马钱子流浸膏等。

11. 煎剂

煎剂又称汤剂,是中草药加水煎煮,滤去药渣的液体制剂。

(二)气体剂型

1. 气雾剂

气雾剂系指含药乳液或混悬液与适宜的抛射剂共同装封于具有特制阀门系统的耐压容器中,使用时借助抛射剂的压力将内容物呈雾状物喷出,用于肺部吸入或直接喷至腔道黏膜、皮肤及空间消毒的制剂。

2. 喷雾剂

喷雾剂系指不含抛射剂,借助手动泵的压力将内容物以雾状等形态释出的制剂。按使用方法分为单剂量和多剂量喷雾剂,按分散系统分为溶液型、乳剂型和混悬型。

(三)固体剂型

1. 散剂

散剂系指一种或数种药物经粉碎、混匀而制成的粉末状制剂。散剂表面积较大,因而具有易分散、奏效快的特点。例如,内服用的健胃散、外用的消炎粉等。

2. 片剂

片剂系指药物与辅料均匀混合后压制而成的片状制剂。片剂以口服普通片为主，也有含片、舌下片、口腔贴片、咀嚼片、分散片、泡腾片、阴道片、速释或缓释或控释片与肠溶片等。

3. 膜剂

膜剂系指药物与适宜的成膜材料经加工制成的膜状制剂。此剂型体积小，重量轻，便于携带，服用方便。

4. 胶囊剂

胶囊剂系指将药物填装于空心硬质胶囊中或密封于弹性软质胶囊中制成的固体制剂，构成上述空心硬质胶囊壳或弹性软质胶囊壳的材料是明胶、甘油、水以及其他药用材料。

（四）半固体剂型

1. 软膏剂

软膏剂系指药物与适宜基质均匀混合制成的具有一定稠度的半固体外用制剂。其中用乳剂基质制成的易于涂布的软膏剂被称为乳膏剂。常用的基质有凡士林、石蜡、液状石蜡、羊毛脂、聚乙二醇等。

2. 栓剂

栓剂系指药物与适宜基质制成的具有一定形状的供腔道给药的固体制剂。栓剂在常温下为固体，被塞入腔道后，在体温下能迅速软化熔融或溶解于分泌液，逐渐释放药物而产生局部或全身作用。

3. 大丸剂

大丸剂系指将药材细粉或药材提取物加适宜的黏合剂或辅料制成的球形或类球形制剂。每丸重量较大，一般在 1.5g 以上。服用时按数计算，在胃肠道缓慢崩解，逐渐释放药物，作用持久。

4. 浸膏剂

浸膏剂系指药材用适宜的溶剂浸出有效成分，浓缩、调整浓度至规定标准而制成的粉状或膏状制剂。除另有规定外，浸膏剂每1g相当于原药材 2~5g。生药用适当溶剂浸出并经调整浓度的膏状制剂，有干浸膏和稠浸膏两类。

▶▶▶ 四、药物的保管与贮存

药物在保管和贮存过程中容易受到多种因素的影响，这些影响因素常常会引起药物失效或效价降低，甚至发生变质，导致毒副作用增强，因此，保管员必须了解药物保存的基本常识，对药物进行正确的贮存，以保证其药效的稳定。

（一）引起药物变质的主要因素

1. 空气

空气中的氧或其他物质释放出的氧容易导致药物氧化，空气中的二氧化碳也可以使药物碳酸化，引起药物的变质失效。

2. 温度

温度过高可以使药物的挥发加快,还可以促进药物的氧化、分解等化学反应而加速药品的变质、变形、减量、爆炸等。高温会使各种生物制品尤其是活疫苗的效价降低或失去免疫原性,使抗生素、维生素、酶制剂及某些激素类药物变质失效;温度过低会使一些药品发生冻结、分层、聚合或析出结晶等变化而使药效降低。

3. 湿度

湿度过高时,有些药物会吸湿而发生潮解、液化、变形,促进微生物的滋生发生霉变,导致失效或药效降低。湿度过低会使一些含有结晶水的药物失去结晶水成为粉末,其用药单位重量就不符合标准了。

4. 光线

日光中的紫外线可使许多药物发生变色、氧化、还原和分解等化学反应。

5. 贮存时间

即使贮存条件适宜,药物也应该有一定的贮存期。贮存过久会发生变质和失效,尤其是抗生素、维生素类以及生物制品类。所以应正确地保管和使用药物,看好标签上的生产日期、出厂日期、批次、有效期或失效期等内容,掌握"先进先出先用,易坏先出先用,接近失效期先出先用"的原则。

(二) 药物保管与贮存的一般方法

一般药品都应该按照兽药典或兽药规范中规定的条件贮存和保管。

1. 药品的包装规定

(1) 密封,即将容器密封,以防止风化、吸潮、挥发或异物污染。

(2) 密闭,即将药品的容器密闭,防止外界的尘土和异物混入。

(3) 熔封,即将容器用适当的材料严封住,防止空气、水分或细菌等有害物侵入,降低药品效价。

(4) 避光容器保存,即用棕色的容器或用黑色的纸包裹的无色玻璃容器和其他容器包装好。

另外,标签上经常提到的阴凉处是指避光且环境温度不超过20℃,冷处是指保存温度为2℃~10℃,干燥处是相对湿度在75%以下的环境。

2. 根据药品的性质和剂型分类保管

临床上的药物根据其性质一般分为普通药、毒药、剧毒药、危险药品等。在分类保存的时候,毒药和剧毒药品应该设立专账专柜并加锁由专人保管。每种药品都有明显的标志,并以不同的颜色加以区分,单独存放,严禁混淆。

3. 建立药物保管账目

经常进行检查,定期盘点,并采取有效措施,以防止腐败、发酵、霉变、虫蛀和鼠害等。

4. 根据药品的特性采取不同的贮存方法

(1) 对于易潮的药品,应该放在密封的容器中在干燥处保存。

(2) 对于易风化的药品,除了密封外,还要有适宜的湿度进行保存。

（3）对于易氧化的药品，应该严密包装并置于阴凉处保存。

（4）对于容易光化的药品，应该用有色瓶或在包装的容器外加黑色的纸进行避光，放置在阴暗处保存。

（5）对于容易碳酸化的药品，应该严密包装并在阴凉处保存。

（6）需要冷冻或冷藏的药品是指通常在常温下容易被破坏变质或失效的药品，应该将它们按说明书上要求的温度放置在冰箱、冷库以及液氮罐中贮存。

第二节 药物对机体的作用——药效学

在药物的影响下，机体发生的生理、生化机能或形态的变化，称为药物对机体的作用或效应，简称药效学。这是药理学研究的主要问题，也是应用药物防治疾病的依据。

▶▶ 一、药物的基本作用

（一）药物作用的基本表现

药物对动物机体的作用是指药物作用于机体而引起机体机能改变的反应，即药物接触或进入机体后，所产生的在组织细胞生理机能、生化过程或形态学上的变化。例如，肾上腺素对心脏的作用是它与心肌 β 受体的结合，其效应则是所继发的心肌收缩力的加强。此外，还有对入侵机体的病原体的杀灭，补充机体维生素、激素等的不足，以及改变机体的反应性，增强机体抗病能力等，也属于药物的作用。

药物的作用表现有机体机能活动增强或减弱两种类型，即兴奋与抑制。兴奋作用是指原有机能水平的提高，如反射的加强、腺体分泌的增加以及肌肉的收缩等，与之相反则称为抑制作用。例如，咖啡因能兴奋中枢神经系统，加强机体的机能活动，表现为兴奋；戊巴比妥钠能减弱中枢神经系统的机能活动，表现为抑制。

必须指出的是，兴奋与抑制不是固定不变的，兴奋药用量过大或兴奋时间过久，便会转入超限抑制状态；过度抑制常使机体机能活动接近停止状态而不易恢复，称为麻痹；有些抑制药在产生抑制之前也可能出现短时间的兴奋。此外，同一药物作用于不同器官的同一类组织可能引起两种性质相反的效应。例如，肾上腺素对小血管平滑肌表现为收缩，而对支气管平滑肌表现为松弛。

（二）药物作用的方式

药物可通过不同的方式对机体产生作用。药物在吸收入血液之前，在用药局部产生的作用称为局部作用，如乙醇对皮肤黏膜的消毒作用、局部麻醉药的局麻作用等。药物经吸收进入全身循环后分布到作用部位产生的作用称为吸收作用，又称全身作用，如吸入性麻醉药产生的全身麻醉作用。

从药物作用发生的顺序或原理来看,有直接作用与间接作用。药物与器官组织直接接触后所产生的作用称为直接作用,又称原发作用,如洋地黄毒苷被机体吸收后,直接作用于心脏,加强心肌收缩力,改善心力衰竭症状。由药物的某一作用而引起的另一作用,一般是通过神经反射或体液调节所引起的作用称为间接作用,又称继发作用。如在洋地黄的直接作用后,能改善全身血液循环,肾血流量增加,尿量增多,心衰性水肿减轻或消除,这是洋地黄的间接作用。

(三)药物作用的选择性

机体不同器官、组织对药物的敏感性表现出明显的差异,对某一器官、组织作用特别强,而对其他组织的作用很弱,甚至对相邻的细胞也不产生影响,这种现象被称为药物作用的选择性。例如,麦角选择作用于子宫;洋地黄强心苷对于心肌有高度的选择作用,而对骨骼肌则不产生影响。药物作用的选择性是治疗的基础,选择性高、针对性强能产生很好的治疗效果,副作用很少或没有;反之,选择性低时针对性不强,副作用也较多。当然,有些药物选择性较低,应用范围较广,应用时也有方便之处。

(四)药物的治疗作用与不良反应

临床用药治疗疾病时,可能产生多种药理效应,有的能对疾病产生有利的作用,称为治疗作用;其他与用药目的无关或对动物产生损害的作用,称为不良反应。大多数药物在发挥治疗作用的同时,都存在不同程度的不良反应,这就是药物作用的两重性。

1. 治疗作用

(1)对因治疗。消除原发致病因子,彻底治愈疾病的药物作用被称为对因治疗,中医称之为治本,如抗生素消除体内致病菌。

(2)对症治疗。改善症状的药物作用被称为对症治疗,中医称之为治标。对症治疗虽然不能根除病因,但在病因未明、症状严重的情况下,如处于休克、心力衰竭、惊厥等情况时,就必须立即采取有效的对症治疗,以减轻症状,赢得治疗时间,这就显得相当重要。

2. 不良反应

(1)副作用。应用治疗量的药物后所出现的与治疗目的无关的药理作用被称为副作用,又称副反应。例如,阿托品用于解除胃肠痉挛时,会引起口腔干燥、心悸、便秘等副作用。

(2)毒性反应。大多数药物都有一定的毒性,只不过毒性反应的性质和程度不同而已。一般毒性反应是在药物剂量过大、用药时间过长或药物在体内蓄积过多时引起的危害性反应。用药后立即发生的被称为急性毒性,其都由用药剂量过大引起的;长期用药在体内蓄积而逐渐发生的毒性被称为慢性毒性反应,少数药物能产生特殊毒性,即致癌、致畸胎、致突变反应。药物的毒性作用一般是可以预知的,应该设法减轻或防止。

(3)过敏反应又被称为变态反应,是指机体对某些抗原初次应答后,再次接受相同抗原刺激时发生的一种以机体生理功能紊乱或组织细胞损伤为主的特异性免疫应答。致敏原可能是药物本身,也可能是药物在体内的代谢产物,或是药物制剂中的杂质。它们本身多为半抗原,进入体内后与蛋白结合形成全抗原,刺激免疫机制产生抗体。当药物再次进入机体时,抗原与抗体结合形成抗原-抗体复合物,从而导致组织细胞损伤或功能紊乱,发生变态反应。这种反应与药物剂量无关,也不属于药物所固有的药理作用。一般表现为皮疹、支气管哮喘、血清病综合征甚至过敏性休克。

(4) 继发性反应。由药物治疗作用引起的不良后果,被称为继发性反应。如成年草食动物胃肠道有许多微生物寄生,正常情况下菌群之间维持平衡的共生状态。如果长期使用四环素类广谱抗生素,对药物敏感的菌株受到抑制,菌群间相对平衡受到破坏,导致一些不敏感的细菌或抗药的细菌大量繁殖,引起中毒性肠炎或全身感染,这种继发性反应又被特称为二重感染。

(5) 后遗效应。停药后血药浓度已降至阈浓度以下时残存的药理效应被称为后遗效应。例如,长期应用肾上腺皮质激素,停药后肾上腺皮质功能低下,数月内难以恢复。后遗效应不仅能产生不良反应,有效药物也能产生对机体有利的后遗效应,如大环内酯类及氟喹诺酮类药物有较长的抗菌药后效应。

▶▶ 二、药物的作用机制

药物的作用机制是研究药物为什么起作用、如何起作用及在哪个部位起作用的问题。阐明这些问题有助于理解药物的治疗作用和不良反应,并为了解药物对机体生理、生化功能的调节提供理论基础。

(一) 非特异性药物作用机制

主要通过借助于渗透压、络合、酸碱度等改变细胞周围的理化环境而发挥药效,与药物的解离度、溶解度、表面张力等有关,但与药物的化学结构关系不大。如甘露醇利用渗透压发挥组织脱水和利尿作用;二巯基丁二酸钠等能与汞、砷络合形成无活性、可溶的环状络合物,可随尿排出;碳酸氢钠等抗酸药能中和胃酸,可治疗胃溃疡。

(二) 特异性药物作用机制

1. 通过受体产生作用

受体是存在于细胞膜上、细胞内或细胞核内的大分子蛋白质,能特异性地与某些药物或生物活性物质结合,并能识别、传递信息,产生特定的生物效应,具有特异性、饱和性及可逆性等特性。受体在介导药物效应中主要起到传递信息的作用。例如,胰岛素可激活胰岛素受体、阿托品可阻断 M 胆碱受体而起作用。

2. 改变酶的活性

酶是生物体内活细胞产生的一种生物催化剂,催化各种生物化学反应,促进生物体的新陈代谢。不少药物作用是通过影响酶的活性来实现的。例如,新斯的明抑制胆碱酯酶活性,发挥拟胆碱作用。

3. 影响离子通道或细胞膜的通透性

在细胞膜上除了受体操纵的离子通道外,还有一些独立的离子通道,如 Na^+、K^+、Ca^{2+} 通道。有些药物可直接作用于这些通道而产生作用。例如,普鲁卡因通过阻断 Na^+ 通道而产生局部麻醉作用;表面活性剂或卤素类等通过降低细菌的表面张力,增加菌体细胞膜的通透性而发挥抗菌作用。

4. 影响神经递质或体内活性物质

神经递质或体内活性物质在体内的合成、贮存、释放或消除的任何环节受干扰或阻断，均可产生明显的药理效应。例如，麻黄碱可促进肾上腺素能神经末梢释放去甲肾上腺素，产生升压作用；阿司匹林能抑制前列腺素的合成，产生解热镇痛作用。

5. 参与或干扰细胞代谢

例如，维生素、微量元素等参与正常生理、生化过程，使缺乏症得到纠正；磺胺类药物与细菌的 PABA 竞争，阻断细菌的叶酸代谢，从而使敏感菌受到抑制。

药物作用是一系列生理、生化连锁反应，上述药物作用机制的几个方面常是相互联系的。如药物可首先与受体结合，影响酶的活性或改变细胞膜的通透性，从而加速或抑制细胞代谢，发挥药效。

三、药物的构效关系与量效关系

（一）药物的构效关系

药物的化学结构与药理效应或活性有着密切的关系，因为药理作用的特异性取决于特定的化学结构，这就是构效关系。化学结构类似的药物能与同一受体或酶结合，产生相似或相反的作用。例如，肾上腺素、去甲肾上腺素及异丙肾上腺素等拟肾上腺素药与普萘洛尔等抗肾上腺素药的化学结构相似，但却有相反的药理作用。它们的结构见下图：

去甲肾上腺素　　　　　肾上腺素

异丙肾上腺素　　　　　普萘洛尔

另外，许多化学结构完全相同的药物还存在光学异构体，具有不同的药理作用，多数左旋体有药理作用，而右旋体无作用，如左旋咪唑有抗线虫作用，而右旋体则没有作用。

（二）药物的量效关系

在一定的范围内，药物的效应与靶部位的浓度成正相关，而后者决定于用药剂量或血中药物浓度，定量地分析与阐明两者间的变化规律称为量效关系。它有助于了解药物作用的性质，也可为临床用药提供参考资料。

1. 剂量

剂量的大小可决定药物在血浆中的浓度和作用强度。在一定范围内，剂量大小与药物作用强度成正比。药物剂量过小,不产生任何效应,称之为无效量;能引起药物效应的最小剂量,称之为最小有效量。随着剂量增加,其中对50%个体有效的剂量被称为半数有效量,用 ED_{50} 表示。当出现最大效应时,此时的剂量被称为极量;若再增加剂量,效应不再加强,反而出现毒性反应,出现中毒的最低剂量被称为最小中毒量;引起死亡的量被称为致死量;引起半数动物死亡的量被称为半数致死量,用 LD_{50} 表示。

2. 量效曲线

在药理学研究中,常需要分析药物的剂量同它所产生的某种效应之间的关系,这种关系可以用曲线来表示,称为量效曲线。如以效应强度为纵坐标,以剂量对数值为横坐标作图,量效曲线呈几乎对称的S形,如图1-1所示。

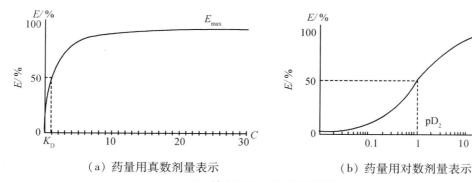

(a) 药量用真数剂量表示　　(b) 药量用对数剂量表示

E—效应强度　C—药物浓度

图1-1　量反应型量效关系曲线

量效曲线说明量效关系存在下述规律:①药物必须达到一定的剂量才能产生效应;②在一定范围内,剂量增加,效应也增强;③效应的增加并不是无止境的,而有一定的极限,这个极限被称为最大效应或效能,达到最大效应后,剂量再加大,效应也不再增加;④量效曲线的对称点在铆驰处,此处曲线斜率最大,即剂量稍有变化,效应就产生明显差别。所以,药理上常用半数有效量 ED_{50} 和半数致死量 LD_{50} 来衡量药物的效价和毒性。

3. 药物的效价与效能

效价(强度)是产生一定效应所需要药物剂量的大小。剂量愈小,表示效价愈高,即强度愈大。图1-2为A、B两药质反应量效曲线比较。效能是指该药物在安全范围内能达到的最大效应。例如,利尿药中,以排钠为排尿效应指标,环戊噻嗪效价最强,氢氯噻嗪次之,但也比呋塞米强(图1-3);但以效能比较,则呋塞米为最高,而氢氯噻嗪与环戊噻嗪几乎相等。因此,不提效价与效能,只讲某药比他药强若干倍是无实际应用意义的。就临床而言,药物效能高比效价高更有价值。

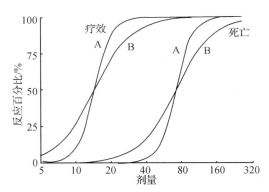

图1-2　A、B两药质反应量效曲线比较

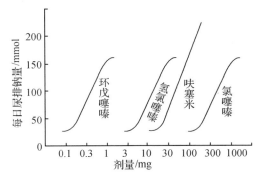

图1-3　利尿药对非水肿病人的排钠效应比较

4. 治疗指数与安全范围

药物的 LD_{50} 和 ED_{50} 的比值被称为治疗指数。治疗指数大的药物相对治疗指数小的药物安全,但以治疗指数来评价药物的安全性并不完全可靠。因为在高剂量的时候可能出现严重的毒性反应甚至死亡。为此,有人用 LD_5 和 ED_{95} 的比值作为安全范围来衡量药物的安全性比治疗指数更好。

第三节　机体对药物的作用

一、药物的转运方式

药物从给药部位进入全身血液循环,分布到各个器官、组织,经过生物转化最后由体内排出要经过一系列的细胞膜或生物膜,这一过程被称为跨膜转运。跨膜转运方式主要有被动转运、主动转运和膜动转运三种。

(一) 生物膜的结构

生物膜是细胞膜及细胞器膜的统称,包括核膜、线粒体膜、内质网膜和溶酶体膜等。膜的结构是以液态的脂质双分子层为基架,其中镶嵌着一些蛋白质,贯穿整个脂膜(图1-4),组成生物膜的受体、酶、载体和离子通道等。膜上还有贯穿膜内外的孔道,称之为膜孔。

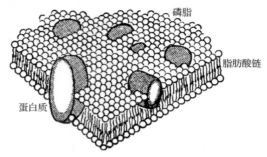

图1-4 生物膜结构模式图

(二)跨膜转运方式

1. 被动转运

被动转运是药物通过生物膜由高浓度向低浓度转运的过程。其转运速度与膜两侧药物浓度差成正比,当膜两侧药物浓度达到平衡时,转运即停止。这种转运不需消耗能量,不受饱和限速及竞争抑制的影响。一般包括简单扩散、滤过和易化扩散等。

(1)简单扩散又称脂溶扩散,即药物依靠其脂溶性先溶于脂质膜,而后从高浓度一侧向低浓度一侧的转运方式,是药物转运中一种最常见、最重要的转运方式。其扩散速度受膜面积、膜两侧的浓度差、药物的脂溶性、药物的解离度等因素的影响。

(2)易化扩散又称载体转运,是通过细胞膜上的某些特异性蛋白质帮助而扩散,不需消耗能量。如体内葡萄糖和一些离子(Na^+、K^+、Ca^{2+}等)的吸收即采用此种转运方式,其转运的速度远比脂溶扩散要快得多。

(3)滤过又称膜孔扩散,是指水溶性小分子药物受流体静压或渗透压的影响,通过生物膜膜孔的被动转运方式。大多数毛细血管上皮细胞间的孔隙较大,故绝大多数药物均可经毛细血管上皮细胞间的孔隙滤过。

2. 主动转运

主动转运又称逆流转运,是细胞在特殊的蛋白质介导下消耗能量,将物质从低浓度一侧转运到高浓度一侧的过程。如Na^+、K^+的转运,小肠上皮细胞吸收葡萄糖,肾小管上皮细胞从小管液中重吸收葡萄糖等都是采用这种转运方式,其特点是必须借助于载体、逆浓度差或电位差转运并需要消耗能量。

3. 膜动转运

膜动转运是指大分子物质的转运伴有膜的运动。膜动转运又分为胞饮和胞吐两种。

(1)胞饮又称入胞,某些液态蛋白质或大分子物质,可通过生物膜的内陷形成小胞吞噬而进入胞内。如脑垂体后叶粉剂,可经鼻黏膜给药吸收。

(2)胞吐又称出胞,某些液态大分子物质可从细胞内转运到细胞外,如腺体分泌及递质的释放等。

二、药物的体内过程

药物进入动物机体后,在对机体产生效应的同时,本身也受机体的作用而发生变化,变化的过程分为吸收、分布、生物转化和排泄。药物在体内的吸收、分布和排泄统称为药物在体内的转运,生物转化和排泄统称为消除。

(一)药物的吸收

药物的吸收是指药物从给药部位进入血液循环的过程。除静脉注射外,一般的给药途径都存在吸收过程。药物的吸收速度和吸收量与给药途径、药物的剂型及理化性质等有关。

1. 内服给药

多数药物可经内服给药吸收,主要吸收部位在小肠,因为小肠绒毛有非常广大的表面积和丰富的血液供应,不管是弱酸、弱碱或中性化合物均可在小肠吸收。

许多内服的药物是固体剂型,吸收前首先要从剂型中释放出来,这是一个限速步骤,常常控制着吸收速率,一般溶解的药物或液体剂型较易吸收。

此外,药物的吸收还受胃的排空率、胃肠液 pH 值、胃肠内容物充盈度、药物的相互作用、首过效应等因素的影响。例如,一般酸性药物在胃液中因多不解离而容易吸收,碱性药物在胃液中因解离而不易吸收,只有在进入小肠后才能吸收;金属离子与四环素类、氟喹诺酮类药物在胃肠道发生螯合作用,从而阻碍药物吸收或使药物失效。

2. 注射给药

常用的注射给药主要有静脉、肌内、皮下注射等。静脉注射可使药物迅速而准确地进入体循环,没有吸收过程。肌内注射及皮下注射药物也可全部吸收,一般较口服快。吸收速度取决于局部循环,局部适当热敷或按摩可加速吸收,注射液中加入少量缩血管药则可延长药物的局部作用。

3. 呼吸道给药

气体或挥发性液体麻醉药和其他气雾剂型药物可通过呼吸道吸收。肺有很大表面积,血流量大,肺泡细胞结构较薄,故药物极易吸收。此种给药方法吸收快、无首过效应,特别是呼吸道感染,可直接局部给药,使药物达到感染部位而发挥作用,但是难以掌控剂量,给药方法比较复杂,一般需专业设备,主要应用于小型动物。

4. 皮肤给药

浇淋剂是经皮肤吸收的一种剂型。皮肤给药必须具有两个条件:一是药物必须从制剂基质中溶解出来,然后透过角质层和上皮细胞;二是由于通过被动扩散吸收,故药物必须是脂溶性的。目前的浇淋剂最好的生物利用度为 10%~20%,主要用于治疗皮肤表层及深层感染。

(二)药物的分布

药物的分布是指药物吸收后随血液循环到各器官、组织的过程。药物在动物体内分布是不均匀的。影响药物在体内分布的因素很多,主要包括药物与血浆蛋白的结合率、药物的理化性质、组织的血流量、药物与组织的亲和力、组织屏障以及体液 pH 值等。

1. 药物与血浆蛋白的结合率

药物与血浆蛋白的结合率即药物与血浆蛋白结合的程度,是决定药物在体内分布的重要因素之一。药物与血浆蛋白产生可逆性疏松结合,形成结合型药物,分子量增大,不能跨膜转运、代谢和排泄,并暂时失去药理活性,起着类似药库的作用。只有游离型药物才能被转运到作用部位产生生物效应,当游离型药物被转运代谢而浓度降低时,结合型药物又可转变成游离型。一般蛋白结合率高的药物体内消除慢,作用维持时间长。

2. 药物的理化性质和组织的血流量

脂溶性或水溶性小分子药物易透过生物膜,非脂溶性的大分子或解离型药物则难以透过生物膜,从而影响其分布。局部组织的血管丰富、血流量大,因而药物易于透过血管壁而分布于该组织。

3. 药物与组织的亲和力

有些药物对某些组织器官有特殊的亲和力,对某些组织的亲和力强的药物在该组织分布得就较多。例如,碘在甲状腺中的分布就比其他组织高 1 万倍;进入机体的洋地黄毒苷,吸附于心脏的量,按每单位组织重量计算比肠中多 7 倍,比横纹肌中多 36 倍;脂溶性的硫喷妥钠经静脉注射后首先迅速进入脑组织,使动物麻醉,但很快又从脑向脂肪组织中再分布,此时动物便迅速苏醒。对多数药物而言,药物分布的器官组织与其作用的发挥并不完全平行,如吗啡用于脑中枢,却大量集中于肝脏。

4. 生物膜两侧 pH 值的差

在生理情况下,细胞外液(pH 值为 7.4)比细胞内液(pH 值为 7.0)偏碱,因此弱酸性药物在细胞内液不易解离,故在细胞外液的浓度就较高;反之,弱碱性药物则在细胞内液的浓度高。提高血液的 pH 值,可促使弱酸性药物向细胞外转移。

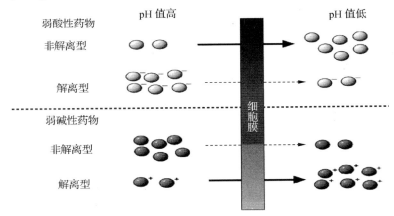

图 1-5　pH 值差异对药物分布的影响

5. 组织屏障

(1)血脑屏障是指脑毛细血管阻止某些物质由血液进入脑组织的结构,这种结构可使脑组织少受甚至不受循环血液中有害物质的损害,从而保持脑组织内环境的基本稳定。脂溶性物质容易通过,脂溶性越高,通过血脑屏障的速度也越快。例如,苯巴比妥比巴比妥更容易通过血脑屏障进入脑组织,很快发挥其催眠麻醉效应;磺胺嘧啶能通过血脑屏障进入脑脊液,治疗脑部细菌感染。

(2)胎盘屏障是胎盘绒毛与子宫血窦间的屏障,其通透性与一般毛细血管无显著差别。大多数母体所用的药物均能进入胎儿体内,只是因胎盘和母体交换的血液量少,故进入胎儿体内的药物需要较长的时间才能和母体达到平衡,这样便限制了进入胎儿体内的药物浓度。

(三) 药物的生物转化

药物在体内经化学变化生成更有利于排泄的代谢产物的过程被称为生物转化。多数药物在肝脏要经过不同程度的结构变化,包括氧化、还原、水解、结合等方式。经过转化,其药理作用一般被减弱和消失,只有少数药物经过转化才能发挥治疗作用。一般药物进入血液后,由门静脉进入肝脏,经肝内药物代谢酶作用,使血药浓度降低,药理作用减弱,这种现象称为首过效应。

有些药物可诱导肝微粒体酶的活性增强,从而使药物代谢加速,导致药效减弱,如苯巴比妥、苯妥英钠可使双香豆素、糖皮质激素、雌激素代谢加快,药理作用减弱。反之,有些药物可抑制肝微粒体酶的活性,从而使某些代谢减慢,导致药效增强甚至引起中毒。如异烟肼、氯霉素、香豆素类可抑制苯妥英钠代谢,从而使苯妥英钠血药浓度增高,引起中毒。另外,有少数药物进入血液循环后,经肝脏代谢,以原形随胆汁排入肠道,又经肠黏膜重新吸收,进入血液循环,称为肠肝循环。肠肝循环可延长药物在体内的作用时间,也会造成药物在体内的蓄积中毒。

(四) 药物的排泄

吸收进入体内的药物以及代谢产物从体内排出体外的过程,称之为排泄。当药物排泄速度增大时,血中药物量减少,药效降低以致不能产生药效;由于某些因素的影响,药物排泄速度降低时,血中药物量增大,如不能及时调整剂量,往往会产生副作用,甚至出现中毒现象。除内服不易吸收的药物多经肠道排泄外,其他被吸收的药物主要经肾脏排泄,只有少数药物经呼吸道、胆汁、乳腺、汗腺排出体外。排泄和吸收、分布一样,也是药物的转运。

肾脏是药物排泄的最主要器官,胃肠道、肺、乳腺、汗腺等也可排泄某些药物。多数药物经生物转化变为极性很高的水溶性代谢物,在肾小管不易被重吸收,排泄较快。未经变化的弱酸、弱碱性药物的重吸收决定于尿液的酸碱度,从而影响药物排泄的速度。弱酸性药物因碱性尿减少其在肾小管的重吸收,排泄加快;反之,酸性尿可使弱碱性药排泄加快。因此,药物中毒时可运用此原则促进药物排泄,进行解救。另外,加强排尿也有助于解救。

三、药物动力学主要参数

药物动力学是应用动力学原理与数学模式,定量地描述与概括药物进入体内的消除过程的"量—时"或"血药浓度—时"变化的动态规律的一门科学。在动力学研究中,利用测定的数据,采用一定的模型,便可算出药物在动物体内的药动学参数,分析和利用这些参数便可为临床制定合理的给药方案或对药剂做出科学的评价。常用参数包括生物利用度、生物半衰期、表观分布容积、体清除率等。

1. 生物利用度

生物利用度是指药物被机体吸收进入全身循环的速率和程度，是用来评价制剂吸收程度的指标。影响生物利用度的因素包括剂型因素和生理因素。剂型因素如药物的脂溶性、水溶性和pKa值，药物的剂型特性及一些工艺条件的差别；生理因素包括胃肠道内液体的作用、药物在胃肠道内的转运情况、吸收部位的表面积与局部血流、药物代谢的影响、肠道菌株及某些影响药物吸收的疾病等。

2. 生物半衰期

生物半衰期又称血浆半衰期，是指药物自体内消除半量所需的时间。一般情况下，代谢快、排泄快的药物，其生物半衰期短，而代谢慢、排泄慢者的生物半衰期较长。临床上根据药物的半衰期来确定适当的给药间隔时间，以维持有效的血药浓度和避免蓄积中毒。但是由于个体差异，对同一药物的半衰期，不同动物常有明显的差异，肝、肾功能不良的动物半衰期常较长。另外，药物相互作用也会使半衰期发生变化。

3. 表观分布容积

表观分布容积是指当药物在体内达到动态平衡后，体内药量与血药浓度的比值。表观分布容积越小，药物排泄越快，在体内存留时间越短；分布容积越大，药物排泄越慢，在体内存留时间越长。

4. 体清除率

体清除率是指单位时间内清除药物的血浆容积，即每分钟有多少毫升血浆中的药量被清除。清除率主要反映肝、肾的功能，肝、肾功能不良的动物清除率降低，半衰期延长，应适当调整剂量或延长给药间隔时间，以免药物过量蓄积而中毒。

第四节　影响药物作用的因素

药物的作用是药物与机体相互作用的综合表现，很多因素都会干扰或影响这个过程，使药效发生变化。这些因素包括药物方面、动物方面和环境生态方面的因素。

一、药物方面的因素

（一）药物的剂型

剂型对药物作用的影响，传统的剂型如溶液剂、散剂、片剂、注射剂等，主要表现为吸收快慢、多少的不同，从而影响药物的生物利用度。例如，内服溶液剂比片剂吸收的速率要快得多，因为片剂在胃肠液中有一个崩解的过程，药物的有效成分要从赋形剂中溶解出来受许多因素的影响。因此，选择合适的剂型对发挥药物的最佳疗效、减少毒副作用都具有重要意义。另外,药物制成合理的剂型也方便使用、贮存和运输。

(二) 药物的剂量

在安全范围内,药物的作用也因剂量大小不同而有差异,一般表现为量的差异,即剂量愈大,血药浓度愈高,作用愈强(图1-6、图1-7)。但有的药物随剂量由小到大,其作用会发生质的变化。例如,巴比妥类药物小剂量有催眠作用,随着剂量的增加表现为镇静、抗惊厥和麻醉作用。但有些药物随着剂量增加,其作用性质会发生质的变化。例如,大黄小剂量有苦味健胃作用,中等剂量有收敛止泻作用,大剂量有泻下作用。因此,在临床用药时,只有根据不同的情况选择合适的剂量才能发挥药物的最佳治疗作用。

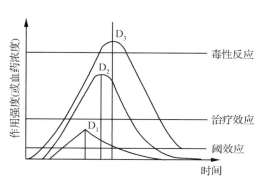

图1-6 同一药物不同剂量的药时曲线

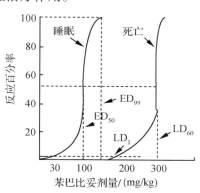

图1-7 药物不同剂量所得反应曲线

(三) 给药途径

不同的给药途径一般主要影响药物的吸收速度、吸收量以及血中的药物浓度,因而也影响药物作用的快慢与强弱。个别药物会因给药途径不同而影响药物作用的性质。一般情况下静脉注射 > 吸入给药 > 肌内注射 > 皮下注射 > 直肠灌注 > 内服给药。有些给药途径能使药物作用产生质的差别。例如,硫酸镁内服产生泻下作用,静脉注射则产生抗惊厥作用。因此,临床上采取哪一种给药途径,应根据具体情况和需要来决定。

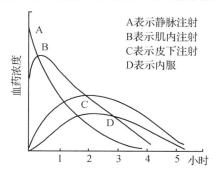

图1-8 不同给药途径的血药浓度

(四) 联合用药及药物相互作用

临床上同时使用两种以上的药物治疗疾病,称为联合用药。其目的是增强药物的疗效、减少药物的不良反应及治疗混合感染等。联合用药时,由于药物效应或作用机制不同,可使总效应改变,可能出现以下几种情况。

1. 协同作用

两种以上的药物联合应用时,使药物效应增强的作用被称为协同作用。例如,氨基糖苷类药物、磺胺类药物等与碳酸氢钠合用时,抗菌活性增强或不良反应减轻。其中,协同作用又可分为相加作用和增强作用。相加作用即药效等于各药单独使用的代数和,如三溴合剂药效等于溴化钠、溴化钾、溴化钙三药单独使用的代数和;增强作用即药效大于各药单独使用的代数和,如磺胺类药物与抗菌增效剂合用,其抗菌效果远远超过各药单独使用的代数和。

2. 拮抗作用

两种以上的药物联合应用时,使药物效应减弱的作用被称为拮抗作用。例如,磺胺类药物不宜与普鲁卡因合用,因为普鲁卡因在血浆中转变为对氨苯甲酸和二乙氨基乙醇,前者能对抗磺胺类药物的抗菌效果。

3. 配伍禁忌

配伍禁忌是指两种以上药物混合使用时,发生体外的相互作用,出现使药物中和、水解、破坏失效等理化反应,这时可能发生浑浊、沉淀、产生气体及变色等外观异常的现象,称为配伍禁忌。一般分为物理性、化学性和药理学三类配伍禁忌。例如,樟脑乙醇溶液与水混合发生樟脑析出沉淀;氯化钙与碳酸氢钠溶液配伍,则形成难溶性碳酸钙而出现沉淀;中枢神经兴奋药与中枢神经抑制药配伍可使药效降低甚至抵消等。因此,只有正确掌握药物的理化性质和药理作用,才能在临床用药时避免配伍禁忌的发生。

▶▶ 二、动物方面的因素

(一) 种属差异

动物品种繁多,解剖结构、生理特点各异,大多数情况下不同种属动物对同一药物反应有很大的差异。一般表现为量的差异,有时出现性质的差异。例如,牛对赛拉嗪最敏感,使用剂量仅为马、犬、猫的 $\frac{1}{10}$,而猪最不敏感,临床使用保定剂量是牛的 20~30 倍;猫对氢溴酸槟榔碱最为敏感,犬则不敏感;马、犬对吗啡表现为抑制作用,而牛、羊、猫则表现为兴奋作用。

同一种属的不同品系动物对同一药物的作用也有不同,如硫双二氯酚对水牛与黄牛的敏感性不一样。使用敌百虫驱除猪蛔虫,本地猪的耐受量比外来品种猪的要大得多。

(二) 生理因素

不同年龄、性别、怀孕或哺乳期动物对同一药物的反应往往有一定差异。例如,幼龄动物和老龄动物肝药物代谢酶活性较低,肾功能较弱,一般对药物反应比较敏感,临床用药时应适当减少剂量;怀孕动物对拟胆碱药、泻药或能引起子宫收缩加强的药物比较敏感,能引起流产,临床用药必须慎重;牛、羊在哺乳期因胃肠道还没有大量微生物参加消化活动,内服四环素类药物不会影响其消化机能,而成年牛、羊则因药物能抑制胃肠道微生物的正常活动,会造成消化障碍,甚至会引起继发性感染。

(三) 病理状态

动物在病理状态下对药物的反应性存在一定程度的差异。例如,解热镇痛药能使发热动物体温恢复正常,但对正常体温无影响;呼吸处于抑制状态时,尼可刹米的作用更显著;严重的肝、肾功能障碍可影响药物的消除,易引起药物的蓄积而发生中毒。

(四) 个体差异

同种动物在基本条件相同的情况下,有少数个体对药物特别敏感,称为高敏性;另有少数个体则特别不敏感,称为耐受性。这种个体之间的差异,在最敏感与最不敏感之间约差10倍。

个体差异除表现药物作用量的差异外,有的还出现质的差异。例如,动物应用青霉素后,极少数会出现严重的过敏反应。

▶▶ 三、饲养管理与环境方面的因素

药物的作用是通过动物机体来表现的,因此机体的健康状况对药物的效应可产生直接或间接的影响,有些药物在体内的作用效果与机体的免疫力及吞噬能力有密切的关系,有些病原体的消除要依赖机体的防御机制。

动物的健康主要依赖于良好的饲养和管理水平。在饲养上要注意营养成分全面。如果营养不良,会使蛋白质合成减少,药物与血浆蛋白结合率降低,血液中游离型药物增多;由于肝微粒体酶活性降低,药物代谢减慢,药物的半衰期延长等。在管理上应考虑动物群体的大小,防止密度过大,房舍的建设要注意通风、采光和动物的活动空间,加强病畜的护理,以提高机体的抵抗力,使药物的作用得到更大的发挥。如用镇静药治疗破伤风时,要注意环境的安静;全身麻醉的动物应注意保温,给予易消化的饲料,使患畜尽快恢复健康。

环境生态条件对药物的作用也有影响。例如,环境中有机物的存在可在不同程度上影响各种消毒剂的消毒效果;通风不良和空气污染可增加动物的应激反应,最终影响药物的效果。

第五节 动物诊疗处方的开写

▶▶ 一、动物诊疗处方

动物诊疗处方是由动物诊疗机构有处方资格的执业兽医师在动物诊疗活动中开具,由兽医师、兽药学专业技术人员审核、使用、核对,并作为发药凭证的诊疗文书。

兽用处方药必须凭动物诊疗机构执业兽医出具的处方销售、调剂和使用。兽用药处方

应当遵循安全、有效、经济的原则。执业助理兽医师开具的处方须经所在诊疗地点执业医师签字或加盖专用签章后方有效;执业兽医师须在当地县级以上兽医行政管理部门签名留样及专用签章备案后方可开具处方。

执业助理兽医师、执业兽医师应当根据动物诊疗需要,按照诊疗规范、药品说明书中的药品适应证、药理作用、用法、用量、禁忌、不良反应和注意事项等开具处方。开具麻醉药品、精神药品、放射性药品的处方须严格遵守有关法律、法规和规章的规定。处方为开具当日有效,特殊情况下需延长有效期的,由开具处方的兽医注明有效期限,但有效期最长不得超过3d。

▶▶ 二、处方格式与内容

处方由县级以上兽医行政管理部门按省统一要求的格式统一印制。处方由三部分组成。

(一) 处方前记

处方前记部分可用中文书写,主要登记或说明处方的对象,包括诊疗机构名称、处方编号、费别、畜主姓名、畜别、畜龄、门诊登记号、临床诊断、开具日期等,并可添列专科要求的项目。

(二) 处方正文

处方的左上角印有 Rp 或 R 符号,此为拉丁文"Recipe"的缩写,为处方开头用语,其意思是"请取下列药品"。在 Rp 之后或下一行分列药品的名称、规格、数量、用法用量。每行只写一种药物,如一个处方中有两种以上的药物,应按各药在处方中的作用主次先后排列书写,即主药、佐药、矫形药、赋形药。兽药名称以《中华人民共和国兽药典》收载或国家标准、省地方标准批准兽药名称为准。如无收录,可采用通用名或商品名。药名简写或缩写必须为国内通用写法。药品剂量与数量一律用阿拉伯数字书写。剂量应当使用公制单位:质量以克(g)、毫克(mg)、微克(μg)、纳克(ng)为单位;容量以升(L)、毫升(mL)为单位;有效量单位以国际单位(IU)、单位(U)计算。片剂、丸剂、散剂分别以片、丸、袋(或克)为单位;溶液剂以升或毫升为单位;软膏以支、盒为单位;注射剂以支、瓶为单位,应注明含量;饮片以剂或副为单位。

(三) 处方后记

兽医师签章,药品金额以及审核、调配、核对、发药的人员签名。兽药房处方药调剂专业技术人员应当对处方兽药适宜性进行审核。包括下列内容:对规定必须做过敏试验的药物,是否注明过敏试验及结果的判定;处方用兽药与临床诊断的相符性;剂量、用法;剂型与给药途径;是否有重复给药现象;是否有潜在临床意义的药物相互作用和配伍禁忌。

▶▶ 三、处方的基本类型

(一) 处方的基本类型

1. 法定处方

法定处方主要是指药典、部颁标准和地方标准收载的处方,药物制剂的成分、浓度及调配法均有明文规定,开处方时只写出药名、剂量和用法即可。

2. 非法定处方

非法定处方包括医疗处方、标准处方和协定处方。

医疗处方是兽医师根据病畜具体情况的需要所开的处方,这种处方中需将各药名称、剂量和调配方法等——写出,调剂师根据要求临时配置。

标准处方有些制剂在临床上沿用已久,或载于有关制剂书籍中,只写药名便可购到成药,称为标准制剂,其处方开写方法和法定处方相同。

协定处方药房根据本动物诊所用药的具体情况,预先与各兽医师商定常用药品的统一规格和剂量,其处方开写方法和法定处方相同。

(二)处方举例

处方的意义在于它写明了药物名称、数量、剂型及用法用量等,保证了药剂的规格和安全有效。从经济观点来看,按照处方检查和统计药品的消耗量及经济价值,尤其是贵重药品、毒药和麻醉药品,供作报销、采购、预算、生产投料和成本核算的依据。处方笺格式如下:

×××动物医院处方笺

畜主姓名			地址			
畜　　别		性别		年龄(体重)		特征
Rp 磺胺嘧啶　　　　2.5g 次碳酸铋　　　　1.0g 碳酸氢钠　　　　2.5g 常　　水　　　　适量,加至100mL 用法:混合摇匀,一次灌服。 　　　　　　　　　　　　　　　　　　　　　　药价:						

兽医师(签名):　　　　　药剂师(签名):　　　　　　　　　　　　年　　月　　日

四、开写处方的注意事项

(1)处方记载的患病动物项目应清晰、完整,并与门诊登记相一致。

(2)每张处方只限于一次诊疗结果用药。

(3)处方字迹应当清楚,不得涂改。如有修改,必须在修改处签名及注明修改日期。

(4)处方一律用规范的中文书写。动物诊疗机构或兽医不得自行编制药品缩写名或用代号。书写药品名称、剂量、规格、用法、用量要准确规范,不得使用"遵医嘱""自用"等含糊不清的字句。

(5)西兽药、中成兽药处方,每一种药品须另起一行。每张处方不得超过五种药品。

(6)中兽药饮片处方的书写可按君、臣、佐、使的顺序排列;药物调剂、煎煮的特殊要求注明在药品之后上方,并加括号,如布包、先煎、后下等;对药物的产地、炮制如有特殊要求的,应在药名之前写出。

(7)用量。一般应按照兽药说明书中的常用剂量使用,特殊情况需超剂量使用时,应注明原因并再次签名。

(8)为便于处方审核,兽医开具处方时,除特殊情况外,必须注明临床诊断。

(9)开具处方后的空白处应画一斜线,以示处方完毕。

(10)处方兽医的签名式样和专用签章必须与在动物防疫监督机构留样备查的式样相一致,不得任意改动,否则,应重新登记留样备案。

一、我国兽药概况

我国兽药业起步较晚,但发展较快。随着畜牧业的集约化和饲料结构的变化,我国兽药产品结构发生了相应的变化。近年来,禽用化学药品和疫苗以及新的抗菌促生长剂的生产量增加最多。结合畜牧生产的实际需要,需开发一些我国没有的兽药新剂型。

在发展过程中还存在一些问题。如:①兽药厂的数量较多,但规模小,产品质量低;②兽药的研究开发能力薄弱,目前仅停留于仿效生产工艺的重复研究上;③兽药质量监督能力远跟不上兽药生产和经营企业的发展速度,因而假、劣兽药的泛滥未能得到彻底根除;④不规范使用兽药现象相当严重。

另外,由于畜牧业的发展,兽药的使用量和范围越来越大,这对动物是一个安全问题,也是一个与人类健康密切相关的公共卫生和环境问题。滥用兽药造成的不良后果,可能有以下几个方面:①导致动物中毒;②引起动物过敏反应;③导致耐药性;④造成长期食用含药物残留的动物性食品的消费者发生过敏反应,甚至发生致畸、致突变、致癌等不良后果;⑤污染环境;⑥影响我国正常的出口贸易。

目前,肉、蛋、奶及其制品中出现的兽药残留与超过规定的最高残留限量的现象主要是由滥用兽药造成的:不按照我国《兽药典》规定的"作用与用途""用法与用量"来应用兽药;不遵守《饲料药物添加剂使用规范》(2001年7月3日由我国农业部发布)中明确的适用动物种类、作用与用途、用法与用量、注意事项。例如,任意提高用药剂量或延长用药时间;应用一些可经奶排出的药物或乳房内注入药物治疗乳腺炎时,病牛的奶在一定期限内没有废弃;以未经许可的途径给药,将兽药用于未经许可的动物品种或违反特定的限制。又如,直接将兽药原料加入饲料中使用,甚至将不允许作饲料药物添加剂的兽药品种制成药物添加剂或直接加入饲料,饲料加工过程中药物添加剂的混饲方法不当。以上种种现象均可造成动物性食品中兽药残留超标而影响消费者的健康。

按规定,凡含有药物的饲料添加剂,均按兽药进行管理;兽药原料不得直接加入饲料中使用,必须制成预混剂后方可添加到饲料中;饲料药物添加剂必须按农业部发布的饲料药物添加剂品种及含量规格等规定进行生产、经营和使用;饲料药物添加剂使用的药物必须符合兽药标准的规定。有两种以上药物制成的饲料添加剂必须符合药物配伍规定。凡批准用于防止动物疾病并规定疗程,仅通过混饲给药的饲料药物添加剂须凭兽医处方购买和使用。农业部还规定性激素类、同化激素类等药物应严加管理,不允许用作饲料药物添加。

随着人民生活水平的提高,肉、蛋、奶的产量和品质的提高已成为迫不及待的问题,对兽药和药物添加剂的需求品种愈来愈多,对其质量的要求也不断提高。根据我国兽药生产的现状和使用过程中存在的问题,必须加强兽药的管理,采取切实可行的措施,不断解决前进中出现的问题,我国兽药也才能迅速赶上世界先进水平。

二、兽药管理

我国《兽药管理条例》规定,我国农业部畜牧兽医局负责全国的兽药管理工作;中国兽药监察所负责全国的兽药质量监督、检查工作;各省、自治区、直辖市设立相应的兽药药政部门和兽药监察所,分别从事辖区内的兽药管理工作和兽药质量监督、检查工作。

为使我国兽药生产、经营、销售、使用和新兽药研究以及兽药的检查、监督和管理规范化,应遵守法定的技术依据。为加强兽药的监督管理,保证兽药质量,有效防治畜禽等动物疾病,防止兽药可能对动物引起的种种直接危害,防止兽药及其代谢物在动物体内的残留通过食品对人体产生有害影响和对环境造成污染,必须从严管理兽药。今后兽药管理应加强以下几方面工作:

1. 加强法制建设。今后兽药管理的一个重点是立法。
2. 加强新兽药的研究开发力量,增加投入,加快研究开发的速度。重视兽药新剂型的研究开发。
3. 完善兽药监督体系,加强兽药产品的质量监督。加强各省兽药监察所建设,提高监督人员的素质,使之完全有能力承担常规的监督工作。
4. 兽药生产实行科学化、规范化管理。

三、兽药质量监督

我国各级兽药监察所是兽药质量保证体系的重要组成部分,是国家对兽药质量实施技术监督、检验、鉴定的法定专业技术机构。

1. 中国兽药监察所是全国兽药监察业务技术指导中心、全国兽药检验的最高技术仲裁单位。其主要职责是:

(1) 负责全国兽药质量的监督、抽检兽药产品和兽药的质量检验、鉴定的最终技术仲裁;

(2) 承担或参与国家兽药标准的制定和修订;

(3) 负责第一、二、三类新兽药,新生物制品和进口兽药的质量复核,并制定和修订质量标准,提交其编制说明和复审报告;

(4) 开展有关兽药质量标准、检验新技术和新方法等研究;

(5) 掌握全国兽药质量情况,承担兽药产品质量的监督抽查,参与假冒伪劣兽药的查处;

(6) 指导下属所工作;

(7) 培训兽药检验技术人员等。

2. 省、自治区、直辖市兽药监察所的主要责任是：

（1）本辖区的兽药检验及质量监督工作，掌握兽药质量情况；

（2）承担兽药地方标准制定、修订，参与部分国家兽药标准的起草、修订；

（3）负责兽药新制剂的质量复核试验；

（4）调查、监督本辖区的兽药生产、经营和使用情况；

（5）参与假劣兽药的查处等。

3. 地（市）、县兽药监察所主要配合省所做好流通领域中的兽药质量监督、检验，协助省所对兽药生产、经营企业进行质量监督。

复习思考题

1. 药物作用的基本形式有哪些？请分别举例说明。
2. 药物作用的类型包括哪些？
3. 什么是药物作用的选择性，临床上有何意义？
4. 药物的不良反应有哪些，临床上如何避免？
5. 影响药物作用的因素有哪些，有何临床意义？
6. 什么是配伍用药，配伍的目的是什么？
7. 什么是动物诊疗处方，在实践中如何正确开处方？

第二章

抗微生物药物

张某饲养的10000只210日龄新罗曼蛋鸡陆续出现精神沉郁、食欲减退、缩头、蹲卧、排白色粪便、个别鸡只死亡等临床症状。剖检病死鸡可见气管有黏液,气囊浑浊增厚,心包和肝表面覆盖灰白色纤维素渗出物,经实验室进一步涂片镜检,发现红色杆菌,初步诊断为大肠杆菌感染。假设你作为一个鸡场的技术人员,请结合药理知识,提出药物治疗方案和原则,并选用何种防腐消毒药进行消毒。

学习目标

⊙ 理解防腐消毒药的概念、作用机制,掌握影响防腐消毒药作用的因素及防腐消毒药的临床合理应用。
⊙ 理解抗生素的概念、作用机制及其分类,掌握各类抗生素的作用特点、临床应用及不良反应。
⊙ 掌握磺胺类药物的抗菌机制、分类,常用药物的临床应用及注意事项;掌握喹诺酮类药物的临床应用;了解呋喃类、喹恶啉类等药物的种类、应用及注意事项。
⊙ 掌握抗病毒药物的临床应用及注意事项。
⊙ 掌握抗微生物药物的临床合理应用。

⊙ 能够进行消毒药的配制与使用。
⊙ 能够进行抗菌药的药敏试验。
⊙ 能够进行抗微生物的选择与使用。

在畜禽疾病中,有相当一部分是由病原微生物如细菌、真菌、病毒等所致的感染性疾病,它们给畜牧业生产带来了巨大损失,而且许多人畜共患病直接或间接地危害人们的健康和影响公共卫生。因此,在与这些感染性疾病的斗争中,抗微生物药发挥着巨大作用。

第一节 防腐消毒药

▶▶ 一、概述

（一）基本概念

防腐消毒药是具有杀灭病原微生物或抑制其生长繁殖的一类药物。与抗生素和其他抗菌药不同，这类药物没有明显的抗菌谱和选择性，在临床应用达到有效浓度时，往往对机体组织产生损伤作用，一般不作为全身用药。消毒药是指能杀灭病原微生物的药物，主要用于环境、厩舍、动物排泄物、用具和手术器械等非生物表面的消毒。防腐药是指能抑制病原微生物生长繁殖的药物，主要用于抑制局部皮肤、黏膜和创伤等动物体表微生物感染，也用于食品及生物制品的防腐。防腐药和消毒药是根据用途和特性分类的，两者之间并没有严格的界限，消毒药在低浓度时仅能抑菌，而防腐药在高浓度时也能起到杀菌作用。由于有些防腐药用于非生物体表面时不起作用，而有些消毒药会损伤活体组织，因此两者不应替换使用。

（二）分类

1. 根据使用对象分类

（1）主要用于厩舍和用具的消毒药，酚类、醛类、碱类、酸类、卤素类、过氧化物类。如石炭酸（苯酚）、煤酚皂溶液（来苏儿）、克辽林（臭药水）、升汞（氯化汞）、甲醛溶液（福尔马林）、氢氧化钠、生石灰（氧化钙）、漂白粉（含氯石灰）、过氧乙酸（过醋酸）等。

（2）主要用于畜禽皮肤和黏膜的消毒防腐药，醇类、表面活性剂、碘与碘化物、有机酸类、过氧化物类、染料类，如乙醇、碘、松馏油、水杨酸、硼酸、新洁尔灭、消毒净、洗必泰等。

（3）主要用于创伤的消毒防腐药，如过氧化氢溶液、高锰酸钾、甲紫、利凡诺等。

2. 根据防腐消毒药对微生物的作用分类

（1）凝固蛋白质和溶解脂肪类的化学消毒药，如甲醛、苯酚（石炭酸、甲酚、来苏儿、克辽林）、醇、酸等。

（2）溶解蛋白质类的化学消毒药，如氢氧化钠、石灰乳等。

（3）氧化蛋白质类的化学消毒药，如高锰酸钾、过氧化氢、漂白粉、氯胺、碘、硅氟氢酸、过氧乙酸等。

（4）与细胞膜作用的阳离子表面活性消毒剂，如新洁尔灭、洗必泰等。

（5）对细胞发挥脱水作用的化学消毒剂，如甲醛、乙醇等。

（6）与硫基作用的化学消毒剂，如重金属盐类（升汞、红汞、硝酸银、蛋白银等）。

（7）与核酸作用的碱性染料，如龙胆紫（结晶紫）。还有其他类化学消毒剂，如戊二醛、环氧乙烷等。

3. 根据防腐消毒药的不同结构分类

（1）酚类。如石炭酸等，能使菌体蛋白变性、凝固而呈现杀菌作用。

（2）醇类。如70%乙醇等，能使菌体蛋白凝固和脱水，而且有溶脂的特点，能渗入细菌体内发挥杀菌作用。

（3）酸类。如硼酸、盐酸等，能抑制细菌细胞膜的通透性，影响细菌的物质代谢。乳酸可使菌体蛋白变性和水解。

（4）碱类。如氢氧化钠，能水解菌体蛋白和核蛋白，使细胞膜和酶受害而死亡。

（5）氧化剂。如过氧化氢、过氧乙酸等，一遇有机物即释放出初生态氧，破坏菌体蛋白和酶蛋白，呈现杀菌作用。

（6）卤素类。如漂白粉等，容易渗入细菌细胞内，对原浆蛋白产生卤化和氧化作用。

（7）重金属类。如升汞等，能与菌体蛋白结合，使蛋白质变性、沉淀而产生杀菌作用。

（8）表面活性剂。如新洁尔灭、洗必泰等，能吸附于细胞表面，溶解脂质，改变细胞膜的通透性，使菌体内的酶和代谢中间产物流失。

（9）染料类。如甲紫、利凡诺等，能改变细菌的氧化还原电位，破坏正常的离子交换机能，抑制酶的活性。

（10）挥发性溶剂。如甲醛等，能与菌体蛋白和核酸的氨基、烷基、巯基发生烷基化反应，使蛋白质变性或核酸功能改变，呈现杀菌作用。

（三）防腐消毒药的作用机制

防腐消毒药的种类很多，作用机理各异，归纳起来主要有以下三种。

1. 使菌体蛋白质变性、凝固

大部分的消毒药都是通过这一机制而起作用的，此作用无选择性，可损害一切生物机体物质。不仅能杀菌，也能破坏宿主组织，因此只适合用于环境消毒，如酚类、醇类、醛类等。

2. 干扰病原微生物体内的重要酶系统

其杀菌途径包括通过氧化还原反应损害酶蛋白的活性基团，抑制酶的活性；或因化学结构与代谢物相似，竞争或非竞争地同酶结合而抑制酶的活性等，如重金属盐类、氧化剂和卤素类。

3. 改变菌体浆膜通透性

有些药能降低病原微生物的表面张力，增加菌体浆膜的通透性，引起重要的酶和营养物质漏失，水向内渗入，使菌体溶解或崩裂，从而发挥抗菌作用，如表面活性剂新洁尔灭、洗必泰等。

（四）影响防腐消毒药作用的因素

药物作用的强弱不仅取决于本身的化学结构和理化性质，也受其他许多因素的影响。为了正确使用和充分发挥防腐消毒药的作用，应了解各种能增强或减弱其作用的因素。

1. 药物的浓度与作用时间

一般说来，药物浓度越高，作用时间越长，效果越好，但对组织的刺激性和损害作用也越大；而如果药物浓度过低，接触时间短，就不能达到抗菌目的。因此，必须根据各种防腐消毒药的特性,选用适当的药物浓度和足够的作用时间。

2. 温度

温度与防腐消毒药的抗菌效果成正比,温度越高,杀菌力越强。一般规律是温度每升高10℃,消毒效果可增强1~1.5倍。例如,表面活性剂在37℃时所需的杀菌浓度仅是20℃时的一半,即可达到同样的效果。

3. 有机物的存在

排泄物或分泌物的存在,妨碍了消毒药与病原微生物的接触,影响消毒效果,如季铵盐类、乙醇等受有机物影响较大,过醋酸、环氧乙烷、甲烷、煤酚皂等受有机物影响较小。通常在应用防腐消毒药前,应将消毒场所打扫干净,把感染创口中的脓血、坏死组织清洗干净。

4. 微生物的特点

不同菌种和处于不同状态的微生物,对于药物的敏感性是不同的。病毒对碱类敏感,而细菌的芽孢耐受力极强,较难杀灭。处于生长繁殖期的细菌、螺旋体、霉形体、衣原体、立克次体对消毒药耐受力差,一般常用消毒药都能收到较好效果。

5. 相互拮抗

两种或两种以上的防腐消毒药合用时,由于药物之间会发生理化等反应而产生相互拮抗,如阳离子表面活性剂与阴离子表面活性剂合用,可使消毒作用减弱甚至消失。

6. 其他

消毒药液表面张力的大小、酸碱度的变化,消毒药液的解离度和剂型,空气的相对湿度等,都能影响消毒作用。

(五) 理想的防腐消毒药应具备的条件

(1) 抗微生物范围广、活性强,而且在有机物存在时仍然保持较高的抗菌活性。

(2) 作用产生迅速,其溶液的有效寿命长。

(3) 具有较高的脂溶性和分布均匀的特点。

(4) 对人和动物安全,防腐药不应对组织有毒,也不应影响伤口愈合,消毒药应不具残留表面活性。

(5) 药物本身无臭、无色和无着色性,性质稳定,可溶于水。

(6) 无易燃性和易爆性。

(7) 对金属、橡胶、塑料、衣物等无腐蚀作用。

(8) 价廉易得。

▶▶ 二、临床常用防腐消毒药

(一) 环境消毒药

1. 酚类

酚类是一种表面活性物质,可损害菌体细胞膜、使蛋白质变性、抑制细菌脱氢酶和氧化酶,故有杀菌或抑菌作用。在适当浓度下,对多数无芽孢的繁殖型细菌和真菌有杀灭作用,对芽孢、病毒作用不强,可用于排泄物的消毒,用于环境及用具的消毒。主要药物有甲酚、复合酚等。

甲酚(Cresol)

本品又称煤酚,为无色、淡紫红色或淡棕黄色的澄清液体,有类似苯酚的臭气,在日光下,色渐变深,难溶于水,常制成甲酚皂溶液,又称来苏儿。

【作用与应用】 ①本品抗菌作用比苯酚强3~10倍,毒性基本相同,但消毒用药浓度较低,故较苯酚安全。②可杀灭一般繁殖型细菌,对结核杆菌、真菌有一定的杀灭作用,对细菌芽孢和亲水性病毒无效。

本品主要用于器械、厩舍、场地、病畜排泄物及皮肤黏膜的消毒。

【注意事项】 ①甲酚有特殊酚臭,不宜用于屠宰场或乳牛场,肉、蛋或食品仓库的消毒。②有色泽污染,不宜用于棉、毛纤维品的消毒。③对皮肤有刺激性。

【用法与用量】 5%~10%溶液用于排泄物消毒;3%~5%溶液用于器械、用具消毒;1%~2%水溶液用于手和皮肤消毒;0.5%~1%溶液用于冲洗口腔或直肠黏膜。

复合酚(Composite Phenol)

本品又称利多酚,是由苯酚、醋酸、十二烷基苯磺酸等组成的、深红褐色黏稠特臭的液体。

【作用与应用】 ①本品能有效杀灭口蹄疫病毒,猪水疱病毒及其他多种细菌、真菌、病毒等致病微生物。②0.1%~1%溶液有抑菌作用,1%~2%溶液有杀灭细菌和真菌作用,5%溶液可在48h内杀死炭疽芽孢。③本品一般配成2%~5%溶液用于用具、器械和环境等的消毒。

本品主要用于畜禽厩舍、器具、场地排泄物等消毒,是畜禽养殖专用消毒药。

【注意事项】 ①本品对皮肤、黏膜有刺激性和腐蚀性。②不可与碘制剂合用。③碱性环境、脂类、皂类等能减弱其杀菌作用。

【用法用量】 0.3%~1%水溶液用于喷洒;1.6%水溶液用于浸涤。

2. 醛类

醛类消毒剂的特点是易挥发,又称挥发性烷化剂,可发生烷基化反应,使菌体蛋白变性,酶和核酸功能发生改变。对芽孢、真菌、结核杆菌、病毒均有杀灭作用。主要药物有甲醛溶液、聚甲醛、戊二醛等。

甲醛溶液(Formaldehyde Solution)

本品是一种无色、有强烈刺激性气味的气体,易溶于水,35%~40%的甲醛溶液也被叫作福尔马林。甲醛在常温下是气态,通常以水溶液形式出现。

【作用与应用】 本品不仅能杀死细菌的繁殖型,也可杀死芽孢(如炭疽芽孢)以及抵抗力强的结核杆菌、病毒及真菌等。

本品主要用于厩舍、器具、仓库、孵化室、皮毛、衣物等的熏蒸消毒,还可用于标本、尸体防腐,低浓度内服,可用于胃肠道制酵。

【注意事项】 ①本品对黏膜有刺激性和致癌作用,消毒时应避免与口腔、鼻腔、眼睛等黏膜处接触,若药液污染皮肤,应立即用肥皂和水清洗。②动物误服甲醛溶液,应迅速灌服稀氨水解毒。③本品储存温度为9℃以上,低温度环境下凝聚成多聚甲醛而沉淀。④用甲醛熏蒸消毒时,甲醛与高锰酸钾的比例应为2∶1(甲醛毫升数与高锰酸钾克数的比例)。

【用法与用量】 内服,一次量,牛8~25mL,羊1~3mL,内服时用水稀释20~30倍。2%溶液可用于器械消毒;10%福尔马林溶液可以用来固定标本;厩舍空间熏蒸消毒,每立方米空间15~20mL甲醛溶液,加等量的水,加热蒸发即可。

戊二醛(Glutaraldehyde)

本品为无色油状液体,味苦。有微弱的甲醛臭,但挥发性较低,可与水或醇以任何比例混溶,溶液呈弱酸性。pH值高于9时,可迅速聚合。

【作用与应用】 戊二醛原为病理标本固定剂,近10多年来发现其碱性水溶液具有较好的杀菌作用。当pH值为7.5~8.5时,作用最强,可杀灭细菌的繁殖体和芽孢、真菌、病毒,其作用较甲醛强2~10倍。

本品用于动物厩舍及器具消毒。由于价格昂贵,目前多用于不宜加热处理的医疗器械、塑料及橡胶制品等的浸泡消毒。

【注意事项】 ①避免与皮肤、黏膜接触,接触后应及时用水冲洗干净。②使用过程中不应接触金属器具。

【用法与用量】 喷洒、浸泡消毒配成2%碱性溶液消毒15~20min或放置于密闭空间内表面熏蒸消毒,配成10%溶液每立方米1.06mL密闭过夜。

3. 碱类

碱类杀菌作用的强度取决于解离的OH^-浓度,其解离度越大,杀菌作用越强。碱对病毒和细菌的杀灭作用均较强,高浓度溶液可杀灭芽孢。高浓度碱的OH^-能水解菌体蛋白和核酸,使酶系和细胞结构受损,并能抑制代谢机能,分解菌体中的糖类,使细菌死亡。遇有机物可使碱类消毒药的杀菌力稍有降低。碱类无臭、无味,碱溶液能损坏铝制品、油漆漆面和纤维织物。碱类消毒剂对细菌、病毒的杀灭作用均较强,高浓度能杀死芽孢,杀菌力取决于解离的OH^-浓度,在pH>9时可杀灭病毒、细菌和芽孢。主要用于厩舍的地面、饲槽、车船等消毒。主要药物有氢氧化钠、氧化钙等。

氢氧化钠(Sodium Hydroxide)

本品又称烧碱、火碱、苛性钠,常温下是一种白色晶体,具有强腐蚀性,易溶于水,其水溶液呈强碱性。

【作用与应用】 能杀死细菌的繁殖型、芽孢和病毒,对寄生虫卵也有杀灭作用。

本品用于病毒污染场所、器械等消毒,如畜舍、车辆、用具等的消毒;也可用于牛、羊新生角的腐蚀。

【注意事项】 ①对人畜组织有刺激和腐蚀作用,用时要注意保护。②厩舍地面、用具消毒后经6~12h用清水冲洗干净再放入畜禽使用。③不可应用于铝制品、棉毛织物及漆面的消毒。

【用法与用量】 1%~2%溶液可用于消毒厩舍场地车辆等,也可消毒食槽、水槽等,5%溶液用于消毒炭疽芽孢污染的场地,50%溶液用于腐蚀动物新生角。

氧化钙(Calcium Oxide)

本品又称生石灰,为白色无定型块状,其主要成分为氧化钙,遇水即成氢氧化钙,称为熟石灰,呈粉末状,几乎不溶于水。

【作用与应用】 ①生石灰本身并无消毒作用,与水混合后变成熟石灰放出氢氧根离子而起杀菌作用。②对多数繁殖型病菌有较强的杀菌作用,但对芽孢、结核杆菌无效。

本品常用10%~20%的石灰水混悬溶液涂刷墙壁、地面、护栏等,也可用作排泄物的消毒。

【注意事项】 ①生石灰吸收空气中的二氧化碳,形成碳酸钙而失效,因此,石灰乳应以新鲜生石灰为好,现用现配。②本品不能直接撒布栏舍、地面,因畜禽活动时其粉末飞扬,可造成呼吸道、眼睛发炎或者直接腐蚀畜禽蹄爪。

【用法与用量】 涂刷或喷洒10%~20%混悬液。撒布:将生石灰直接加入被消毒的液体、排泄物、阴湿的地面、粪池、水沟等处。

4. 过氧化物类

过氧化物类消毒剂具有强氧化能力,各种微生物对其十分敏感,可将所有微生物杀灭。它们的优点是消毒后在物品上不留残余毒性。缺点是易分解、不稳定,具有漂白和腐蚀作用。

过氧乙酸(Peracetic Acid)

本品又称过醋酸,是过氧乙酸和乙酸的混合物。纯品为无色液体,有强烈刺激性气味,易溶于水,性质极不稳定,浓度大于45%就有爆炸性。市售为20%的过氧乙酸溶液。

【作用与应用】 ①本品具有酸和氧化剂的双重作用,其挥发的气体具有较强的杀菌作用,是高效、速效、广谱的杀菌剂。②对细菌、芽孢、病毒、真菌等都具有杀灭作用,低温时也具有杀菌和抗芽孢作用。

本品主要用于厩舍、场地、用具、衣物等的细菌、芽孢、真菌和病毒的消毒。

【注意事项】 ①腐蚀性强,有漂白作用,溶液及挥发气体对呼吸道和眼结膜等有刺激性。②浓度较高的溶液对皮肤有刺激性,有机物可降低其杀菌力。

【用法与用量】 喷雾消毒:畜禽厩舍1:200~1:400倍稀释。熏蒸消毒:畜禽厩舍每立方米使用5~15mL。浸泡消毒:畜禽食具、工作人员衣物、手臂等,1:500倍稀释。饮水消毒:每10L水加本品1mL。

5. 卤素类

卤素和易放出卤素的化合物具有强大的杀菌作用,其中氯的杀菌力最强;碘较弱,主要用于皮肤消毒。卤素对菌体细胞原浆有高度亲和力,易渗入细胞,使原浆蛋白的氨基或其他基团卤化,或氧化活性基团而呈杀菌作用。氯和含氯化合物的强大杀菌作用是由于氯化作用破坏菌体或改变细胞膜的通透性,或者由于氧化作用抑制各种巯基酶或其他对氧化作用敏感的酶类,从而引起细菌死亡。

含氯石灰(Chlorinated Lime)

本品又称漂白粉,是次氯酸钙、氯化钙和氢氧化钙的混合物,常制成含有效氯为25%~30%的粉剂。

【作用与应用】 ①漂白粉被放入水中后生成次氯酸,次氯酸再释放出活性氯和新生态氧而具有杀菌作用。②对细菌繁殖体、细菌芽孢、病毒及真菌都有杀灭作用,并可破坏肉毒杆菌毒素。如1%澄清液作用0.5~1min可抑制炭疽杆菌、沙门菌、猪丹毒杆菌和巴氏杆菌等多数繁殖型细菌的生长,作用1~5min可抑制葡萄球菌和链球菌;30%漂白粉混悬液作用7min后,炭疽芽孢即停止生长。③对结核杆菌和鼻疽杆菌效果较差。

本品可用于厩舍、畜栏、场地、车辆、排泄物、饮水等的消毒,也用于玻璃器皿和非金属器具、肉联厂和食品厂设备的消毒以及鱼池消毒。

【注意事项】 ①本品对金属有腐蚀作用,可使有色棉织物褪色,不可用于有色衣物的消毒。②杀菌消毒时间一般至少需15~20min,杀菌作用受有机物的影响。③本品可释放出氯气,对皮肤和黏膜有刺激作用,引起流泪、咳嗽,并可刺激皮肤和黏膜。④在空气中容易吸收水分和二氧化碳而分解失效,在阳光照射下也易分解。⑤不可与易燃易爆物品放在一起,应现用现配。

【用法与用量】 饮水消毒:每50L水加入1g;畜舍等消毒:配成5%~20%混悬液;粪池、污水沟、潮湿积水的地面消毒:直接用干粉撒布或按1:5比例与排泄物均匀混合。鱼池消毒:每立方米水加入1g;鱼池带水清塘消毒:每立方米水加入20g。

二氯异氰尿酸钠(Sodium Dichloroisocyanurate)

本品又称优氯净,为白色或微黄色结晶粉末,有浓厚的氯臭,是新型高效消毒药,含有效氯60%~64.5%。

【作用与应用】 抗菌谱广,杀菌力强,可强力杀灭细菌芽孢、细菌繁殖体、真菌等各种致病性微生物,有机物对其杀菌作用影响较小。

本品主要用于厩舍、场地、用具、排泄物、水等的消毒。

【注意事项】 具有腐蚀和漂白作用,水溶液稳定性较差,应现用现配。

【用法与用量】 0.5%~1%水溶液用于杀灭细菌和病毒,5%~10%水溶液用于杀灭芽孢。厩舍环境、用具消毒,每$1m^2$常温下10~20mg;饮水消毒,每升水4~6mg。

(二) 主要用于皮肤黏膜的消毒药

1. 醇类

醇类为常用的一类防腐消毒药,能使菌体蛋白凝固和脱水,而且有溶脂的特点,能渗入细菌体内发挥杀菌作用。醇类防腐消毒药的优点是:性质稳定,作用迅速,无腐蚀性,无残留作用,可与其他药物配成酊剂而起增效作用。缺点是:不能杀灭细菌芽孢,抗菌作用受蛋白影响大,抗菌有效浓度较高。常用药物有乙醇等。

乙醇(Alcohol)

本品又称酒精,为无色易挥发、易燃烧的液体,与水能以任意比例混合,医用乙醇浓度不低于95%，处方上未注明浓度的，均指95%乙醇。

【作用与应用】 ①本品能杀死繁殖型细菌，对结核分枝杆菌、囊膜病毒也有杀灭作用，但对细菌芽孢无效。②对组织有刺激作用，能扩张局部血管，改善局部血液循环，如用稀乙醇涂擦可预防动物褥疮的形成，用浓乙醇涂擦可促进炎性产物吸收减轻疼痛，可用于治疗急性关节炎、腱鞘炎和肌炎等。③无水乙醇纱布压迫手术出血创面5min，可立即止血。

本品主要用于皮肤局部、手术部位、手臂、注射部位、注射针头、体温计、医疗器械等消毒；也用于急性关节炎、腱鞘炎等和胃肠臌胀的治疗，中药酊剂及碘酊等的配制。

【注意事项】 ①乙醇浓度在20%～75%之间，其杀菌作用随溶液浓度增高而增强，但浓度低于20%时，杀菌作用微弱。②而高浓度乙醇使组织表面形成一层蛋白凝固膜，妨碍渗透，影响杀菌作用，如高于95%时杀菌作用微弱。

【用法与用量】 75%溶液用于皮肤消毒。70%～75%溶液用于器械浸泡消毒或在患部涂擦和热敷治疗急性关节炎等，5～20min。内服40%以下溶液可用于治疗胃肠臌胀的消化不良。

2. 碘与碘化物

本类药物属于卤素类消毒剂，有强大的杀菌作用，能杀死细菌、芽孢、霉菌、病毒、原虫。其水溶液用于皮肤消毒或创面消毒，忌与重金属配伍。主要药物有碘、聚维酮碘、碘仿。

碘酊（Iodine Tincture）

本品又称碘酒，是由碘与碘化钾、蒸馏水、乙醇按一定比例制成的棕褐色液体，常温下能挥发。

【作用与应用】 本品具有强大的杀菌作用，可杀灭细菌芽孢、真菌、病毒、原虫。浓度愈高，杀菌力愈强，但对组织的刺激性愈大。

本品用于术野及伤口周围皮肤、输液部位的消毒，也可作为慢性筋腱炎、关节炎的局部涂敷应用和饮水消毒，还可用于马属动物的药物去势。

【注意事项】 ①碘对组织有较强的刺激性，不能应用于创伤面、黏膜面的消毒。②皮肤消毒后用75%乙醇脱碘。③在酸性条件下，游离碘增多，杀菌作用增强。④碘有着色性，可使天然纤维织物着色不易除去，配好的碘酊应置棕色瓶中避光。

【用法与用量】 注射部位、术野及伤口周围皮肤的消毒：用2%～5%碘酊。饮水消毒：用2%～5%碘酊，每升水加3～5滴。局部涂敷：用5%～10%碘酊。

3. 表面活性剂

表面活性剂是一类能降低水溶液表面张力的药物，能吸附于细菌表面，改变细胞膜通透性，引起细胞壁损伤，灭活菌体内氧化酶等酶活性，发挥杀菌消毒作用。本类药物可分为两种类型。第一类是阳离子表面活性剂，溶于水时与其疏水基相连的亲水基是阳离子，对革兰阳性与阴性菌都能杀死，显效快，但洗净作用较差。该类化合物对皮肤和黏膜无刺激性，对器械无腐蚀性，常用的有新洁尔灭、杜灭芬等。第二类为阴离子和非离子表面活性剂，溶于水时，与其疏水基相连的亲水基是阴离子，只有轻度抑菌作用，但具有良好的洗净作用，常用的有十二烷基苯磺酸钠等。

苯扎溴铵(Benzalkonium Bromide)

本品又称新洁尔灭,常温下为黄色胶状体,低温时可逐渐形成蜡状固体。市售苯扎溴铵为5%的水溶液,强力振摇产生大量泡沫,遇低温可发生浑浊或沉淀。

【作用与应用】 本品具有杀菌和去污的作用,能杀灭一般细菌繁殖体,不能杀灭细菌芽孢和分枝杆菌,对化脓性病原菌、肠道菌有杀灭的作用,对革兰阳性菌的效果优于革兰阴性菌,对病毒作用较差,常用于创面、皮肤、手术器械等的消毒和清洗。

本品主要用于手臂、手指、手术器械、玻璃、搪瓷、禽蛋、禽舍、皮肤黏膜的消毒及深部感染伤口的冲洗。

【注意事项】 ①禁与肥皂、其他阴离子活性剂、盐类消毒药、碘化物、氧化物等配伍使用。②禁用于眼科器械和合成橡胶制品的消毒,禁用聚乙烯材料容器盛装。

【用法与用量】 手臂、手指消毒:用0.05%~0.1%溶液,浸泡5min;禽蛋消毒:用0.1%溶液,药液温度为40℃~43℃,浸泡3min;禽舍消毒:用0.15%~2%溶液;黏膜、伤口消毒:用0.01%~0.05%溶液。

癸甲溴铵溶液(Deciquan Solution)

本品又称百毒杀,为无色或微黄色黏稠性液体,振摇时有泡沫产生,溶于水,性质较稳定的双季铵类表面活性剂常制成含量50%的溶液。

【作用与应用】 本品具有较强的杀菌作用,能杀灭有囊膜的病毒、真菌、藻类和部分虫卵,具有清洁作用。主要用于厩舍、场地、孵化室、用具、饮水槽和饮水的消毒。

【注意事项】 ①忌与碘、碘化钾、过氧化物、普通肥皂等配伍应用。②原液对皮肤和眼睛有轻微刺激,内服有毒性,如误服,立即用大量清水或牛奶洗胃。

【用法与用量】 用0.015%~0.05%溶液对厩舍、场地用具等进行浸泡、洗涤、喷洒等消毒处理,消毒的同时可以进行清洗去污;用0.0025%~0.005%溶液进行饮水消毒。

(三) 主要用于创伤的防腐消毒药

1. 酸类

酸类包括有机酸、无机酸。无机酸为原浆毒,具有强大的杀菌和杀死芽孢作用,但具有强烈的刺激和腐蚀作用,故其应用受到限制。有机酸对细菌繁殖体和真菌具有杀灭和抑制作用,但作用不强。因其酸性弱,刺激性小,不影响创伤愈合,临床上常用于创伤、黏膜面的防腐消毒。

硼酸(Boric Acid)

本品为无色微带珍珠光泽的结晶或白色疏松的粉末,无臭,溶于水,常制成软膏剂或临用前配成溶液。

【作用与应用】 本品对细菌和真菌有微弱的抑制作用,但没有杀菌作用,对组织刺激性极小。主要用于眼、鼻、口腔、阴道等对刺激敏感的黏膜、创面、眼睛、鼻腔等的冲洗,也用其软膏涂敷患处,治疗皮肤创伤和溃疡等。

【注意事项】 不适用于大面积创伤和新生肉芽组织,以避免吸收后蓄积中毒。

【用法与用量】 外用,常用浓度为2%~4%。

2. 过氧化物类

过氧化物类与有机物相遇时释放出新生态氧,使菌体内活性基团氧化而起到杀菌作用。主要药物有高锰酸钾、过氧化氢等。

高锰酸钾(Potassium Permanganate)

本品为黑紫色、细长的斜方柱状结晶或颗粒,带蓝色的金属光泽,无臭,易溶于水,水溶液呈深紫色。

【作用与应用】 ①本品为强氧化剂,遇有机物或加热、加酸、加碱等即可释放出新生态氧而呈现杀菌、除臭、解毒作用(可使士的宁等生物碱、氯丙嗪、磷和氰化物等氧化而失去毒性)。②低浓度对组织有收敛作用,高浓度对组织有刺激和腐蚀作用。

本品用于皮肤创伤及腔道炎症的创面消毒;与甲醛溶液联合应用于厩舍、库房、孵化器等的熏蒸消毒;也用于止血、收敛、有机物中毒,以及鱼的水霉病及原虫、甲壳类等寄生虫病的防治。

【注意事项】 ①本品与某些有机物或易氧化的化合物研磨或混合时,易引起爆炸或燃烧。②溶液放置后作用降低或失效,应现用现配。③遇有机物作用减弱或失效。④在酸性环境中杀菌作用增强。⑤内服可引起胃肠道刺激症状,严重时出现呼吸和吞咽困难等。⑥中毒时,应用温水或添加3%过氧化氢溶液洗胃,并内服牛奶、豆浆或氢氧化铝凝胶,以延缓吸收。⑦有刺激和腐蚀作用,应用于皮肤创伤、腔道炎症及有机毒物中毒时必须稀释为0.2%以下浓度。⑧手臂消毒后会着色,并发干涩。

【用法与用量】 动物腔道冲洗、洗胃及有机毒物中毒时的解救:用0.05%~0.1%溶液;创伤冲洗:用0.1%~0.2%溶液;水产动物疾病的治疗:鱼塘撒泼,每升水加入4~5mg;消毒被病毒和细菌污染的蜂箱:用0.1%~0.12%溶液。

过氧化氢溶液(Hydrogen Peroxide Solution)

本品又称双氧水,为无色澄清液体,无臭或有类似臭氧的气味。遇氧化物或还原物或有机物迅速分解并放出泡沫。遇光、遇热、长久放置易失效。本品常制成浓度为26%~28%的水溶液。

【作用与应用】 ①本品遇有机物或酶释放出新生态氧,产生较强的氧化作用,可杀灭细菌繁殖体、芽孢、真菌和病毒在内的各种微生物,但杀菌力较弱。②本品与创面接触可产生大量气泡,机械地松动脓块、血块、坏死组织及与组织粘连的敷料等,有利于清创和清洁作用,对深部创伤还可防治破伤风杆菌等厌氧菌的感染。

本品用于皮肤、黏膜、创面、瘘管的清洗。

【注意事项】 ①本品对皮肤、黏膜有强刺激性,应避免用手直接接触高浓度过氧化氢溶液,否则可发生灼伤。②禁与有机物、碱、碘化物及强氧化剂配伍。③不能注入胸腔、腹腔等密闭体腔或腔道以及气体不易逸散的深部脓疮,以免产气过速,导致栓塞或扩大感染。④置入棕色玻璃瓶,避光,在阴凉处保存。

【用法与用量】 1%~3%溶液用于清洗化脓创面、痂皮;0.3%~1%溶液用于冲洗口腔黏膜。

第二节 抗生素

▶▶ 一、概述

（一）基本概念

1. 抗生素

抗生素是细菌、真菌、放线菌等微生物在生长繁殖过程中所产生的具有抑制或杀灭病原微生物的化学物质。现临床常用的抗生素是微生物培养液提取物及用化学方法合成或半合成的化合物。

2. 抗菌谱

抗菌谱是指抗菌药物抑制或杀灭病原菌的范围。仅对单一菌种或单一菌属有抗菌作用的称为窄谱抗生素，如青霉素只对革兰阳性菌有抗菌作用，而对革兰阴性菌、结核菌、立克次体等均无效，故青霉素属于窄谱抗生素。而具有抑制或杀灭多种不同种类细菌作用的称为广谱抗生素，但易产生耐药性、二重感染等，针对性不如窄谱抗生素强。

3. 抗菌活性

抗菌活性是指抗菌药抑制或杀灭病原微生物的能力。它可用体外抑菌试验和体内实验治疗法测定。能够抑制培养基内细菌生长的最低浓度称为最小抑菌浓度（MIC）。能够杀灭培养基内99%或99.5%以上细菌的最低浓度称为最小杀菌浓度（MBC）。抗菌药的抑菌作用和杀菌作用是相对的，有些抗菌药在低浓度时呈抑菌作用，而在高浓度时呈杀菌作用。

4. 抗生素效价

效价是评价抗生素效能的标准，也是衡量抗生素活性成分含量的尺度，每种抗生素的效价与重量之间多有特定转换关系。例如，青霉素钠1mg等于1667IU，青霉素钾1mg等于1559IU，多黏菌素B游离碱1mg等于1.0×10^4IU。其他抗生素多是1mg等于1000IU。例如，1.0×10^6IU链霉素粉针相当于1g纯链霉素碱，2.5×10^5IU的土霉素片相当于250mg纯土霉素碱。

5. 抗菌药后效应

抗菌药后效应（PAE）是指细菌在接触抗菌药后抗菌药血清浓度降至最低抑菌浓度以下或已消失后，对微生物的抑制作用依然维持一段时间的效应。它可被看作病原体接触抗生素后复苏所需要的时间。例如，大环内酯类抗生素、喹诺酮类抗菌药物均有该作用。

6. 细菌耐药性

细菌耐药性又称抗药性，是指细菌与药物多次接触后，对药物的敏感性下降甚至消失，致使药物对耐药菌的疗效降低或无效。当长期应用抗菌药物时，占多数的敏感菌株不断被杀灭，耐药菌株大量繁殖，代替敏感菌株，而使细菌对该种药物的耐药率不断升高。这种方式是目前耐药菌产生的主要原因,为了保持抗菌药物的有效性,应重视其合理使用。

(二)分类

根据抗生素的抗菌谱和应用,兽医临床上常用抗生素通常有以下几类:

1. 主要作用于革兰阳性菌的抗生素

例如,青霉素类、头孢菌素类、β-内酰胺酶抑制剂、大环内酯类、林可胺类等。

2. 主要作用于革兰阴性菌的抗生素

例如,氨基糖苷类、多肽类等。

3. 广谱抗生素

例如,四环素类、氯霉素类。

4. 抗真菌抗生素

例如,水杨酸、两性霉素 B、制霉菌素、克霉唑、酮康唑等。

5. 抗寄生虫抗生素

例如,伊维菌素、莫能菌素、盐霉素、马杜霉素等。

(三)作用机制

抗生素通过干扰细菌的代谢过程而发挥作用,其具体作用机制通常有以下几个方面(图 2-1)。

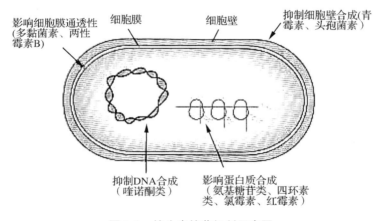

图 2-1　抗生素抗菌机制示意图

1. 抑制细菌细胞壁的合成

多数细菌细胞膜外有一层坚韧的细胞壁,能抵御菌体内强大的渗透压,具有保护和维持细菌正常形态的功能。细菌细胞壁主要结构成分是黏肽,青霉素类、头孢菌素类、磷霉素、环丝氨酸、万古霉素、杆菌肽等能阻碍黏肽合成,导致细菌细胞壁缺损,由于菌体内的高渗透压,在等渗环境中水分不断渗入,致使细菌膨胀、变形,在自溶酶影响下,细菌破裂溶解而死亡。哺乳动物细胞没有细胞壁,不受此类药物影响。

2. 影响胞浆膜的通透性

细菌胞浆膜主要是由类脂质和蛋白质分子构成的一种半透膜,具有渗透屏障和运输物质的功能。多黏菌素类、多烯类等抗生素能使胞浆膜通透性增加,导致菌体内的蛋白质、核苷酸、氨基酸、糖和盐类等外漏,从而使细菌死亡。

3. 抑制蛋白质的合成

细菌为原核细胞,哺乳动物是真核细胞,它们的生理、生化与功能不同,抗菌药物对细菌的核蛋白体具有高度选择性作用,而不影响哺乳动物核蛋白体和蛋白质的合成。氨基糖苷类、大环内酯类、林可胺类、四环素类、氯霉素类等抗生素在菌体蛋白质合成的不同阶段与核蛋白体的不同部位结合,阻断蛋白质的合成,从而产生抑菌或杀菌作用。

4. 抑制核酸的合成

阻碍细菌 DNA 的复制和转录。阻碍 DNA 复制将导致细菌细胞分裂繁殖受阻,阻碍 DNA 转录成 mRNA,导致后续的 mRNA 翻译合成蛋白的过程受阻。喹诺酮类药物能抑制 DNA 的合成,利福平能抑制以 DNA 为模板的 RNA 多聚酶而发挥抗菌作用。

(四)细菌耐药性产生机制

抗生素的广泛应用,造成细菌对药物的敏感性下降甚至消失,产生耐药性。耐药性分为天然耐药性和获得性耐药性。天然耐药性是细菌的遗传特征,一般不会改变,如绿脓杆菌对多种抗生素有天然耐药性。获得性耐药性一般是指细菌与抗菌药物多次接触后,致使抗菌药物对耐药菌的疗效降低或无效。

1. 产生酶,使药物失活

细菌能产生破坏抗菌药物或使其失去抗菌作用的酶,主要有水解酶和钝化酶两种。①水解酶,如 β-内酰胺酶可水解青霉素或头孢菌素。②钝化酶又称合成酶,可催化某些基团结合到抗生素的羟基或氨基上,使抗生素失活。

2. 改变细菌胞浆膜的通透性

细菌可通过各种途径使抗菌药物不易进入菌体内而产生耐药。例如,革兰阴性菌细胞壁水孔或外膜非特异性通道功能改变引起细菌对一些广谱青霉素类、头孢菌素类耐药;细菌所带的耐药质粒可诱导产生新的蛋白,阻塞外膜亲水性通道,可阻碍四环素类、氨基糖苷类抗生素进入而产生耐药。

3. 改变药物作用靶位

细菌通过改变靶蛋白结构与位置,生成耐药靶蛋白,使药物不易与之结合而产生耐药。例如,耐药菌株体内的青霉素结合蛋白发生改变,使药物不易结合而产生耐药;耐药菌株蛋白体上的链霉素受体构型改变,使链霉素不能与菌体结合而失效。

4. 增强药物的排泄

有些耐药菌具有特殊的外排系统,可将进入菌体内的药物排泄到菌体外,使菌体内的药物浓度过低而不能发挥抗菌作用。例如,金黄色葡萄球菌对喹诺酮类药物耐药,绿脓杆菌对四环素、氯霉素等耐药。

二、临床常用药物

（一）主要作用于革兰阳性菌的抗生素

1. 青霉素类

青霉素类抗生素根据其来源不同分为天然青霉素与半合成青霉素。其中天然青霉素以青霉素 G 为代表，具有杀菌力强、毒性低、使用方便、价格低廉等优点，但不耐酸、不耐酶，抗菌谱窄，易过敏。而半合成青霉素，如氨苄西林、阿莫西林、苯唑西林、氯唑西林等，具有广谱、耐酶、长效等特点，但抗菌活性均不及天然青霉素。

青霉素 G（Penicillin G）

本品又称苄青霉素，是一种有机酸，难溶于水。其钾盐或钠盐为白色结晶性粉末，易溶于水，无臭或微臭，遇酸、碱或氧化剂等迅速失效，常制成粉针。

【体内过程】 青霉素 G 易被胃酸和消化酶所破坏，仅有少量被吸收，因此不宜作内服而常作肌内注射。注射后吸收很快，约 30min 血浆浓度可达峰值，排泄也较快。如给水牛 1 次肌内注射青霉素 5000IU/kg，30min 血浆浓度达最高峰，有效血药浓度可维持 5.9h，吸收后 50% 以上与血浆蛋白呈可逆性结合，其余部分通过被动扩散分布到体内各组织及体液中，但在脑脊液、关节囊、胸腔、乳腺等的浓度低。当中枢神经系统或其他组织有炎症变化时，青霉素则较易透入，并可达到有效浓度。主要以原形由肾脏排泄，其经肾排泄的方式有两种：首先是 80% 以上经肾小管分泌；其次是少量通过肾滤。由于青霉素的尿中浓度高，故可用于治疗泌尿道感染。

【作用与应用】 ①本品为窄谱杀菌性抗生素，抗菌活性强，对繁殖期细菌作用强，对大多数革兰阳性菌、革兰阴性球菌、放线菌和螺旋体等敏感。其中，对链球菌、葡萄球菌、肺炎球菌、脑膜炎球菌、丹毒杆菌、化脓棒状杆菌、炭疽杆菌、破伤风梭菌、李氏杆菌、产气荚膜梭菌、牛放线杆菌和钩端螺旋体等所致感染有效。②大多数革兰阴性杆菌对青霉素不敏感，对结核杆菌、立克次体及真菌则无效。

本品主要用于敏感菌所致的各种感染，如猪丹毒、炭疽、气肿疽、恶性水肿、放线菌、马腺疫、关节炎、坏死杆菌、肾盂肾炎、钩端螺旋体病及乳腺炎、皮肤软组织感染、子宫炎、肺炎、败血症、破伤风等；此外，大剂量应用可治疗禽巴氏杆菌病及鸡球虫病。

【耐药性】 除金色葡萄球菌（简称金葡菌）外，一般细菌对青霉素不易产生耐药性。耐药的金葡菌能产生破坏青霉素的 β-内酰胺酶，使青霉素成为无抗菌活性的青霉素噻唑酸而失效。革兰阴性大肠杆菌、变形杆菌，也能破坏 β-内酰胺环而产生耐药性。为克服金葡菌的耐药性，可用耐 β-内酰胺酶（或"耐青霉素酶"）的半合成新青霉素治疗耐青霉素金葡菌所引起的各种感染。

【不良反应】 青霉素的毒性较低，其不良反应主要是产生各型过敏反应，如荨麻疹、发热、关节肿痛、蜂窝织炎、嗜酸粒细胞增多、血管神经性水肿等，严重时可出现过敏性休克。过敏的马、骡在注射后不久即出现流汗、兴奋、肌肉震颤、呼吸困难、心跳加快、站立不稳等症状;也有呈眼睑、头面水肿,阴门肿胀,无菌性蜂窝织炎(颈、背、胸等处)症状的。猪主要出现挣扎、奔跑、呼吸困难、大小便失禁症状,然后迅速死亡。因此,用药时和用药后均应注意观察,如出现过敏症状,应立即停止用药,并进行对症治疗。严重者应立即注射肾上腺素进行抢救。

过敏反应的机制:一般认为青霉素本身及其分解产物只是半抗原,须与蛋白质结合后才形成全抗原。在体内产生抗体的青霉素抗原决定簇,主要是青霉素分子的 β-内酰环被打开后直接与蛋白质结合青霉素噻唑结合物,它刺激机体产生 IgG、IgM 和 IgE 各种抗体,抗原-抗体互相作用而引起上述各种不同的过敏反应。

【注意事项】 ①本品内服易被胃酸和消化酶破坏,肌内注射吸收快,分布广泛,脑炎时脑脊液中浓度增高。②本品毒性小,但局部刺激性强,可产生疼痛反应,其钾盐较明显。③少数动物可出现皮疹、水肿、流汗、不安、肌肉震颤、心率加快、呼吸困难和休克等过敏反应,可应用肾上腺素、糖皮质激素、抗组胺等药物救治。④青霉素 β-内酰胺环在水溶液中可裂解成青霉烯酸和青霉噻唑酸,使抗菌活性降低,过敏反应发生率增高,故应用时要现用现配。⑤与氨基糖苷类合用呈现协同作用,与红霉素、四环素类和酰胺醇类等快效抑菌剂合用,可降低青霉素的抗菌活性,与重金属离子(尤其是铜、锌、汞)、醇类、酸、碘、氧化剂、还原剂、羟基化合物、呈酸性的葡萄糖注射液或盐酸四环素注射液等合用可破坏青霉素的活性。⑥使用青霉素 G 钾时,剂量过大或注射速度过快可引起高钾性心脏骤停,对心、肾功能不全的动物慎用。

【用法与用量】 肌内注射,一次量,每千克体重,马、牛 $1.0 \times 10^4 \sim 2.0 \times 10^4 IU$,羊、猪、驹、犊 $2.0 \times 10^4 \sim 3.0 \times 10^4 IU$,犬、猫 $3.0 \times 10^4 \sim 4.0 \times 10^4 IU$,禽 $5.0 \times 10^4 IU$,2~3 次/天,连用 2~3d。乳管内注入,一次量,每一乳室,奶牛 $1.0 \times 10^5 IU$,1~2 次/天,奶的废弃期 3d。

氨苄西林(Ampicillin)

本品又称氨苄青霉素,为白色结晶性粉末,在水中微溶,在稀酸或稀碱溶液中溶解。其钠盐为白色或类白色的粉末,在水中易溶,常制成可溶性粉、注射液、粉针、片剂等。

【体内过程】 内服或注射后均易吸收,吸收后可分布到各组织中,在血、尿及胆汁中可达抗菌浓度,能透入脑脊液和关节液内,但含量较低,有炎症时透入量可显著增加。主要由尿和胆汁排出。内服后 24h 内,有 15% 的给药量自尿中排出;肌注后 24h 内约排出给药量的 56%;静注后 24h 内可排出给药量的 70%。而各种给药途径的排出量绝大部分都在前 6h 内排出。

【作用与应用】 ①本品抗菌谱较广,对金黄色葡萄球菌、溶血性链球菌及肺炎球菌等革兰阳性菌的作用不及青霉素 G,对大肠杆菌、变形杆菌、沙门菌、嗜血杆菌、布鲁菌和巴氏杆菌等革兰阴性菌有较强的作用,但不如卡那霉素、庆大霉素和多黏菌素。②本品对耐药金黄色葡萄球菌、绿脓杆菌无效。

本品用于大肠杆菌、沙门菌、巴氏杆菌、葡萄球菌、链球菌等敏感菌所致的呼吸道、泌尿生殖道等感染。例如,驹、犊肺炎,牛巴氏杆菌病、肺炎、乳腺炎,猪传染性胸膜肺炎,鸡白痢,禽伤寒等。

【注意事项】 ①本品耐酸、不耐酶,内服或肌内注射均易吸收,吸收后分布广泛,可透过胎盘屏障。②可产生过敏反应,犬较易发生。③成年反刍动物、马属动物等长期或大剂量应用可发生二重感染,成年反刍动物禁止内服。④严重感染时,可与氨基糖苷类抗生素合用以增强疗效。

【用法与用量】 内服,一次量,每千克体重,家畜、禽20~40mg,2~3次/天。肌内或静脉注射,一次量,每千克体重,家畜、禽10~20mg,2~3次/天,连用2~3d。乳管内注入,一次量,每乳室,奶牛200mg,1次/天。

阿莫西林(Amoxicillin)

本品又称羟氨苄青霉素,为白色或类白色结晶性粉末,味微苦,较难溶于水,在乙醇中几乎不溶,常制成可溶性粉、片剂、胶囊、粉针、混悬液等。

【体内过程】 本品在胃酸中较稳定,单胃动物内服后有74%~92%被吸收,食物会影响吸收速率,但不影响吸收量。内服相同的剂量后,阿莫西林的血清浓度一般比氨苄西林高1.5~3倍,吸收后在体内广泛分布,犬的表观分布容积为0.2L/kg。本品可进入脑脊液,脑膜炎时的浓度为血清浓度的10%~60%。犬的血浆蛋白结合率约13%。奶中的药物浓度很低。

【作用与应用】 本品抗菌谱广,杀菌力强,对主要的革兰阳性菌和革兰阴性菌有强大杀菌作用。其体外抗菌谱等与氨苄青霉素基本相似,但体内效果则增强2~3倍。

本品可用于防治家禽呼吸道感染,对大肠杆菌病、禽霍乱、禽伤寒及其他敏感菌所致的感染也有显著疗效。

【注意事项】 ①本品在碱性溶液中可迅速破坏,应避免与磺胺嘧啶钠、碳酸氢钠等碱性药物合用。②本品不耐青霉素酶,对产生青霉素酶的细菌,特别是对耐药的金黄色葡萄球菌无效,对所有假单胞菌属及大部分克雷伯菌属无效。③本品与克拉维酸联合应用,可克服其不能耐青霉素酶的缺点,从而增加抗菌谱,扩大临床应用。

【用法与用量】 内服,一次量,每千克体重,家畜10~15mg,2次/天。肌内注射,一次量,每千克体重,家畜4~7mg,2次/天。乳管内注入,一次量,每乳室,奶牛200mg,1次/天。

苯唑西林(Oxacillin)

本品又称苯唑青霉素,其钠盐为白色结晶性粉末,无臭或微臭,味苦,可溶于水、乙醇,常制成粉针。

【作用与应用】 本品为耐青霉素酶的半合成抗生素,对青霉素敏感阳性球菌的抗菌作用不如青霉素G,对产酶金黄色葡萄球菌敏感,对肠球菌不敏感。

本品主要用于耐青霉素的金黄色葡萄球菌的感染,如肺炎、烧伤创面感染等。

【注意事项】 ①本品与氨苄西林或庆大霉素合用可增强肠球菌的抗菌活性。②内服耐酸,肌内注射后体内分布广泛,主要经肾脏排泄。

【用法与用量】 肌内注射,一次量,每千克体重,马、牛、羊、猪10~15mg,犬、猫15~20mg,2~3次/天,连用2~3d。

2. 头孢菌素类

头孢菌素类抗生素又称先锋霉素,是一类半合成的广谱抗生素,与青霉素类抗生素的化学结构相似,均有一个 β-内酰胺环,本类抗生素具有抗菌谱广、杀菌力强、对胃酸及对 β-内酰胺酶稳定、过敏反应少等优点。

① 药动学。第一代可内服的头孢氨苄和头孢羟氨苄均可从胃肠道吸收,犬、猫的生物利用度为75%~90%,头孢氨苄在犬的消除半衰期为1~2h。用于注射的头孢菌素肌注能很快吸收,约半小时血药浓度达峰值。头孢噻吩在动物体内很快代谢为去乙酰头孢噻吩,其抗菌活性约为原形药的$\frac{1}{4}$。原形药的消除半衰期很短,在马、水牛、黄牛、猪、犬及家禽的消除半衰期分别是0.5h、1.47h、0.76h、0.18h、0.7h 和 0.26~0.66h。头孢唑啉在犬的表观分布容积为0.7L/kg,消除半衰期为48min,血浆蛋白结合率为16%~25%;头孢菌素能广泛地分布于大多数的体液和组织中,包括肾脏、肺、关节、骨、软组织和胆囊。第三代头孢菌素具有较好的穿透脑脊液的能力。头孢菌素要经肾小球过滤和肾小管分泌排泄。丙磺舒可与头孢菌素产生竞争性拮抗作用,延缓头孢菌素的排出。但肾功能障碍时,消除半衰期显著延长。

② 抗菌谱。头孢氨苄的抗菌谱与广谱青霉素相似,对革兰阳性菌、阴性菌及螺旋体有效。第二代头孢菌素对革兰阳性菌的作用与第一代相似或有所减弱,但对革兰阴性菌的作用则比第一代增强;部分药物对厌氧菌有效,但对绿脓杆菌无效。第三代头孢菌素对革兰阴性菌的作用比第二代强,尤其对绿脓杆菌、肠杆菌属有较强的杀菌作用,但对革兰阳性菌的作用比第一、二代弱。第四代头孢菌素除具有第三代对革兰阴性菌有较强的抗菌谱外,对 β-内酰胺酶高度稳定,血浆消除半衰期较长,无肾毒性。

③ 临床应用。目前由于本类药物价格较贵,兽医临床还未广泛应用,仅用于宠物、种畜禽及贵重动物等特殊情况,且很少作为首选药物应用。主要治疗耐药金黄色葡萄球菌及某些革兰阴性杆菌如大肠杆菌、沙门菌、伤寒杆菌、痢疾杆菌、肺炎球菌、巴氏杆菌等引起的消化道、呼吸道、泌尿生殖道感染,牛乳腺炎和预防术后败血症等。

④ 不良反应。头孢菌素的毒性较小,对肝、肾无明显损害作用,过敏反应的发生率较低。与青霉素 G 偶尔有交叉过敏反应。肌注给药时,对局部有刺激作用,导致注射部位疼痛等。

头孢噻呋(Ceftiofur)

本品为类白色至淡黄色粉末,是动物专用的第三代头孢菌素,不溶于水,其钠盐易溶于水,常制成粉针、混悬型注射液。

【体内过程】 本品肌内和皮下注射后吸收迅速,血中和组织中药物浓度高,有效血药浓度维持时间长,消除缓慢,半衰期长。给牛、猪肌内注射本品后,15min 内迅速被吸收,猪、绵羊、牛多剂量肌内注射后在肾中浓度最高,其次为肺、肝、脂肪和肌肉,一般可维持高于最小抑菌浓度(MIC)。头孢噻呋排泄较缓慢,动物的半衰期有明显的种属差异(马、牛、绵羊、猪、犬、鸡、火鸡的半衰期分别为 3.15h、7.12h、2.83h、14.5h、4.12h、6.77h 和 7.45h)。但大部分可在肌内注射后24h内由尿和粪中排出。

【作用与应用】 本品抗菌谱广,抗菌活性强,对革兰阳性菌、革兰阴性菌及一些厌氧菌都有很强的抗菌活性。对多杀性和溶血性巴氏杆菌、大肠杆菌、沙门菌、链球菌、葡萄球菌等敏感,对链球菌的作用强于喹诺酮类药物,对绿脓杆菌、肠球菌不敏感。

本品主要用于耐药金黄色葡萄球菌及某些革兰阴性杆菌如大肠杆菌、沙门菌、伤寒杆菌、痢疾杆菌、巴氏杆菌等引起的消化道、呼吸道、泌尿生殖道感染,牛乳腺炎和预防术后败血症等。

【注意事项】 ①对本品过敏的动物禁用,对青霉素过敏的动物慎用。②与氨基糖苷类药物或妥布霉素联合使用有增强肾毒性作用。③长期或大剂量使用可引起胃肠道菌群紊乱或二重感染。④牛可引起特征性的脱毛和瘙痒。

【用法与用量】 注射用头孢噻呋钠:肌内注射,一次量,每千克体重,牛1.1mg,猪3~5mg,犬2.2mg,1次/天,连用3d。1日龄雏鸡,每只0.1mg。

头孢氨苄(Cefalexin)

本品又称先锋霉素Ⅳ,为白色或乳黄色结晶性粉末,微臭,微溶于水,常制成乳剂、片剂、胶囊。

【作用与应用】 本品抗菌谱广,对革兰阳性菌作用较强,对大肠杆菌、沙门菌、克雷伯杆菌等革兰阴性菌也有抗菌作用,对绿脓杆菌等不敏感。

本品主要用于治疗大肠杆菌、葡萄球菌、链球菌等敏感菌引起的泌尿道、呼吸道感染和奶牛乳腺炎等。

【注意事项】 ①对本品有过敏反应的患畜禁用,犬较易发生过敏反应。②应用本品期间偶可出现一过性肾损害作用。③对犬、猫能引起厌食、呕吐或腹泻等胃肠道反应。

【用法与用量】 内服,一次量,每千克体重,犬、猫15mg,家禽35~50mg,3次/天。乳管内注入,奶牛,每个乳室200mg,2次/天,连用2d。

3. β-内酰胺酶抑制剂

β-内酰胺酶抑制剂是一类新的β-内酰胺类药物,单独使用几无抗菌作用,但能抑制β-内酰胺酶对青霉素、头孢菌素类抗生素的破坏,提高抗生素的疗效。本类抑制剂主要有克拉维酸和舒巴坦两种。

克拉维酸(Clavulanic Acid)

本品又称棒酸,为无色针状结晶,易溶于水,水溶液不稳定。

【体内过程】 内服在胃酸中稳定并易于吸收。犬的吸收半衰期为0.39h,投药后1h出现血药峰浓度,与阿莫西林共同分布于肺、胸水和腹水中。在唾液、痰和脑脊液中浓度低,但脑膜炎时脑脊液的浓度升高。克拉维酸在犬血清中有13%与蛋白结合。药物易透过胎盘,但无致畸毒性。克拉维酸和阿莫西林在奶中浓度低。克拉维酸通过肾小球滤过,以原型在尿中排出,犬在尿中排出占用量34%~52%的原药和代谢物,在粪中排出25%~27%,也有16%~33%从呼吸气中排出。其在尿中浓度虽高,但也只有阿莫西林排出量的$\frac{1}{5}$。

【作用与应用】 本品有微弱的抗菌活性,属于不可逆性竞争型 β-内酰胺酶抑制剂,与酶牢固结合后使酶失活,因而作用强,不仅作用于金黄色葡萄球菌的 β-内酰胺酶,对革兰阴性杆菌的 β-内酰胺酶也有作用。

本品单独使用无效,常与青霉素类、头孢菌素类药物联合应用以克服微生物产 β-内酰胺酶而引起的耐药性,提高疗效。

【注意事项】 ①对青霉素等过敏动物禁用。②使用复方阿莫西林粉,鸡休药期 7d,蛋鸡产蛋期禁用;阿莫西林克拉维酸注射液,牛、猪休药期 14d,弃奶期 60h。

【用法与用量】 以阿莫西林计:内服,一次量,每千克体重,家畜 10~15mg,鸡 20~30mg,2 次/天,连用 3~5d。肌内或皮下注射,一次量,每千克体重,牛、猪、犬、猫 7mg,鸡 20~30mg,1 次/天,连用 3~5d。

4. 大环内酯类

大环内酯类抗生素是一类由具有 12~16 碳内酯环及配糖体组成的抗生素。主要对多数革兰阳性菌、部分革兰阴性菌、厌氧菌、衣原体和支原体等有抑制作用,尤其对支原体作用强。临床上常用的大环内酯类抗生素有红霉素、泰乐菌素、替米考星和吉他霉素等。

红霉素(Erythromycin)

本品为白色或类白色的结晶或粉末,无臭,味苦,难溶于水,碱性溶液中稳定,抗菌作用强。其乳糖酸盐易溶于水,常制成可溶性粉、片剂、注射用无菌粉末。

【体内过程】 红霉素碱内服易被胃酸破坏,常采用耐酸制剂如红霉素肠溶片或红霉素琥珀酸乙酯。脑膜炎时脑脊液中可达较高浓度。肌注后吸收迅速,分布广泛,肝、胆中含量最高,部分可经肠重吸收。本品大部分在肝内代谢灭活,主要经胆汁排泄。

【作用与应用】 本品一般起抑菌作用,高浓度时对敏感菌有杀菌作用。其抗菌谱与青霉素相似,对革兰阳性菌如金黄色葡萄球菌、链球菌、肺炎球菌、猪丹毒杆菌、梭状芽孢杆菌、炭疽杆菌、棒状杆菌等有强大的抗菌活性,对某些革兰阴性菌如巴氏杆菌、布鲁菌有较弱抗菌作用,对大肠杆菌、克雷伯杆菌、沙门菌等无作用,对螺旋体、肺炎支原体、立克次体、衣原体也有抑制作用。

本品主要用于轻、中度的耐药金黄色葡萄球菌感染和对青霉素过敏病例,如肺炎、败血症、子宫内膜炎、乳腺炎和猪丹毒等。对禽的慢性呼吸道病、猪支原体肺炎有较好疗效。

【注意事项】 ①本品毒性低但刺激性强,口服可引起消化道反应,如呕吐、腹痛、腹泻等。②肌内注射可发生局部炎症,宜采用深部肌内注射。③红霉素酯化物引起肝损害,出现转氨酶升高、肝肿大及胆汁郁积性黄疸等,及时停药可恢复。

【用法与用量】 内服,一次量,每千克体重,仔猪、犬、猫 10~20mg,2 次/天,连用 3~5d。静脉注射,一次量,每千克体重,马、牛、羊、猪 3~5mg,犬、猫 5~10mg,2 次/天,连用 2~3d。混饮,每升水,鸡 125mg(效价),连用 3~5d。

泰乐菌素(Tylosin)

本品为白色至浅黄色粉末,微溶于水,其酒石酸盐、磷酸盐易溶于水,常制成可溶性粉、注射剂、预混剂。

【体内过程】 酒石酸泰乐菌素内服后易从胃肠道(主要是肠道)吸收。给猪内服后1h即达血药峰浓度。磷酸泰乐菌素则较少被吸收。泰乐菌素碱基注射液皮下或肌内注射能迅速吸收。泰乐菌素吸收后同红霉素一样在体内广泛分布,注射给药的脏器浓度比内服高2~3倍,但不易透入脑脊液。由于药物在体内经肝肠循环再吸收,故鸡在内服6h后,其血浓度和脏器浓度常高于1h的浓度。泰乐菌素以原形在尿和胆汁中排出。

【作用与应用】 本品为畜禽专用抗生素,抗菌谱与红霉素相似,但对革兰阳性菌抗菌作用不及红霉素,对支原体有特效,对大多数革兰阴性菌作用较差。另外,本品对牛、猪、鸡还有促生长作用。

本品主要用于防治鸡、火鸡和其他动物的支原体及革兰阳性菌感染,如鸡的慢性呼吸道病、猪的支原体性肺炎和关节炎等,也可用于浸泡种蛋以预防鸡支原体传播,以及猪、鸡的生长促进剂。

【注意事项】 ①本品毒性较小,肌内注射时可导致局部刺激。②本品不能与聚醚类抗生素合用,否则导致后者的毒性增强。③当水中含有铁、铜、铝等金属离子时,可与本品形成络合物而失效。

【用法与用量】 肌内注射,一次量,每千克体重,牛10~20mg,猪5~13mg,猫10mg,1~2次/天,连用5~7d。内服,一次量,每千克体重,猪7~10mg,3次/天,连用5~7d。混饮,每升水,禽500mg(效价),连用3~5d,蛋鸡产蛋期禁用,休药期鸡1d,猪200~500mg(治疗弧菌性痢疾)。混饲,每1000千克饲料,猪10~100g,鸡4~50g。

替米考星(Tilmicosin)

本品为白色粉末,不溶于水,其磷酸盐在水中溶解,常制成可溶性粉、注射剂、预混剂。

【作用与应用】 本品为畜禽专用抗生素,抗菌谱与泰乐菌素相似,对革兰阳性菌、少数革兰阴性菌、支原体、螺旋体等均有抑制作用。对胸膜肺炎放线杆菌、巴氏杆菌及畜禽支原体具有比泰乐菌素更强的抗菌活性。

本品用于防治由胸膜肺炎放线杆菌、巴氏杆菌、支原体等感染引起的肺炎、禽支原体病及泌乳动物的乳腺炎。

【注意事项】 ①本品肌内注射可产生局部刺激,静脉注射可引起动物心动过速和收缩力减弱,严重时可引起动物死亡,对猪、灵长类动物和马也有致死的危险性,故本品仅供内服和皮下注射。②本品与肾上腺素合用可增加猪死亡。③预混剂仅限于治疗使用。

【用法与用量】 混饲,每1000千克饲料,猪200~400g,连用15d。混饮,每升水,禽100~200mg,连用5d。皮下注射,一次量,每千克体重,牛、猪10~20mg,1次/天。

吉他霉素(Kitasamycin)

本品又称北里霉素、柱晶白霉素,为白色或类白色粉末,无臭,味苦,极微溶于水,其酒石酸盐易溶于水,常制成可溶性粉、片剂、预混剂。

【作用与应用】 抗菌谱与红霉素相似,但多数革兰阳性菌作用不及红霉素,对耐药金黄色葡萄球菌的作用强于红霉素,对某些革兰阴性菌,对支原体作用与泰乐菌素相似,对立克次氏体、螺旋体也有抗菌作用。另外,还有促进动物生长和提高饲料利用率的作用。

本品主要用于治疗革兰阳性菌、支原体、螺旋体等感染,如耐青霉素和红霉素的金黄色葡萄球菌。此外,还可作为猪、鸡的饲料添加剂,有促进生长和提高饲料转化率的作用。

【注意事项】 ①本品有较强的局部刺激性和耳毒性,连续使用不得超过1周。②用于治疗时常与链霉素合用。

【用法与用量】 内服,一次量,每千克体重,猪20～30mg,禽20～50mg,2次/天,连用3～5d。混饲,每1000千克饲料,促生长,猪5～50g,禽5～10g。混饮,每升水,禽250～500mg,连用3～5d。

5. 林可胺类

林可胺类抗生素是一类具有高脂溶性的碱性化合物,能够从肠道很好地被吸收,在动物体内分布广泛。其对革兰阳性菌和支原体有较强的抗菌活性,对厌氧菌也有一定的作用。临床上常用的有林可霉素。

林可霉素(Lincomycin)

本品又称洁霉素,为白色结晶性粉末,无臭或微臭,味苦,易溶于水,常制成可溶性粉、片剂、预混剂、注射液。

【体内过程】 内服吸收差,肌注吸收良好,0.5～2h可达血药峰浓度。广泛分布于各种体液和组织中,包括骨骼,表观分布容积不少于1L/kg,可扩散进入胎盘,但脑脊液即使在炎症时也达不到有效浓度。内服给药,约50%的林可霉素在肝脏中代谢,代谢产物仍具有活性。原药及代谢物在胆汁、尿与乳汁中排出,在粪中可继续排出数日,以致敏感微生物受到抑制。

【作用与应用】 本品抗菌谱与大环内酯类抗生素相似,对革兰阳性菌如金黄色葡萄球菌、链球菌、肺炎球菌作用较强,对破伤风杆菌、产气荚膜梭菌等也有抑制作用,对支原体的作用与红霉素相似,而比其他大环内酯类抗生素稍弱,对猪密螺旋体性痢疾和弓形虫也有一定作用。

本品主要用于治疗猪、鸡等敏感革兰阳性菌和支原体感染,如猪喘气病和家禽慢性呼吸道病、猪密螺体性痢疾和鸡坏死性肠炎等。

【注意事项】 ①本品对家马、兔和其他草食动物敏感,易引起严重反应或死亡,故不宜使用。②长期口服可致菌群失调而发生伪膜性肠炎。③本品与大观霉素合用,可起协同作用,与红霉素合用有拮抗作用。

【用法与用量】 内服,一次量,每千克体重,马、牛6～10mg,羊、猪10～15mg,犬、猫15～25mg,1～2次/天,连用3～5d。混饮,每升水,猪40～70mg,连用7d,鸡20～40mg,连用5～10d。混饲,每1000千克饲料,猪44～77g,禽2g,连用1～3周。肌内注射,一次量,每千克体重,猪10mg,1次/天,犬、猫10mg,2次/天,连用3～5d。

(二)主要作用于革兰阴性菌的抗生素

1. 氨基糖苷类

氨基糖苷类抗生素为静止期杀菌药,是由氨基糖分子和非糖部分的糖原结合而成的苷组成的。临床上常用的有链霉素、卡那霉素、庆大霉素、新霉素、安普霉素、大观霉素及阿米卡星等。它们具有以下共同特征：①均为较强的有机碱，能与酸形成盐，常用制剂为硫酸盐，易溶于水，性质稳定，在碱性环境中抗菌作用增强。②内服难吸收，几乎完全从粪便排出，可作为肠道感染和肠道消毒用药，对全身感染需注射给药。③抗菌谱较广，对需氧革兰阴性菌作用较强，对革兰阳性菌较弱，大部分以原形经肾小球滤过排泄，尿药浓度高，适用于泌尿道感染，在碱性尿液中抗菌作用增强。④不良反应主要是损害第八对脑神经、肾毒性及对神经肌肉的阻断等作用。

链霉素（Streptomycin）

本品是从灰链霉菌培养液提取的，常用其硫酸盐，为白色或类白色粉末，性质稳定，易溶于水，常制成粉针。

【体内过程】 链霉素内服后几乎不被吸收，也不被破坏，大部分随粪便排出体外，故肠内浓度高，可用于肠道感染。肌注吸收迅速，1h 后血中浓度可达高水平，体内分布广泛，主要分布于细胞外液，因而在胸腹水中浓度高，不易透过血脑屏障，但在脑脊髓炎时，可较快达到有效浓度，易于通过胎盘，因而妊娠时应用应注意。其浓度可为母体的 $\frac{1}{2}$，注意对胎儿的毒性反应。主要通过肾脏排泄，一次注射后 24h 以原形排出 $\frac{2}{3}$，在尿中浓度较高，因而对尿路感染有效，特别是在碱性尿中作用增强，因而如泌尿系统感染，可加服碳酸氢钠，从而碱化尿液，增强其硫酸链霉素解离为链霉素碱，发挥其抗菌效力。

【作用与应用】 本品抗菌谱广，对大多数革兰阴性杆菌有较强的抗菌作用，抗结核杆菌的作用在氨基糖苷类中最强，对绿脓杆菌作用弱，对金黄色葡萄球菌、钩端螺旋体、放线菌也有一定的作用。在弱碱性环境中抗菌活性最强，在酸性环境中活性下降。细菌易产生耐药性，产生的速度比青霉素快。

本品主要用于敏感菌所致的急性感染，如大肠杆菌所引起的各种腹泻、乳腺炎、子宫炎、败血症、膀胱炎等，巴氏杆菌所引起的牛出血性败血症、犊牛肺炎、猪肺疫、禽霍乱等，也常作为结核杆菌的首选药。

【注意事项】 ①反复使用极易产生耐药性，一旦产生，停药后不易恢复。②过敏反应发生率较青霉素低，但也可出现皮疹、发热、血管神经性水肿、嗜酸粒细胞增多等。③对第八对脑神经有损害作用，造成前庭功能和听觉的损伤，但家畜中少见。④用量过大可引起神经肌肉的阻断作用，会出现呼吸抑制、肢体瘫痪和骨骼肌松弛等症状，严重者肌内注射新斯的明或静脉注射氯化钙即可缓解。

【用法与用量】 肌内注射，一次量，每千克体重，家畜 10～15mg，家禽 20～30mg，2～3 次/天。

卡那霉素（Kanamycin）

本品为目前最常用的氨基糖苷类药物，也是临床治疗革兰阴性杆菌感染的常用药物。常用其硫酸盐，为白色或类白色结晶性粉末，无臭，易溶于水，常制成粉针、注射液。

【体内过程】 内服吸收差。肌注吸收迅速，有效血药浓度可维持 12h。主要分布于各组织和体液中,以胸、腹腔中的药物浓度较高,胆汁、唾液、支气管分泌物及脑脊液中含量很低。有40%～80%以原形从尿中排出。尿中浓度很高,可用于治疗尿道感染。

【作用与应用】 抗菌谱与链霉素相似,但抗菌活性稍强。对多数革兰阴性杆菌如大肠杆菌、沙门菌和巴氏杆菌等敏感,对结核杆菌和耐青霉素金黄色葡萄球菌也有效,但对绿脓杆菌无效。细菌耐药比链霉素慢,与新霉素交叉耐药,与链霉素单向交叉耐药。

本品主要用于治疗多数革兰阴性杆菌和部分耐青霉素金黄色葡萄球菌所致的感染,如呼吸道、肠道和泌尿道感染,乳腺炎,禽霍乱和雏鸡白痢等。此外,也可用于治疗猪萎缩性鼻炎。

【注意事项】 与链霉素相似。

【用法与用量】 肌内注射,一次量,每千克体重,家畜、家禽10～15mg,2次/天,连用2～3d。

庆大霉素(Gentamycin)

本品又称正泰霉素,常用其硫酸盐,为白色或类白色结晶性粉末,无臭,易溶于水,常制成片剂、粉剂、注射液。

【体内过程】 本品内服难吸收,肠内浓度较高。肌注后吸收快而完全。主要分布于细胞外液,可渗入胸腹腔、心包、胆汁及滑膜液中,也可进入淋巴结及肌肉组织。其70%～80%以原形通过肾小球滤过从尿中排出。

【作用与应用】 本品在氨基糖苷类药物中抗菌谱最广,抗菌活性最强。对革兰阴性菌和革兰阳性菌均有作用,特别对肠道菌、绿脓杆菌及耐药金黄色葡萄球菌的作用最强。此外,对支原体也有一定的作用。细菌耐药不如链霉素、卡那霉素耐药菌株普遍,与链霉素单向交叉耐药,对链霉素耐药有效。

本品主要用于治疗耐药金黄色葡萄球菌、绿脓杆菌、变形杆菌和大肠杆菌等所引起的疾病,如呼吸道、肠道、泌尿道感染和败血症等。内服还可用于肠炎和细菌性腹泻。

【注意事项】 ①与链霉素相似。②对肾脏有较严重的损害作用,临床应用不要随意加大剂量及延长疗程。

【用法与用量】 肌内注射,一次量,每千克体重,马、牛、羊、猪2～4mg,犬、猫3～5mg,家禽5～7.5mg,2次/天,连用2～3d。内服,一次量,每千克体重,驹、犊、羔羊、仔猪10～15mg,2次/天。

新霉素(Neomycin)

本品常用其硫酸盐,为白色或类白色粉末,无臭,在水中极易溶解,常制成可溶性粉、溶液、预混剂、片剂滴眼液。

【作用与应用】 本品抗菌谱与卡那霉素相似,对绿脓杆菌作用最强。本品在氨基糖苷类抗生素中毒性最大,一般禁用于注射给药。内服后很少吸收,在肠道中有很好的抗菌作用。

本品内服用于肠道感染,局部用于对葡萄球菌和革兰阴性杆菌引起的皮肤、眼、耳感染及子宫内膜炎等也有良好疗效。

【注意事项】 ①氨基糖苷类抗生素中毒性最大的,一般只供内服或局部用药。②内服可影响洋地黄苷类、维生素 A、维生素 B_{12} 的吸收。

【用法与用量】 内服,一次量,每千克体重,家禽 10～15mg,犬、猫 10～20mg,2 次/天,连用 2～3d。混饮,每升水,禽 50～75mg,连用 3～5d。混饲,每 1000 千克饲料,禽 77～154g,连用 3～5d。

安普霉素(Apramycin)

本品又称阿普拉霉素,为微黄色至黄褐色粉末,易溶于水,常制成可溶性粉、预混剂。

【作用与应用】 本品抗菌谱广,对革兰阴性菌特别是对其他抗生素耐药的大肠杆菌和沙门杆菌等致病菌有强大的抗菌作用,对革兰阳性菌、密螺旋体和某些支原体也有较好的抗菌作用。

本品主要用于革兰阴性菌引起的肠道感染,如猪大肠杆菌、犊牛大肠杆菌和沙门菌引起的腹泻,也可用于鸡大肠杆菌、沙门杆菌和支原体引起的感染。另外,还可作为药物型饲料添加剂,能明显促进增重和提高饲料转化率。

【注意事项】 ①本品常作为治疗大肠杆菌病的首选药。②遇铁锈易失效,也不宜与微量元素混合应用。③鸡产蛋期、牛泌乳期禁用,休药期鸡 7d,猪 21d。

【用法与用量】 混饮,每升水,鸡 250～500mg,连用 5d,每千克体重,猪 12.5mg,连用 7d。混饲,每 1000 千克饲料,猪 80～100g,鸡 5g,连用 7d。

大观霉素(Spectinomycin)

本品又称壮观霉素,其盐酸盐或硫酸盐为白色或类白色结晶性粉末,易溶于水,常制成可溶性粉、预混剂。

【作用与应用】 本品对大肠杆菌、沙门菌、变形杆菌等革兰阴性菌有中度抑制作用,对化脓链球菌、肺炎球菌、表皮葡萄球菌敏感,对绿脓杆菌不敏感,对支原体也有一定作用。另外,还有促进鸡的生长和改善饲料利用率的作用。本品易产生耐药性,与链霉素无交叉耐药性。

本品主要用于防治大肠杆菌病、禽霍乱、禽沙门菌病,常与林可霉素联合用于防治仔猪腹泻、猪的支原体性肺炎和败血支原体引起的鸡慢性呼吸道疾病。

【注意事项】 ①本品肾毒性和耳毒性较轻,但神经肌肉传导阻滞作用明显,不可静脉注射。②与林可霉素联用效果更好,与四环素合用呈拮抗作用。③休药期鸡 5d,鸡产蛋期禁用。

【用法与用量】 混饮,每升水,禽 500～1000mg,连用 3～5d。

阿米卡星(Amikacin)

本品又称丁胺卡那霉素,其硫酸盐为白色或类白色结晶性粉末,几乎无臭,无味,极易溶解于水,常制成粉针、注射液。

【作用与应用】 本品为半合成的氨基糖苷类抗生素,其作用、抗菌谱与庆大霉素相似,对庆大霉素、卡那霉素耐药的绿脓杆菌、大肠杆菌、变形杆菌、克雷伯杆菌等仍有效,对金黄色葡萄球菌也有较好作用。

本品主要用于治疗耐药菌引起的菌血症、败血症、呼吸道感染、腹膜炎及敏感菌引起的各种感染等。

【注意事项】 ①有耳毒性和肾毒性,耳毒性以耳蜗损害为主,偶见过敏反应。②不能直接静脉推注,易引起神经肌肉传导阻滞及呼吸抑制。③用药期间应给予足够的水分,以减少肾小管损害。

【用法与用量】 肌内注射,一次量,每千克体重,家畜5~7.5mg,2次/天,连用3~5d。

2. 多肽类

多肽类抗生素是具有多肽结构特征的一类抗生素,包括多黏菌素B、多黏菌素E、杆菌肽、短杆菌肽和万古霉素。本类药物细菌不易产生耐药性,但对肾脏和神经系统损害较大。

多黏菌素(Polymyxin)

本类抗生素是由多黏芽孢杆菌产生的,其硫酸盐为白色或类白色结晶性粉末,无臭,易溶于水,常制成可溶性粉、预混剂。

【体内过程】 内服不吸收,主要用于肠道感染。肌注后2~3h达血药峰浓度。有效血药浓度可维持8~12h,吸收后分布于全身组织,肝、肾中含量较高,主要经肾缓慢排泄。

【作用与应用】 本品为窄谱杀菌剂,对革兰阴性杆菌的抗菌活性强,尤其以绿脓杆菌作用最为敏感,对大肠杆菌、沙门菌、巴氏杆菌、痢疾杆菌、布鲁菌和弧菌等革兰阴性菌作用较强,对变形杆菌、厌氧杆菌属、革兰阴性球菌、革兰阳性菌等不敏感。本品不易产生耐药性,但与多黏菌素E之间有交叉耐药性,与其他类抗菌药物之间未发现有交叉耐药性。另外,还有促进雏鸡、犊牛和仔猪生长作用。

本品主要用于防治猪、鸡的革兰阴性菌肠道感染,外用治疗烧伤和外伤引起的绿脓杆菌感染,也可作为饲料添加剂使用,促进畜禽生长。

【注意事项】 ①本品常作为绿脓杆菌、大肠杆菌感染的首选药。②注射给药刺激性强,局部疼痛显著,并可引起肾毒性和神经毒性,多用于内服或局部用药。

【用法与用量】 混饲,每1000千克饲料,犊牛5~40g,乳猪2~40g,仔猪、鸡2~20g。混饮,每升水,猪40~200mg,鸡20~60mg。

杆菌肽(Bacitracin)

本品为白色或淡黄色粉末,易溶于水,本品的锌盐为灰色粉末,不溶于水,性质稳定,常制成可溶性粉、预混剂。

【作用与应用】 本品抗菌谱与青霉素相似,对各种革兰阳性菌有杀菌作用,包括耐药的金黄色葡萄球菌、肠球菌、链球菌,对螺旋体和放线菌也有效,对少数革兰阴性菌、螺旋体和放线菌也有作用。另外,本品的锌盐有促进动物生长和提高饲料转化率的作用。

本品主要用于治疗革兰阳性菌及耐药金黄色葡萄球菌所致的皮肤、伤口感染,眼部感染和乳腺炎等。

【注意事项】 ①肌内注射易吸收,但对肾脏毒性大,不宜用于全身感染。②偶有过敏反应,如皮肤局部瘙痒、皮疹、红肿,一般反应轻微。

【用法与用量】 内服,一次量,每千克体重,猪 20~30mg,禽 20~50mg,2 次/天,连用 3~5d。混饲,每 1000 千克饲料,3 月龄以下犊牛 10~100g,3~6 月龄 4~40g,4 月龄以下猪 4~40g,16 周龄以下禽 4~40g。

(三) 广谱抗生素

1. 四环素类

四环素类抗生素为广谱抗生素,具有共同的基本母核,仅取代基有所不同,其包括金霉素、土霉素、四环素及半合成衍生物强力霉素、美他环素、米诺环素等,广泛用于多种细菌及立克次体、衣原体、支原体、原虫等感染。对结核杆菌、绿脓杆菌、伤寒杆菌、真菌、病毒均无效。兽医临床常用的有四环素、土霉素、金霉素、多西霉素等,按其抗菌活性大小依次为多西环素、金霉素、四环素、土霉素。天然四环素类之间存在交叉耐药性,但与半合成四环类之间交叉耐药性不明显。

土霉素(Oxytetracycline)

本品为淡黄色结晶性或无定形粉末,在日光下颜色变暗,在碱性溶液中易被破坏失效,在水中极微溶解,易溶于稀酸、稀碱。常用其盐酸盐,性状稳定,易溶于水,常制成粉针、片剂、注射液。

【体内过程】 内服吸收均不规则、不完全,主要在小肠的上段被吸收。胃肠道内的镁、钙、铝、铁、锌、锰等多价金属离子,能与本品形成难溶的螯合物,而使药物吸收减少。因此,不宜与含多价金属离子的药品或饲料、乳制品同用。内服后,2~4h 血药浓度达峰值。反刍兽不宜内服给药。吸收后在体内分布广泛,易渗入胸、腹腔和乳汁;也能通过胎盘屏障进入胎儿循环;但脑脊液中浓度低。体内储存于胆、脾,尤其易沉积于骨骼和牙齿;有相当一部分可由胆汁排入肠道,并再被吸收利用,形成"肝肠循环",从而延长药物留在体内的持续时间。主要由肾脏排泄,在胆汁和尿中浓度高,有利于胆道及泌尿道感染的治疗。但当肾功能障碍时,则减慢排泄,延长消除半衰期,增强对肝脏的霉毒性。

【作用与应用】 本品为广谱抗生素,起抑菌作用。除对革兰阳性菌和阴性菌有抗菌作用外,对立克次体、衣原体、支原体、螺旋体、放线菌和某些原虫也有抑制作用。在革兰阳性菌中,对葡萄球菌、溶血性链球菌、炭疽杆菌、破伤风梭菌和梭状芽孢杆菌等作用较强,但其他作用不如青霉素类和头孢菌素类。在革兰阴性菌中,对大肠杆菌、沙门菌、布鲁菌和巴氏杆菌等较敏感,而作用不如氨基糖苷类和酰胺醇类。

本品用于治疗大肠杆菌和沙门菌引起的下痢,如犊牛白痢,羔羊痢疾、仔猪黄痢、白痢、雏鸡白痢等;多杀性巴氏杆菌引起的牛出败、猪肺疫、禽霍乱等;支原体引起的牛肺炎、猪气喘病、鸡慢性呼吸道病等;局部用于坏死杆菌所致的坏死、子宫脓肿、子宫内膜炎等;血孢子虫感染的泰勒焦虫病、放线菌病、钩端螺旋体病等。

【注意事项】 ①本品盐酸盐水溶液属强酸性,刺激性大,常采用静脉注射给药。②成年草食动物内服后,剂量过大或疗程过长,易引起肠道菌群紊乱,导致消化机能失常,造成肠炎并形成二重感染。③本品能与镁、钙、铝、铁、锌、锰等多价金属离子形成难溶的螯合物,使药物吸收降低,因此不宜与含有多价金属离子的药物、饲料或乳制品等共服。

【用法与用量】 内服，一次量，每千克体重，猪、驹、犊、羔 10～25mg，犬 15～50mg，禽 25～50mg，2～3 次/天，连用 3～5d。肌内注射，一次量，每千克体重，家畜 10～20mg，1～2 次/天，连用 2～3d。静脉注射，一次量，每千克体重，家畜 5～10mg，2 次/天，连用 2～3d。混饲，每 1000kg 饲料，猪 300～500g，连用 3～5d。

四环素（Tetracycline）

本品为淡黄色结晶性粉末，无臭，味苦，有引湿性。可溶于水、乙醇，在潮湿空气中、强阳光照射下色变暗，常用其盐酸盐。

【作用与应用】 本品作用与土霉素相似，但对大肠杆菌、变形杆菌等革兰阴性菌作用较强，对葡萄球菌等革兰阳性菌的作用不如金霉素。

本品主要用于治疗某些革兰阳性菌、革兰阴性菌、支原体、立克次体、螺旋体、衣原体等引起的感染。常作为布氏杆菌病、嗜血杆菌性肺炎、大肠杆菌病和李氏杆菌病的首选药。

【注意事项】 ①本品盐酸盐刺激性较大，不宜肌内注射和局部应用，静脉注射切勿漏到血管外。②静脉注射速度过快，与钙结合引起心血管抑制，可出现急性心力衰竭。③本品内服吸收较快，血药浓度较土霉素、金霉素高，吸收后组织渗透性较高，能透过胎盘屏障，易透入胸腹及乳汁中。④进入机体后与钙结合，沉积于牙齿和骨骼中，对胎儿骨骼发育有影响。⑤大剂量或长期使用，可引起肝脏损害和肠道菌群紊乱，如出现维生素缺乏症和二重感染。

【用法与用量】 内服，一次量，每千克体重，家畜 10～20mg，2～3 次/天。静脉注射，一次量，每千克体重，家畜 5～10mg，2 次/天，连用 2～3d。

金霉素（Aureomycin）

本品由链霉素的培养液中所制得，常用其盐酸盐，为金黄色或黄色结晶，无臭、味苦，微溶于水，常制成粉针。

【作用与应用】 本品抗菌谱与土霉素相似，对革兰阳性球菌，特别是葡萄球菌、肺炎球菌有效，但抗菌作用和局部刺激性较四环素、土霉素强。另外，低剂量有促进畜禽生长和改善饲料利用率的作用。

本品中高剂量可用于防治敏感菌所致疾病，如鸡慢性呼吸道病、火鸡传染性鼻窦炎、猪细菌性肠炎、犊牛细菌性痢疾、钩端螺旋体滑膜炎、鸭巴氏杆菌病等，局部应用可用于治疗牛子宫内膜炎和乳腺炎。

【注意事项】 ①本品在四环素中刺激性最强，仅用于静脉注射。②内服吸收较土霉素少，被吸收的药物主要经肾脏排泄。

【用法与用量】 静脉注射，一次量，每千克体重，家畜 5～10mg。临用时，须用甘氨酸钠作专用溶媒稀释。

多西环素（Doxycycline）

本品又称脱氧土霉素、强力霉素，其盐酸盐为淡黄色或黄色结晶性粉末，无臭、味苦，易溶于水，常制成片剂、可溶性粉。

【体内过程】 本品内服后吸收迅速，生物利用度高，犊牛用牛奶代替品同时内服的生物利用度为70%，维持有效血药浓度时间长，对组织渗透力强，分布广泛，易进入细胞内。原形药物大部分经胆汁排入肠道又再次被吸收，而有显著的肝肠循环。本品在肝内大部分以结合或络合方式灭活，再经胆汁分泌入肠道，随粪便排出，因而对胃肠菌群及动物的消化机能无明显影响。在肾脏排出时，由于本品具有较强的脂溶性，易被肾小管重吸收，因而有效药物浓度维持时间较长。

【作用与应用】 本品抗菌谱与其他四环素类相似，抗菌活性较土霉素、四环素强。对革兰阳性菌作用优于革兰阴性菌，但对肠球菌耐药。本品与土霉素、四环素等存在交叉耐药性。

本品用于治疗革兰阳性菌、革兰阴性菌和支原体引起的感染性疾病，如溶血性链球菌病、葡萄球菌病、大肠杆菌病、沙门菌病、巴氏杆菌病、布氏杆菌病、炭疽、猪螺旋体病及畜禽的支原体病等。

【注意事项】 ①本品在四环素类中毒性最小，但给马属动物静脉注射可致心律不齐、虚脱和死亡。②肾功能损害时，药物自肠道排泄量增加，成为主要排泄途径，故可用于有肾功能损害的动物。

【用法与用量】 内服，一次量，每千克体重，猪、驹、犊、羔羊3~5mg，犬、猫5~10mg，禽15~25mg，1次/天，连用3~5d。混饲，每1000千克饲料，猪150~250g，禽100~200g。混饮，每升水，猪100~150mg，禽50~100mg。

2. 酰胺醇类

酰胺醇类抗生素包括氯霉素、甲砜霉素、氟甲砜霉素等。由于氯霉素可引起人和动物的可逆性血细胞减少及不可逆的再生障碍性贫血，因此目前世界各国几乎都禁止氯霉素用于所有食品动物。

甲砜霉素（Thiamphenicol）

本品为白色结晶粉末，无臭，微溶于水，常制成片剂和粉剂。

【体内过程】 猪肌注本品吸收快，达血药峰浓度时间为1h，生物利用度为76%，半衰期为4.2h，体内分布较广；静注给药的半衰期为1h。本品在肝内代谢少，大部分药物（70%~90%）以原形从尿中排出。

【作用与应用】 本品抗菌谱广，对革兰阴性菌作用强于革兰阳性菌。对其敏感的革兰阴性菌有大肠杆菌、沙门菌、产气荚膜梭菌、布鲁菌及巴氏杆菌，革兰阳性菌有炭疽杆菌、链球菌、棒状杆菌、肺炎球菌、葡萄球菌等。对衣原体、螺旋体、立克次体也有一定的作用，对绿脓杆菌不敏感。

本品用于治疗畜禽肠道、呼吸道等敏感菌所致的感染，尤其是大肠杆菌、沙门菌及巴氏杆菌感染。

【注意事项】 ①有抑制红细胞、白细胞和血小板生成作用，但不产生再生障碍性贫血。②有较强的免疫抑制作用，疫苗接种期禁用。③有胚胎毒性，妊娠期及哺乳期动物慎用。④长期内服可引起消化机能紊乱，出现维生素缺乏或二重感染。

【用法与用量】 内服，一次量，每千克体重，畜禽5~10mg，2次/天，连用2~3d。

氟甲砜霉素(Florfenicol)

本品为白色或类白色结晶性粉末,无臭,水中极微溶解,常制成粉剂、溶液、预混剂、注射液。

【体内过程】 畜禽内服和肌注本品吸收快,体内分布较广,半衰期长,能维持较长时间的有效血药浓度。肉鸡、犊牛内服的生物利用度分别为55.3%、88%;猪内服几乎完全吸收。大多数药物以原形(50%~65%)从尿中排出。

【作用与应用】 本品为动物专用广谱抗生素,抗菌作用与甲砜霉素相似,抗菌活性优于甲砜霉素。

本品主要用于敏感细菌所致的牛、猪和鸡的细菌性疾病,如牛的呼吸道感染、乳腺炎,猪传染性胸膜肺炎、黄痢、白痢、鸡大肠杆菌病、霍乱等。

【注意事项】 ①不引起骨髓抑制或再生障碍性贫血,但有胚胎毒性,妊娠动物禁用。②与甲氧苄啶合用产生协同作用。③肌内注射有一定刺激性,应做深层分点注射。

【用法与用量】 内服,一次量,每千克体重,猪、鸡20~30mg,2次/天,连用3~5d。

肌内注射,一次量,每千克体重,猪、鸡20mg,1次/2天,连用2次。

(四) 抗真菌抗生素

真菌是一种真核生物,种类很多,可引起动物感染。根据感染部位可分为两类:一类是浅表真菌感染,如皮肤、羽毛、趾甲、鸡冠、肉髯等引起多种癣病;二是深部真菌感染,主要侵犯机体的深部组织及内脏器官,如念珠菌病、犊牛真菌性胃肠炎、牛真菌性子宫炎和雏鸡曲霉菌性肺炎等。兽医临床上常用的抗真菌抗生素有两性霉素B、制霉菌素、酮康唑、克霉唑和灰黄霉素等。

两性霉素B(Amphotericin B)

本品为黄色或橙黄色粉末,无臭或几乎无臭、无味,有引湿性,在日光下易被破坏失效,在水、乙醇中不溶,常制成粉针。

【作用与应用】 本品为多烯类抗真菌药,对多种深部真菌如新型隐球菌、白色念珠菌、球孢子菌、皮炎芽生菌及组织胞浆菌等有强大抑制作用,高浓度有杀菌作用。

本品主要用于治疗真菌引起的内脏或全身深部感染。

【注意事项】 ①本品静脉注射毒性极大,不良反应较多,对肾脏损害最严重,同时还可引起发热、呕吐等症状。②本品内服不吸收,毒性反应较小,是治疗消化系统真菌感染的首选药。③禁与氨基糖苷类、磺胺类等药物合用,以免增加肾毒性。④本品对光、热不稳定,应在15℃以下避光保存。

【用法与用量】 静脉注射,一次量,每千克体重,各种动物0.1~0.5mg。隔日1次或1周3次,总剂量4~11mg。临用时先用注射用水溶解,再用5%葡萄糖注射液(切勿用生理盐水)稀释成0.1%注射液,缓慢静脉注射。

制霉菌素(Nystatin)

本品为淡黄色或浅褐色粉末,性质极不稳定,易受光、热等破坏,难溶于水,微溶于乙醇,常制成片剂。

【作用与应用】 本品为多烯类广谱抗真菌药,其作用及作用机制与两性霉素 B 基本相同,但毒性更大,不宜用于全身感染。本品内服用于治疗真菌引起的胃肠道感染,如犊牛真菌性胃炎、禽曲霉菌病、禽念珠菌病等。局部应用可治疗皮肤、黏膜的真菌感染,如念珠菌、曲霉菌所致的乳腺炎、子宫炎等。

【注意事项】 ①本品毒性较大,不宜静脉注射和肌内注射。②内服剂量过大可引起动物呕吐、食欲下降等不良反应。

【用法与用量】 内服,一次量,马、牛 $2.5 \times 10^6 \sim 5.0 \times 10^6$ IU,猪、羊 $5.0 \times 10^5 \sim 1.0 \times 10^6$ IU,犬 $5 \times 10^4 \sim 1.5 \times 10^5$ IU,2 次/天。家禽白色念珠菌病,$5.0 \times 10^5 \sim 1.0 \times 10^6$ IU/kg 饲料,混饲连用 1~3d。雏禽曲霉菌病,5.0×10^5 IU/100 羽,2 次/天,连用 2~4d。乳管内注入,牛 1.0×10^6 IU/乳室。子宫内灌注,马、牛 $1.5 \times 10^6 \sim 2.0 \times 10^6$ IU。

酮康唑(Ketoconazole)

本品为类白色结晶性粉末,无臭,无味,微溶于乙醇,几乎不溶于水,常制成片剂和软膏剂。

【作用与应用】 本品为咪唑类广谱抗真菌药,对全身及浅表真菌均有抗菌作用。对曲霉菌、孢子丝菌作用弱,白色念珠菌对本品易产生耐药。其主要通过抑制真菌细胞膜麦角固醇的生物合成,影响细胞膜的通透性,从而抑制真菌生长。

本品常用于治疗由球孢子菌、组织浆胞菌、隐球菌、芽生菌等感染引起的真菌病。

【注意事项】 ①本品在酸性条件下易吸收,在胃酸不足时应同服稀盐酸。②本品与两性霉素 B 联用用于治疗隐球菌病有协同作用。

【用法与用量】 内服,一次量,每千克体重,马 3~6mg,犬、猫 5~10mg,1 次/天,连用 1~6 个月。

克霉唑(Clotrimazole)

本品为白色结晶性粉末,难溶于水,常制成片剂和软膏剂。

【作用与应用】 本品为咪唑类人工合成的广谱抗真菌药,对浅表及某些深部真菌感染均有抗菌作用,对浅表真菌的作用与灰黄霉素相似,对深部真菌作用良好,但不及两性霉素 B。其主作用机制与酮康唑相似。

本品常用于治疗浅表真菌感染,如毛癣、鸡冠真菌感染。

【注意事项】 长期使用有肝功能不良反应,停药后即可恢复。

【用法与用量】 内服,每千克体重,马、牛,5~10g,驹、犊、猪、羊 1~1.5g,2 次/天。雏鸡每 100 只加 1g,混饲给药。软膏剂,外用。

第三节 化学合成抗菌药

抗菌药物除抗生素外,还有许多人工合成的抗菌药,目前应用比较广泛的合成抗菌药有磺胺类、喹诺酮类等药物。

一、磺胺类

磺胺类药物是20世纪30年代发现的能有效防治全身性细菌性感染的第一类化疗药物。目前大部分被抗生素及喹诺酮类等药物取代，但由于磺胺类药物有对某些感染性疾病，如流脑、鼠疫等具有良好疗效，且具有抗菌谱较广、使用方便、性质稳定、价格低廉等优点，故在抗感染的药物中仍占一定地位。特别是甲氧苄啶和二甲氧苄啶等抗菌增效剂的发现，使磺胺药与抗菌增效剂联合使用后，抗菌谱扩大，抗菌活性大大增强，可从抑菌作用变为杀菌作用。因此，磺胺类药物至今仍为畜禽抗感染治疗中的重要药物之一。

（一）概述

1. 构效关系

磺胺类药物的基本化学结构是对氨基苯磺酰胺，简称磺胺。

$$R_1-HN-\bigcirc-SO_2NH-R_2$$

R代表不同的基团，由于所引入的基团不同，因此就合成了一系列的磺胺类药物，它们的抑菌作用与化学结构之间的关系是：①磺酰胺基对位的游离氨基是抗菌活性的必需基团，如氨基上的一个氢原子（R_1）被酰胺化，则失去抗菌活性。②磺酰胺基上的一个氢原子（R_2）如被不同杂环取代，可获得一系列内服易吸收的用于防治全身性感染的磺胺药，如磺胺嘧啶、磺胺异噁唑、磺胺甲唑等。③磺酰胺基对位上的氨基一个氢原子被其他基团取代，则成为内服难吸收的用于肠道感染的磺胺类，如柳氮磺胺吡啶等。

2. 分类

根据内服后的吸收情况本类药物可分为肠道易吸收、肠道难吸收及外用等三类。肠道易吸收的磺胺药，如磺胺噻唑（ST）、磺胺嘧啶（SD）、磺胺二甲嘧啶（SM_2）、磺胺喹啉（SQ）、磺胺异噁唑（SIZ）、磺胺甲唑（SMZ）、磺胺对甲氧嘧啶（SMD）、磺胺间甲氧嘧啶（SMM）、氨苯磺胺（SN）等，适用于全身感染。肠道难吸收的磺胺药，如磺胺脒（SG）、琥磺噻唑（SST）、酞磺噻唑（PST）等，适用于肠道感染。外用的磺胺药，如磺胺醋酰钠（SA-Na）、磺胺嘧啶银（SD-Ag）等，适用于局部创伤和烧伤感染。

3. 药动学

（1）吸收。各种内服易吸收的磺胺药，其生物利用度大小因药物和动物种类而有差异，其顺序分别为：$SM_2>SDM>SN>SD$，禽>犬>猪>马>羊>牛。磺胺类的钠盐可经肌内注射、腹腔注射或由子宫、乳管内注入而迅速被吸收。

（2）分布。磺胺类药物吸收后分布于全身各组织和体液中。以血液、肝、肾含量较高，神经、肌肉及脂肪中的含量较低，可进入乳腺、胎盘、胸膜、腹腔及滑膜腔。吸收后，大部分与血浆蛋白结合。磺胺类中SD与血浆蛋白的结合率较低，因而进入脑脊液的浓度较高，故可作为脑部细菌感染的首选药。各种家畜的蛋白结合率，通常牛最高，羊、猪、马等次之。一般来说，血浆蛋白结合率高的磺胺类排泄较缓慢，血中有效药物浓度维持时间也较长。

(3)代谢。磺胺类药物主要在肝脏代谢,引起多种结构上的变化。其中最常见的方式是对位氨基(R_2)的乙酰化。其次羟基化作用,绵羊比牛高,猪则无此作用。此外,反刍动物体内的氧化作用却是磺胺类药代谢的重要途径。

磺胺乙酰化后失去抗菌活性,但保持原来的磺胺毒性。除 SD 等 R_1 位有嘧啶环的磺胺药外,其他乙酰化磺胺的溶解度普遍下降,增加了对肾脏的毒副作用。肉食或杂食动物由于尿中酸度比草食动物高,较易引起磺胺及乙酰胺的沉淀,导致结晶尿的产生,损害肾脏。若同时内服碳酸氢钠碱化尿液,则可提高其溶解度,促进从尿中排出。

(4)排泄。内服肠道难吸收的磺胺类药物主要通过粪便排出,易吸收的通过肾脏排出,少量由乳汁、消化液及其他分泌液排除。经肾脏排出的部分以原形,部分以乙酰化物和葡萄糖醛酸结合物的形式排出。其中大部分经肾小球滤过,小部分由肾小管分泌。当肾功能受损时,药物的半衰期明显延长,毒性可能增加,临床使用时应注意。治疗泌尿道感染时,应选用乙酰化率低、原形排出多的磺胺药,如 SMM、SMD。

4. 抗菌谱

磺胺药的抗菌谱较广,能抑制大多数革兰阳性菌和一些革兰阴性菌。其中,对链球菌、肺炎球菌、沙门菌、化脓棒状杆菌、大肠杆菌等高度敏感,对葡萄球菌、产气荚膜杆菌、肺炎杆菌、巴氏杆菌、炭疽杆菌、绿脓杆菌以及少数真菌如放线菌也有抑制作用。个别磺胺药还能选择性地抑制某些原虫,如 SQ、SM_2 可用于治疗球虫感染,SMM、SMD 可用于治疗猪弓形虫病,但对螺旋体、立克次体、结核杆菌等无效。

5. 作用机制

磺胺药是抑菌药,它通过干扰细菌的叶酸代谢而抑制细菌的生长繁殖。与哺乳动物细胞不同,对磺胺药敏感的细菌不能直接利用周围环境中的叶酸,只能利用对氨基苯甲酸(PABA)和二氢蝶啶,在细菌体内经二氢叶酸合成酶的作用合成二氢叶酸,再经二氢叶酸还原酶的作用形成四氢叶酸。四氢叶酸作为一碳单位转移酶的辅酶,在嘌呤和嘧啶核苷酸形成过程中起着重要的传递作用。磺胺药的结构和 PABA 相似,因而可与 PABA 竞争二氢叶酸合成酶,阻碍二氢叶酸的合成,从而影响核酸的生成,抑制细菌生长繁殖。

为了保证磺胺药在竞争中占优势,在临床用药时应注意:①用量充足,首次剂量必须加倍,使血中磺胺的浓度大大超过 PABA 的量。②脓液和坏死组织中含有大量 PABA,应洗创后再用药。③应避免与体内能分解出 PABA 的药合用,如普鲁卡因。

6. 耐药性

任何矛盾对立的双方都可在一定条件下互相转化。原来对磺胺药敏感的细菌,无论在体外或体内,与长期或不足量的磺胺药接触时,都能获得耐药性。尤其以葡萄球菌最易产生,大肠杆菌、链球菌等次之。细菌的耐药性主要由适应和突变两种方式获得。而耐药性发展快慢主要决定细菌的种类、给药的频率、药物的浓度和作用时间。细菌对某种磺胺药具耐药性,对其他磺胺药也同样无效——交叉耐药性。但耐磺胺药的细菌,对抗生素依然敏感。必须防止滥用,应针对性给药,并给予足够剂量。一旦耐药,立刻换用抗生素或其他抗菌药。

7. 不良反应及预防措施

(1)急性中毒。

常见于静脉注射速度过快或剂量过大。中毒时常出现兴奋、痉挛、麻痹、呕吐、腹泻、昏迷等中毒症状,严重者迅速死亡。牛、羊还出现散瞳、目盲等表现,雏鸡中毒时出现大批死亡。

(2)慢性中毒常见于剂量较大或连续用药超过一周以上。常出现结晶尿、血尿、疼痛和尿闭等泌尿系统损害症状,出现食欲缺乏、呕吐、腹泻等消化系统障碍或草食动物的多发性肠炎症状,此外,还可引起白细胞、血小板减少,甚至出现再生障碍性贫血。家禽表现为精神沉郁、食欲下降、便秘或腹泻、增重减慢、蛋鸡产蛋率下降或产软壳蛋等。

预防磺胺药的不良反应除严格控制剂量与疗程外,还可采取下列措施:①充足饮水,增加尿量,促进排泄。②选用作用强、疗效好、溶解度大、乙酰化率低的磺胺药。③幼畜、杂食或肉食动物使用时宜与碳酸氢钠同服,以碱化尿液,提高溶解度。

8. 应用原则

选药原则必须对具体病例做具体分析,要针对不同疾病选用不同的药物。根据磺胺药的抗菌原理,由于磺胺类药物必须显著地高于对氨苯甲酸的浓度才能有效,所以首次应用突击量,一般是维持量的倍量。以后每隔一定时间再给予维持量,待症状消失后,还应以维持量的 $\frac{1}{2} \sim \frac{1}{3}$ 继续投予 2~3 天,以达彻底治疗。

(1)全身性感染,常用药有 SD、SM_2、SMZ、SDM、SMM、SDM′可用于巴氏杆菌病、乳腺炎、子宫内膜炎、腹膜炎、败血症和呼吸道、消化道及泌尿道感染,对马肺疫、坏死杆菌病、牛传染性腐蹄病等均有效。一般与 TMP 合用,可提高疗效,缩短疗程。对于病情严重的病例或首次用药,则可以考虑钠盐肌注或静脉肌注给药。

(2)肠道感染,选用肠道难吸收的磺胺类,如 SG、PST、SST 等为宜。可用于仔猪黄痢及畜禽白痢、大肠杆菌病等的治疗。常与 DVD 合用可提高疗效。

(3)泌尿道感染,以选用对泌尿道损害小的 SIZ(磺胺异噁唑)、SMM(4-磺胺 6-甲氧嘧啶)、SMD(2-磺胺 5-甲氧嘧啶)、SM_2(磺胺二甲基嘧啶)等较好。与 TMP 合用,可提高疗效,克服或延缓耐药性的产生。

(4)局部软组织和创面感染,选外用磺胺药,如 SN、SD-Ag 等。SN 常用其结晶性粉末,撒于新鲜伤口,以发挥其防腐作用。SD-Ag 对绿脓杆菌的作用较强,且有收敛作用,可促进创面干燥结痂。

(5)治疗原虫感染、球虫、弓形体等,用 SQ、磺胺氯吡嗪、SMM(4-磺胺 6-甲氧嘧啶)、SDM(4-磺胺 2,6-甲氧嘧啶)。SM_2(磺胺二甲基嘧啶)、SMM(4-磺胺-6-甲氧嘧啶)加上 TMP 或 DVD 增效,效果更好。也可用乙胺嘧啶。

(6)治疗脑部细菌性感染宜采用在脑脊液中含量较高的 SD,治疗乳腺炎宜采用在乳汁中含量较高的 SM_2。

(二)临床常用药物

1. 全身感染用磺胺药

磺胺嘧啶(Sulfadiazine,SD)

本品为白色或类白色的结晶或粉末,无臭,无味,几乎不溶于水,其钠盐易溶于水,常制成片剂、预混剂、注射液。

【作用与应用】 ①本品抗菌谱广,抗菌活性强,对脑膜炎双球菌、肺炎双球菌、溶血性链球菌、沙门菌、大肠杆菌等革兰阳性菌及革兰阴性菌作用强,但对金黄色葡萄球菌作用较差。②对衣原体和某些原虫也有作用。

本品主要用于各种动物敏感菌所致的全身感染,如马腺疫、坏死杆菌病、牛传染性腐蹄病、猪萎缩性鼻炎、副伤寒、球虫病、鸡卡氏住白细胞虫病,本品能通过血脑屏障进入脑脊液,常作为治疗脑部细菌感染的首选药。

【注意事项】 ①本品内服易吸收,代谢的乙酰化物易在肾脏析出,可引起血尿、结晶尿等。②注射液遇酸可析出结晶,不能与四环素、卡那霉素、林可霉素等配伍应用,也不宜用5%葡萄糖溶液稀释。③肾毒性较大,与呋塞米等利尿药合用增加肾毒性。④常与抗菌增效剂制成复方制剂,增强抗菌效果,用于家畜敏感菌及猪弓形虫感染。

【用法与用量】 内服,一次量,每千克体重,家畜首次量 140~200mg,维持量 70~100mg,2 次/天,连用 3~5d。混饲,一次量,每千克体重,猪 15~30mg,连用 5d,鸡 25~30mg,连用 10d。混饮,每升水,鸡 80~160mg,连用 5~7d。肌内注射,一次量,每千克体重,家畜 20~30mg,1~2 次/天,连用 2~3d。

磺胺二甲嘧啶(Sulfadimidine,SM_2)

本品为白色或微黄色结晶或粉末,无臭,味微苦,几乎不溶于水,易溶于稀酸或稀碱溶液,其钠盐易溶于水,常制成片剂、注射液。

【作用与应用】 本品抗菌谱与磺胺嘧啶相似,抗菌作用稍弱于磺胺嘧啶,对球虫和弓形虫也有抑制作用。

本品主要用于敏感病原体引起的感染,如巴氏杆菌病、乳腺炎、子宫内膜炎、兔和禽球虫病、猪弓形虫病等。

【注意事项】 ①本品体内乙酰化率低,不易引起肾脏损害。②对鸡小肠球虫比盲肠球虫更为有效,若要控制盲肠球虫,必须提高其浓度。③长期连续饲喂,除明显影响增重外,可阻碍维生素 K 的合成,使血凝时间延长,甚至出现出血病变。④产蛋鸡禁用。

【用法与用量】 内服,一次量,每千克体重,家畜首次量 140~200mg,维持量 70~100mg,2 次/天,连用 3~5d。肌内注射,一次量,每千克体重,家畜 50~100mg,1~2 次/天,连用 2~3d。

磺胺间甲氧嘧啶(Sulfamonomethoxine,SMM)

本品为白色或类白色的结晶性粉末,无臭,几乎无味,不溶于水,易溶于稀盐酸或氢氧化钠溶液,其钠盐易溶于水,常制成片剂、注射液。

【作用与应用】 本品为抗菌作用最强的磺胺药,与抗菌增效剂合用抗菌效果显著增强,对金黄色葡萄球菌、化脓性链球菌、肺炎链球菌等大多数革兰阳性菌及大肠杆菌、沙门菌、流感嗜血杆菌、克雷伯杆菌等革兰阴性菌有较强的抑制作用,对球虫、弓形虫、住白细胞虫等也有显著作用。

本品主要用于敏感病原体引起的感染,如呼吸道、消化道、泌尿道感染及禽和兔的球虫病、猪弓形虫病、住白纸胞虫病等。

【注意事项】 ①本品体内乙酰化率低,不易引起肾脏损害。②细菌产生耐药性较慢。

【用法与用量】 内服,一次量,每千克体重,家畜首次量 50~100mg,维持量 25~50mg,2 次/天,连用 3~5d。静脉注射,一次量,每千克体重,家畜 50mg,1~2 次/天,连用 2~3d。

磺胺对甲氧嘧啶(Sulphamethoxydiazine, SMD)

本品又称磺胺-5-甲氧嘧啶,为白色或微黄色粉末,无臭,味苦,几乎不溶于水,微溶于酸,易溶于碱,其钠盐易溶于水,常制成片剂、预混剂、注射液。

【作用与应用】 ①本品抗菌谱广,对非产酶金黄色葡萄球菌、化脓性链球菌、肺炎链球菌、沙门菌、大肠杆菌等革兰阳性菌及革兰阴性菌有较好的抗菌作用,其抗菌作用比磺胺嘧啶强,与磺胺间甲氧嘧啶相似,但较弱。②本品对球虫也有一定的抑制作用。

本品主要用于敏感病原体引起的泌尿道、呼吸道、消化道、生殖道、皮肤感染及弓形虫病、球虫病。

【注意事项】 ①本品体内乙酰化率低,不易引起肾脏损害。②常与抗菌增效剂制成复方片剂、预混剂使用。

【用法与用量】 内服,一次量,每千克体重,家畜,首次量 50~100mg,维持量 25~50mg,2 次/天,连用 3~5d。混饲,每 1000 千克饲料,猪、禽 1000g。肌内注射,一次量,每千克体重,家畜 15~20mg,1~2 次/天,连用 2~3d。

磺胺甲唑(Sulfamethoxazole, SMZ)

本品又称新诺明,为白色结晶性粉末,无臭,味微苦,不溶于水,常制成片剂。

【作用与应用】 ①本品抗菌谱与磺胺嘧啶相似,但抗菌作用较强,对大多数革兰阳性菌和革兰阴性菌都有抑制作用。

本品主要用于敏感菌引起的泌尿道、呼吸道、消化道及局部软组织或创面感染等。

【注意事项】 本品体内乙酰化率高,易引起肾脏损害。

【用法与用量】 内服,一次量,每千克体重,家畜,首次量 50~100mg,维持量 25~50mg,2 次/天,连用 3~5d。

2. 肠道感染用磺胺药

磺胺脒(Sulfamidine, SG)

本品为白色针状结晶性粉末,无臭,无味,不溶于水,常制成片剂。

【作用与应用】 本品抗菌作用与其他磺胺类药物相似,内服几乎不吸收,肠内浓度高,常用于治疗各种细菌性痢疾、肠炎。

【注意事项】 ①本品不易吸收,但新生仔畜的肠内吸收率高于幼畜。②成年反刍动物少用,因瘤胃内容物可使之稀释而降低药效。

【用法与用量】 内服,一次量,每千克体重,家畜,首次量 100~200mg,2 次/天,连用 3~5d。

3. 外用磺胺药

磺胺嘧啶银（Sulfadiazine Silver, SD-Ag）

本品为白色或类白色结晶性粉末，不溶于水，遇光或遇热易变质，应避光、密封在阴凉处保存，常制成粉剂。

【作用与应用】 本品具有磺胺嘧啶的抗菌作用与银盐的收敛作用，对绿脓杆菌具有强大抑制作用，比甲磺灭脓强，对创面可使其干燥、结痂和早期愈合。本品主要用于预防烧伤后感染，对已发生的感染则疗效较差。

【注意事项】 本品用于治疗局部创伤时，应彻底清除创面的坏死组织和脓汁，以免影响治疗效果。

【用法与用量】 外用，撒布于创面或配成2%混悬液敷于创面。

二、抗菌增效剂

抗菌增效剂是一类广谱抗菌药物，曾被称为磺胺增效剂，由于它能增强多种抗生素的疗效，故现被称为抗菌增效剂。目前国内常用的有甲氧苄啶（TMP）、二甲氧苄啶（DVD）等。

（一）概述

抗菌谱与磺胺类药物相似，能增强磺胺类药物及多种抗生素的疗效，其增效机制是磺胺类药物抑制二氢叶酸合成酶，抗菌增效剂抑制二氢叶酸还原酶，两者合用可使细菌的叶酸代谢受到双重阻断作用，从而妨碍菌体核酸合成。两者合用可使其抗菌效力增强几倍乃至几十倍，由抑菌作用变为杀菌作用，从而扩大磺胺药的抗菌范围。抗菌增效剂与四环素、青霉素、庆大霉素、卡那霉素等合用也有增效作用。

（二）临床常用药物

甲氧苄啶（Trimethoprim, TMP）

本品为白色或淡黄色结晶性粉末，无臭，味苦，几乎不溶于水，常制成粉剂、片剂、预混剂、注射液。

【体内过程】 内服吸收迅速而完全，1~2h血药浓度达高峰。本品脂溶性较高，广泛分布于各组织和体液之中，并超过血中药物浓度，血浆蛋白结合率30%~40%。其半衰期存在较大种属差异：马4.20，水牛3.14，黄牛1.37，奶山羊0.94，猪1.43，鸡、鸭约2。主要从尿中排出，3d内约排出剂量的80%，其中6%~15%以原形排出。尚有少量从胆汁、唾液和粪便中排出。

【作用与应用】 本品为广谱抗菌剂，与磺胺类药物相似，对化脓链球菌、大肠杆菌、变形杆菌等革兰阳性菌和革兰阴性菌有抑制作用，对绿脓杆菌、结核杆菌、猪丹毒杆菌、钩端螺旋体不敏感。

本品一般不单独使用，常与磺胺类药物组成复方制剂用于由链球菌、葡萄球菌及某些革兰阴性菌等引起的呼吸道、泌尿道和软组织的感染。

【注意事项】 ①本品易产生耐药性，不宜单独使用。②大剂量长期使用会引起骨髓造血机能抑制，孕畜和初生仔畜的叶酸摄取障碍。③与磺胺类药物制成的刺激性较强的复方注射液应做深部肌内注射。④蛋鸡产蛋期禁用,猪宰前5d、肉鸡宰前10d停止给药。

【用法与用量】 复方磺胺嘧啶预混剂:混饲,一次量,每千克体重,猪15~30mg(以磺胺嘧啶计),鸡25~30mg,2次/天,连用5d。

<h3 style="text-align:center">二甲氧苄啶(Diaveridine,DVD)</h3>

本品又称敌菌净,为白色或微黄色结晶性粉末,无臭,味微苦,在水中不溶,常制成片剂、预混剂。

【作用与应用】 本品为动物专用抗菌剂,抗菌作用较弱,与磺胺类药物及抗生素合用可增强抗菌与抗球虫的作用,且抗球虫作用比TMP强。

本品主要用于防治禽、兔球虫病及畜禽肠道感染等,单用也具有防治球虫病的作用。

【注意事项】 ①本品内服吸收较少,常作肠道抗菌增效剂。②本品为碱性,更适合作为磺胺类药物的增效剂。③常以1:5比例与SQ等合用。④长期大剂量使用会引起骨髓造血机能抑制。

【用法与用量】 常按组成的具体复方制剂计算使用剂量。

三、喹诺酮类

(一)概述

喹诺酮类是人工合成的含4-喹诺酮基本结构,对细菌DNA螺旋酶具有选择性抑制作用的抗菌药物。

喹诺酮类的主要共同特性:①抗菌谱广、抗菌活性强,对革兰阴性杆菌(包括绿脓杆菌)有强大的杀菌作用,对金黄色葡萄球菌及产酶金黄色葡萄球菌也有良好的抗菌作用,对结核杆菌、支原体、衣原体及厌氧菌也有作用。②适用于敏感病原菌所致的呼吸道感染、尿路感染及革兰阴性杆菌所致各种感染,骨、关节、皮肤软组织感染。③细菌对本类药与其他抗菌药物间无交叉耐药性。④口服吸收良好,部分可静脉给药,体内分布广,组织体液浓度高,可达有效抑菌或杀菌水平。⑤不良反应少,大多轻微,偶有抽搐等神经症状,停药可消退。

1. 药理作用

喹诺酮类为广谱杀菌性抗菌药。对革兰阳性、阴性菌、支原体、某些厌氧菌均有效。例如,对大肠杆菌、沙门菌、巴氏杆菌、克雷伯杆菌、变形杆菌、绿脓杆菌、嗜血杆菌、波氏杆菌、丹毒杆菌、金葡菌、链球菌、化脓棒状杆菌、支原体等均敏感。对耐甲氧苄青霉素的金葡菌、耐磺胺类+TMP的细菌、耐庆大霉素的绿脓杆菌、泰乐菌素或泰妙菌素的支原体也有效。

本类药物理想的杀菌浓度为0.1~10μg/mL,在较低浓度下杀菌效果降低。此外,喹诺酮类对许多细菌(金葡菌、链球菌、大肠杆菌、克雷伯杆菌、绿脓杆菌等)能产生抗菌药后效应作用,一般可维持几个小时。

2. 作用机制

喹诺酮类的抗菌作用机制是抑制细菌脱氧核糖核酸(DNA)回旋酶(gyrase),干扰DNA复制,使细菌死亡。DNA回旋酶由两个A亚单位及两个B亚单位组成,能将染色体正超螺旋的一条单链切开、移位、封闭,形成负超螺旋结构。

喹诺酮环类可与 DNA 和 DNA 回旋酶形成复合物,进而抑制 A 亚单位,只有少数药物还作用于 B 亚单位,结果不能形成负超螺旋结构,阻断 DNA 复制,导致细菌死亡。由于细菌细胞的 DNA 呈裸露状态(原核细胞),而畜禽细胞的 DNA 呈包被状态(真核细胞),故这类药物易进入菌体直接与 DNA 相接触而呈选择性作用。动物细胞内有与细菌 DNA 回旋酶功能相似的酶,称为拓扑异构酶Ⅱ(topoisomerase Ⅱ),治疗量的喹诺酮类对此酶无明显影响。但应该注意的是,利福平(RNA 合成抑制剂)、氯霉素(蛋白质合成抑制剂)均可导致喹诺酮类药物作用的降低,如可使诺氟沙星的作用完全消失及氧氟沙星和环丙沙星的作用部分抵消,原因是这些抑制剂抑制了核酸外切酶的合成。因此,喹诺酮类药物不应与利福平、氯霉素等 DNA、RNA 及蛋白质合成抑制剂联合应用。

3. 耐药性

随着喹诺酮类的广泛应用,耐药菌株逐渐增加。细菌产生耐药性的机制主要是由于 DNA 回旋酶 A 亚单位多肽编码基因的突变,使药物失去作用靶点;此外,药物尚可引起细菌膜孔道蛋白改变,阻碍药物进入菌体内,还能通过排出系统将药物排出。至于是否存在质粒介导的耐药性,尚无定论。由于喹诺酮类药物的作用机制不同于其他抗生素或合成抗菌药,因此与许多药物间无交叉耐药现象。临床分离的耐药菌株对喹诺酮类药物仍常显现敏感,尤其对多重耐药的肠杆菌科细菌,本类药物仍具有高度抗菌活性。但要注意,本类药物之间存在交叉耐药性。

4. 不良反应

应用喹诺酮类时仍存在许多不足:①对幼年动物可引起软骨组织损害,药物可分泌于乳汁,哺乳期需注意。②可引起中枢神经系统不良反应,不宜用于有中枢神经系统疾病史的患畜,尤其是有癫痫病史的患畜。③可抑制茶碱类、咖啡因和口服抗凝血药在肝脏中代谢,使其浓度升高引起不良反应。④与制酸药同时应用,可形成络合物而减少其自肠道吸收,应避免合用。

(二)临床常用药物

诺氟沙星(Norfloxacin)

本品是第一个氟喹诺酮类药,又称氟哌酸,为类白色至淡黄色结晶性粉末,无臭,味微苦,极微溶于水,常制成溶液、可溶性粉、片剂、注射液。

【体内过程】 本品内服及肌注吸收均较迅速,1~2h 可达到血药峰浓度,但吸收不完全。内服给药的生物利用度:鸡 57%~61%,犬 35%。肌注的生物利用度:鸡 69%,猪 52%。血浆蛋白结合利用度低,为 10%~15%,在动物体内分布广泛。内服剂量的 $\frac{1}{3}$ 经尿排出,其中 80% 为原形药物。其半衰期较长,在鸡、兔和犬体内分别是 3.7~12.1h、8.8h 及 6.3h。有效血浆浓度维持时间较长。

【作用与应用】 本品为广谱杀菌药,对革兰阳性菌和革兰阴性菌包括绿脓杆菌均有良好抗菌活性,对支原体也有一定的作用,对大多数厌氧菌不敏感。

本品主要用于敏感菌引起的消化系统、呼吸系统、泌尿道感染及支原体感染的治疗,如鸡大肠杆菌病、鸡白痢、禽巴氏杆菌病、鸡慢性呼吸道病、仔猪黄痢、仔猪白痢等。

【注意事项】 ①烟酸诺氟沙星注射液肌内注射有一过性刺激性。②细菌对本品有明显的耐药现象。③氨茶碱及咖啡因代谢途径与本品类似,其代谢均可被抑制。

【用法与用量】 混饮,每升水,鸡 50~100mg,连用 3~5d。内服,一次量,每千克体重,猪、犬 10~20mg。肌内注射,一次量,每千克体重,猪 10mg,2 次/天,连用 3~5d。

环丙沙星(Ciprofloxacin)

本品又称环丙氟哌酸,其盐酸盐和乳酸盐为白色或微黄色结晶性粉末,均易溶于水,常制成可溶性粉、注射液、预混剂。

【体内过程】 内服、肌注吸收迅速,生物利用度种属间差异大。内服的生物利用度:鸡 70%,猪 37.3%~51.6%,未反刍犊牛 53.0%,马 6.8%。肌注的生物利用度:猪 78%,绵羊 49%,马 98%。血药浓度的达峰时间为 1~3h。在动物体内的分布广泛。静注的半衰期是:马 4.85h,犊牛 2.44h,绵羊 1.25h,山羊 1.46h,猪 3.06h,犬 2.56h,兔 1.63h,鸡 9.01h。内服的半衰期是:犊牛 8.0h,猪 3.32h,犬 4.65h。主要通过肾脏排泄,猪和犊牛从尿中排出的原形药物分别为给药剂量的 47.3% 及 45.6%。血浆蛋白结合率:猪 23.6%,牛 70.0%。

【作用与应用】 本品为广谱杀菌药,抗菌活性是喹诺酮类中最强一种作用于革兰阴性菌的抗菌药物,对革兰阳性菌、支原体、厌氧菌的作用也较强。

本品主要用于畜禽细菌性疾病及支原体感染,如鸡的慢性呼吸道病、大肠杆菌病、传染性鼻炎、禽巴氏杆菌病、禽伤寒、葡萄球菌病、仔猪黄痢、仔猪白痢等。

【注意事项】 ①本品与氨基糖苷类抗生素、磺胺类药物合用对大肠杆菌或葡萄球菌有协同作用,但有增加肾毒性的作用,仅限于重症及耐药时应用。②犬、猫大剂量使用可出现中枢神经反应,雏鸡出现强直和痉挛。

【用法与用量】 内服,一次量,每千克体重,猪、犬 5~15mg,2 次/天。混饮,每升水,禽 40~80mg,2 次/天,连用 3d。肌内注射,一次量,每千克体重,家畜 2.5mg,家禽 5mg,2 次/天。静脉注射,一次量,每千克体重,家畜 2mg,2 次/天,连用 2~3d。

恩诺沙星(Enrofloxacin)

本品又称乙基环丙沙星、恩氟沙星,为黄色或淡橙黄色结晶性粉末,无臭,味微苦,微溶于水,在醋酸、盐酸或氢氧化钠溶液中易溶,其盐酸盐及乳酸盐均易溶于水,常制成可溶性粉、溶液、注射液、片剂。

【体内过程】 内服、肌注吸收迅速,较完全,0.5~2h 血药浓度达高峰。内服的生物利用度:鸽子 92%,鸡 62.2%~84%,火鸡 58%,兔 61%,犬、猪、未反刍犊牛 100%,成年牛 10%。肌注的生物利用度:鸽子 87%,兔 92%,猪 91.9%,奶牛 82%,马 27%,骆驼 92%。血清蛋白结合率为 20%~40%。在动物体内的分布很广泛,静注半衰期是:鸽子 3.8h,鸡 5.62~10.3h,火鸡 4.1h,兔 2.2~2.5h,犬 2.4h,猪 3.45h,牛 1.7~2.3h,马 4.4h,骆驼 3.6h。肌注半衰期:猪 4.06h,奶牛 5.9h,马 9.9h,骆驼 6.4h。内服半衰期:鸡 9.14~14.2h,猪 6.39h。畜禽应用恩诺沙星后,除了中枢神经系统外,几乎所有组织的药物浓度都高于血浆,这有利于全身组织感染和深部组织感染的治疗。通过肾和非肾代谢方式进行消除,约 15%~50% 的药物以原形通过尿排泄(肾小管分泌和肾小球的滤过作用)。恩诺沙星在动物体内的代谢主要是脱去乙基而成为环丙沙星。

【作用与应用】 本品为动物专用广谱杀菌药,对支原体有特效,对耐泰乐菌素或泰妙菌素的支原体本品也有效,对由厌氧菌、寄生虫、霉菌等引起的感染无效。

本品主要用于家畜的敏感菌及支原体引起的消化、呼吸、泌尿生殖系统及皮肤软组织的感染,如仔猪黄痢、仔猪白痢、猪水肿病、仔猪副伤寒、猪萎缩性鼻炎、猪气喘病、子宫炎、乳腺炎、猪的链球菌病等疾病。

【注意事项】 ①本品临床应用可影响幼龄动物关节软骨发育,且成年牛不宜内服,马肌内注射有一过性刺激性。②偶发结晶尿和诱导癫痫发作,可引起消化系统出现呕吐、腹痛、腹胀,皮肤出现红斑、瘙痒、荨麻疹及光敏反应等。③与氨基糖苷类、广谱青霉素有协同作用,与利福平、氟苯尼考有拮抗作用。④不宜与含钙、镁、铁等多价金属离子药物或饲料合用,以防影响吸收。

【用法与用量】 混饮,每升水,禽 50~75mg,连用 3~5d。内服,一次量,每千克体重,犊、羔、仔猪、犬、猫 2.5~5mg,禽 5~7.5mg,2 次/天,连用 3~5d。肌内注射,一次量,每千克体重,牛、羊、猪 2.5mg,犬、猫、兔、禽 2.5~5mg,1~2 次/天,连用 2~3d。

二氟沙星(Difloxacin)

本品又称双氟沙星,为动物专用的抗菌药,其盐酸盐为类白色或淡黄色结晶性粉末,无臭,味微苦,微溶于水,常制成粉剂、溶液、片剂、注射液。

【作用与应用】 本品抗菌谱与恩诺沙星相似,抗菌活性略低,对畜禽呼吸道致病菌有良好的活性,尤其对葡萄球菌的活性较强,对多数厌氧菌也有抑制作用。

本品主要用于敏感菌所致的消化系统、呼吸系统、泌尿系统感染及霉形体感染,尤其对鸡的大肠杆菌病、仔猪红痢、黄痢、白痢有特效。

【注意事项】 ①本品较高剂量使用时偶尔出现结晶尿。②本品内服、肌内注射吸收均好,猪比鸡吸收完全。③休药期猪 45d,鸡 1d。

【用法与用量】 内服,一次量,每千克体重,鸡 5~10mg,2 次/天,连用 3~5d。肌内注射,一次量,每千克体重,猪 5mg,1 次/天,连用 3d。

沙拉沙星(Sarafloxacin)

本品为动物专用的抗菌药,为类白色或淡黄色结晶性粉末,无臭,味微苦,不溶于水,常制成可溶性粉、溶液、注射液、片剂。

【作用与应用】 本品抗菌谱与恩诺沙星相似,抗菌活性比恩诺沙星和环丙沙星略低,却强于二氟沙星。在猪体内对链球菌、大肠杆菌有较长抗菌药后效应。

本品主要用于防治猪、鸡的大肠杆菌、沙门菌、支原体、链球菌、葡萄球菌等敏感菌所致的感染性疾病。

【注意事项】 ①本品内服、肌内注射吸收较好,组织中药物浓度常超过血药浓度,无残留。②不得与碱性物质或碱性药物混用。③猪、鸡无休药期,蛋鸡产蛋期禁用。

【用法与用量】 混饮,每升水,鸡50~100mg,连用3~5d。内服,一次量,每千克体重,鸡5~10mg,1~2次/天,连用3~5d。肌内注射,一次量,每千克体重,猪、鸡2.5~5mg,2次/天,连用3~5d。

马波沙星(Marbofloxacin)

本品又称马保沙星,为淡黄色结晶性粉末,动物专用抗菌药,常制成注射液、片剂。

【作用与应用】 本品抗菌谱广,抗菌活性强,与恩诺沙星和环丙沙星相当,对大肠杆菌、多杀性巴氏杆菌、绿脓杆菌、金黄色葡萄球菌等革兰阴性菌、革兰阳性菌及支原体均有较好的抗菌作用。

本品主要用于治疗敏感菌所致的犬的皮肤感染、尿路感染,猫的皮肤及软组织感染、急性上呼吸道感染,牛和猪的呼吸道、消化道、泌尿道及皮肤等感染。

【注意事项】 ①口服和注射给药均能够吸收良好,毒副作用较低。②牛休药期6d,猪休药期2d。

【用法与用量】 内服,一次量,每千克体重,家畜2mg,1次/天。肌内注射,一次量,每千克体重,牛、猪、鸡、犬、猫2mg,1次/天。

氟甲喹(Flumequine)

本品为白色或类白色粉末,为动物专用抗菌药,常制成粉剂。

【作用与应用】 本品为高效、广谱抗菌药,对大肠杆菌、沙门菌、巴氏杆菌、支原体、变形杆菌、克雷伯杆菌、假单胞菌等敏感。

本品主要用于敏感菌所致的畜禽消化道、呼吸道感染。

【注意事项】 ①低毒,对水生动物及畜禽安全。②无休药期,产蛋鸡禁用。

【用法与用量】 内服,一次量,每千克体重,马、牛1.5~3mg,羊3~6mg,猪5~10mg,禽3~6mg,首次量加倍,2次/天,连用3~4d。

▶▶ 四、硝基呋喃类

硝基呋喃类是呋喃核的5位引入硝基和2位引入其他基团的一类人工合成抗菌药,临床常用的有抗细菌感染的呋喃唑酮和呋喃妥因、抗血吸虫感染的呋喃丙胺。

呋喃妥因(Nitrofurantoin)

本品为鲜黄色结晶性粉末,无臭,味苦,遇光色渐变深,在乙醇中极微溶解,在水中几乎不溶,常制成肠溶片。

【作用与应用】 本品抗菌谱广,对葡萄球菌、肠球菌、大肠杆菌、痢疾杆菌、伤寒杆菌等有良好的抗菌作用,对变形杆菌、克雷伯杆菌、肠杆菌属、沙雷杆菌等作用较弱,对绿脓杆菌无效。

本品主要用于敏感菌所致的泌尿系统感染。

【注意事项】 ①本品毒性较大,雏禽特别敏感,易中毒。②犊牛和仔猪也较敏感,大剂量或长期应用,可抑制造血系统功能,使白细胞和红细胞生成减少,并可抑制犊牛胃黏膜细胞的分泌机能,减弱瘤胃和肠管的蠕动,以及使反刍动物瘤胃的菌群失调等。

【用法与用量】 内服,一次量,每千克体重,家畜 6~7.5mg,2 次/天。

呋喃唑酮(Furazolidone)

本品为黄色结晶性粉末,无臭,味苦,极微溶于水与乙醇,遇碱分解,在光线下渐变色,常制成片剂、预混剂。

【作用与应用】 本品抗菌谱类似呋喃妥因,对消化道的多数细菌,如大肠杆菌、葡萄球菌、沙门菌、志贺杆菌、部分变形杆菌、产气杆菌、霍乱弧菌等有抗菌作用,此外对梨形鞭毛虫、滴虫也有抑制作用。

本品主要用于菌痢、肠炎,也可用于伤寒、副伤寒、梨形鞭毛虫病和阴道滴虫病,对胃炎和胃、十二指肠溃疡有治疗作用。

【注意事项】 ①长期使用可引起出血综合征。②连续喂用时,猪不超过 7d,禽不超过 10d,宰前 7d 停止给药。

【用法与用量】 内服,一次量,每千克体重,驹、犊、猪 10~12mg,2 次/天,连用 5~7d。混饲,每 1000 千克饲料,猪 400~600mg,禽 200~400mg。

五、喹恶啉类

本类药物为合成抗菌药,均属喹啉-N-1,4-二氧化物的衍生物,应用于畜禽的主要有喹烯酮、乙酰甲喹、喹乙醇等。

喹烯酮(Quinocetone)

本品是我国在国际上首创的一类新兽药,是一种安全、环保健康、高效新型的饲料添加剂,本品为黄色结晶性或无定形粉末,无臭,不溶于水,常制成预混剂。

【作用与应用】 本品具有促进生长以及提高饲料利用率的作用,对多种肠道致病菌,特别是革兰阴性菌具有显著的抑制作用,且保持有益菌群,可明显降低畜禽腹泻发生率。

本品主要用于仔猪、肉鸡、肉鸭的促生长,防治幼畜、幼禽肠道感染。

【注意事项】 ①本品在猪体内残留极少,无休药期。②蛋鸡产蛋期慎用。

【用法与用量】 混饲,每 1000 千克饲料,猪、禽、仔猪、雏鸡 50~75g。

乙酰甲喹(Mequindox)

本品为黄色结晶粉,无臭,味微苦,在水中微溶,常制成粉剂、片剂、注射剂。

【体内过程】 内服和肌注给药均易吸收,猪肌注后约 10min 即可分布于全身各组织,体内消除快,半衰期约为 2h,给药后 8h 血液中已测不到药物。在体内破坏少,约 75% 以原形从尿中排出,故尿中浓度高。

【作用与应用】 本品为广谱抗菌药,对多数细菌有较强的抑制作用,对革兰阴性菌作用更强,对密螺旋体作用尤为突出。对大肠杆菌、巴氏杆菌、猪霍乱沙门菌、鼠伤寒沙门菌、变形杆菌的作用较强,对某些革兰阳性菌如金黄色葡萄球菌、链球菌也有抑制作用。

本品主要用于猪痢疾、仔猪下痢、犊牛腹泻、犊牛伤寒及禽霍乱、雏鸡白痢等疾病的治疗,对仔猪黄白痢有效,尤其对密螺旋体所致猪血痢有独特疗效。

【注意事项】 ①大剂量或长期使用易引起皮疹及白细胞减少,停药后即可恢复正常。②使用剂量一般不得超过推荐剂量的两倍,否则易引起不良反应,甚至死亡。家禽对它敏感,尤其鸭。

【用法与用量】 内服,一次量,每千克体重,猪、牛、鸡5~10mg,2次/天,连用3d。肌内注射,一次量,每千克体重,禽2.5mg,猪、犊牛2.5~5mg,2次/天,连用3d。

喹乙醇(Olaquindox)

本品又称奥喹多司,为浅黄色结晶性粉末,无臭,味苦。溶于热水,微溶于冷水,在乙醇中几乎不溶,常制成预混剂。

【作用与应用】 本品为广谱抗菌药物,兼有促进生长作用。对革兰阴性菌如巴氏杆菌、鸡白痢沙门菌、大肠杆菌及变形杆菌等作用较强,对革兰阳性菌如金黄色葡萄球菌、链球菌及密螺旋体也有抑制作用。可促进蛋白质同化,增加瘦肉率,促进畜禽生长,提高饲料转化率。

本品主要用于猪的促生长,也用于仔猪黄白痢及马、猪胃肠炎的防治。

【注意事项】 ①本品仅能用于育成猪(<35kg)的促生长,禁用于家禽。②宰前35d停止给药。

【用法与用量】 混饲,每1000千克饲料,促进猪生长2月龄以内50g、2~4月龄15~50g,治疗50~100g。

▶▶ 六、硝基咪唑类

硝基咪唑类即5-硝基咪唑类,咪唑环的第5位上有一个硝基,这类药物具有抗原虫和抗菌作用,同时也具有很强的抗厌氧菌的作用。兽医临床上常用的有甲硝唑、地美硝唑等。

甲硝唑(Matronidazole)

本品为白色或微黄色的结晶或结晶性粉末,有微臭,味苦而略咸。在乙醇中略溶,在水中微溶,常制成片剂、注射液。

【体内过程】 本品内服吸收迅速,但程度不一致,其生物利用度为60%~100%,在1~2h达血药峰浓度。能广泛分布于全身组织,进入血脑屏障,在脓肿及脓胸部位可达到有效浓度。血浆蛋白结合率低于20%。在体内生物转化后,其代谢产物与原形药自肾脏与胆汁排出。犬、马的半衰期为4.5h及1.5~3.3h。

【作用与应用】 本品对多数厌氧菌,包括拟杆菌属、梭形杆菌属、消化球菌等具有良好的抗菌作用,此外还具有抗滴虫和抗阿米巴原虫的作用,对需氧菌或兼性需氧菌则无效。

本品主要用于防治厌氧菌引起的感染,如呼吸道、消化道、腹腔及盆腔感染,皮肤软组织、骨和骨关节等部位的感染,也可用于治疗牛的毛滴虫病、动物的贾第鞭毛虫病、火鸡的组织滴虫病及禽的毛滴虫病等。

【注意事项】 ①本品大剂量使用对某些动物有致癌、致畸作用,妊娠期或哺乳期动物慎用。②本品仅做治疗药物使用,禁用于所有食品动物的促生长作用。

【用法与用量】 内服,一次量,每千克体重,牛60mg,犬25mg,1~2次/天,连用3~5d。混饮,每升水,禽500mg,连用7d。静脉滴注,每千克体重,牛75mg,马20mg,1次/天,连用3d。

地美硝唑(Dimetridazole)

本品为类白色或微黄色粉末,无臭或几乎无臭,溶于乙醇、稀碱和稀酸,不溶于水,常制成预混剂。

【作用与应用】 本品具有广谱抗菌和抗原虫作用。不仅能抗厌氧菌、大肠弧菌、链球菌、葡萄球菌和密螺旋体,且能抗组织滴虫、纤毛虫、阿米巴原虫等。

本品主要用于猪密螺旋体性痢疾、火鸡组织滴虫病、禽弧菌性肝炎、禽的毛滴虫病和全身的厌氧菌感染。另外,还可作为生长促进剂,用于促进猪、鸡的生产及提高饲料转化率。

【注意事项】 ①鸡对本品较为敏感,大剂量可引起平衡失调,肝肾功能损害。②蛋鸡产蛋期禁用。③猪、肉鸡宰前3d停止给药。

【用法与用量】 混饲,每1000千克饲料,猪200~500g,鸡80~500g。连续用药,禽不得超过10d。

第四节 抗病毒药

病毒是最小的病原微生物,无完整的细胞结构,由DNA或RNA组成,外包蛋白外壳,需寄生于宿主细胞内,并利用宿主细胞的代谢系统生存、增生。病毒感染的发病率和传播速度均超过其他病原体所引起的疾病,严重地危害畜禽的健康和生命,影响畜牧业生产。目前尚无对病毒作用可靠、疗效确实的药物,故兽医临床上抗病毒药的使用仍很少,病毒病主要靠疫苗预防。

抗病毒药主要通过干扰病毒吸附于细胞、阻止病毒进入宿主细胞、抑制病毒核酸复制、抑制病毒蛋白质合成、诱导宿主细胞产生抗病毒蛋白等多途径发挥作用。在动物病毒性疾病治疗中,目前逐步试用的抗病毒药有金刚烷胺、黄芪多糖、利巴韦林、板蓝根、吗啉胍、干扰素等。

金刚烷胺(Amantadine)

本品盐酸盐为白色闪光结晶或结晶性粉末,无臭,味苦,易溶于水或乙醇,常用剂型为片剂。

【作用与应用】 本品主要通过干扰病毒进入宿主细胞,并抑制病毒脱壳及核酸的释放,从而抑制病毒的增殖。其抗病毒谱较窄,对亚洲甲型流感病毒选择性高,对丙型流感病毒、仙台病毒和假性狂犬病毒的复制也有抑制作用,对鸡传染性支气管炎、鸡传染性喉气管炎、法氏囊病等病毒病无效。

本品主要用于禽流感、猪传染性胃肠炎的防治,与抗菌药物合用,控制继发性细菌感染,可提高疗效。

【注意事项】 ①体外和临床应用期均可诱导耐药毒株的产生。②禽产蛋期不宜使用,宰前停药5d。

【用法与用量】 混饲,每1000千克饲料,禽100~200g。混饮,每升水,禽50~100mg。内服,一次量,每千克体重,鸡10~25mg,2次/天。

黄芪多糖(Astragalus Polysacharin,APS)

本品是由黄芪的干燥根茎提取、浓缩、纯化而成的水溶性杂多糖,为棕黄色细腻粉末,味微甜,具引湿性,常用剂型有注射液、可溶性粉。

【作用与应用】 本品为免疫活性物质,对机体的细胞免疫和体液免疫有重要调节作用,能诱导机体产生干扰素,激活淋巴细胞因子,强化机体免疫功能。

本品可用于提高未成年畜禽的抗病力,提高畜禽免疫后的抗体水平。

【注意事项】 家畜休药期28d,蛋禽7d。

【用法与用量】 混饲,每1000千克饲料,畜禽300~500g,预防量减半,连用5~7d。肌内或皮下注射,一次量,每千克体重,马、牛、羊、猪2~4mg,家禽5~20mg,1次/天,连用2~3d。

利巴韦林(Ribavirin)

本品又称病毒唑、三氮唑核苷、威乐星,为白色结晶性粉末,无臭,无味,易溶于水,性质稳定。常用剂型有注射剂、片剂、口服液、气雾剂等。

【作用与应用】 本品为广谱抗病毒药,对DNA病毒及RNA病毒均有抑制作用,对流感病毒、副流感病毒、腺病毒、疱疹病毒、痘病毒、轮状病毒等较敏感。

本品常用于防治禽流感、鸡传染性支气管炎、鸡传染性喉气管炎、猪传染性胃肠炎等病毒性疾病。

【注意事项】 ①本品可引起动物厌食、胃肠功能紊乱、腹泻、体重下降。②可引起动物骨髓抑制和贫血。

【用法与用量】 肌内注射,一次量,每千克体重,犬、猫5mg,2次/天,连用3~5d。

第五节 抗微生物药物的合理应用

抗微生物药是目前兽医临床使用最广泛和最重要的抗感染药物,对控制畜禽的传染性疾病起着巨大的作用,解决了不少畜牧业生产中存在的问题。但目前不合理使用尤其是滥用的现象较为严重,不仅造成药品的浪费,而且导致细菌耐药性产生和兽药残留等,给兽医工作、公共卫生及公众健康带来不良的后果。为了充分发挥抗菌药的疗效,减少细菌耐药性的产生,提高药物治疗水平,必须切实合理使用抗微生物药。

一、正确诊断,准确选药

正确诊断是选择药物的前提,有了确切的诊断,方可了解其致病菌,才能选择对病原菌高度敏感的药物。要尽可能避免在无指征或指征不明显时使用抗菌药。例如,各种病毒性感染不宜用抗菌药,对真菌性感染也不宜选用一般的抗菌药,因为目前多数抗菌药对病毒和真菌无作用。

二、制定合理的给药方案

使用抗微生物药必须有合适的剂量、间隔时间及疗程。疗程应充足,一般的感染性疾病可连续用药3~4d,症状消失后再巩固1~2d,以防复发。磺胺类药物的疗程需要更长一些,而且首次用量要加倍。结合畜禽的病情、体况,制定合理的给药方案,包括药物品种、给药途径、剂量、间隔时间等。例如,对动物的细菌性或支原体性肺炎的治疗,除选择对致病菌敏感的药物外,还应考虑选择能在肺组织中达到有效浓度的药物,如恩诺沙星、诺氟沙星等;细菌性的脑部感染首选磺胺嘧啶,因为该药在脑脊液中的浓度高。畜禽危重病例,应以静脉给药为宜;消化道感染的病例,以内服给药为主;严重的消化道感染与并发败血症,应内服并配合肌内注射。

三、防止产生耐药性

随着抗菌药物在兽医临床和畜牧养殖业中的广泛应用,细菌耐药率逐年升高,细菌耐药性的问题变得日益严重,其中以金黄色葡萄球菌、大肠杆菌、绿脓杆菌、痢疾杆菌及分枝杆菌最易产生耐药性。为了防止耐药菌株的产生,应注意以下几点:①严格掌握适应证,不滥用抗菌药物。可以不用的尽量不用,禁止将兽医临床治疗用的或人畜共用的抗菌药作为动物促生长剂使用。用单一抗菌药物有效的就不采用联合用药。②严格掌握用药指征,剂量要够,疗程要恰当。③尽可能避免局部用药,并杜绝不必要的预防应用。④病因不明者,不要轻易使用抗菌药。⑤发现耐药菌株感染,应改用对病原菌敏感的药物或采取联合用药。⑥尽量减少长期用药,局部地区不要长期固定使用某一类或某几种药物,要有计划地分期、分批交替使用不同类或不同作用机制的抗菌药。

四、正确地联合用药

联合应用抗菌药的目的主要在于扩大抗菌谱,增强疗效,减少用量,降低或避免毒副作用,减少或延缓耐药菌株的产生。多数细菌性感染只需用一种抗菌药物进行治疗,即使细菌的合并感染,目前也有多种广谱抗菌药可供选择。联合用药仅适用于少数情况,一般两种药物联合即可。联合应用抗菌药必须有明确的指征:①用一种药物不能控制的严重感染或混合感染,如败血症、慢性尿道感染、腹膜炎、创伤感染等。②病因未明的严重感染,先进行联合用药,待确诊后,再调整用药。③长期用药治疗容易出现耐药性的细菌感染,如慢性乳腺炎、结核病。④联合用药使毒性较大的抗菌药减少剂量,如两性霉素 B 或多黏菌素与四环素合用时可减少前者的用量,并可减轻毒性反应。

为了获得联合用药的协同作用,必须根据抗菌药的作用特性和机制进行选择,防止盲目组合。目前,一般将抗菌药按其作用性质分为 4 大类:Ⅰ类为繁殖期或速效杀菌药,如青霉素类、头孢菌素类;Ⅱ类为静止期或慢效杀菌药,如氨基糖苷类、喹诺酮类、多黏菌素类;Ⅲ类为速效抑菌药,如四环素类、酰胺醇类、大环内酯类;Ⅳ类为慢效抑菌药,如磺胺类等。Ⅰ类与Ⅱ类合用一般可获得增强作用,如青霉素和链霉素合用,前者破坏细菌细胞壁的完整性,有利于后者进入菌体内作用于其靶位。Ⅰ类与Ⅲ类合用出现拮抗作用,如青霉素与四环素合用,在四环素的作用下,细菌蛋白质合成迅速抑制,细菌停止生长繁殖,使青霉素的作用减弱。Ⅰ类与Ⅳ类合用,可出现相加或无关,因Ⅳ类对Ⅰ类的抗菌活性无重要影响,如在治疗脑膜炎时,青霉素与 SD 合用可获得相加作用而提高疗效。其他类合用多出现相加或无关作用。

还应注意,作用机制相同的同一类药物合用的疗效并不增强,而可能相互增加毒性,如氨基糖苷类之间合用能增加对第八对脑神经的毒性,氯霉素、大环内酯类、林可胺类,因作用机制相似,均竞争细菌同一靶位,有可能出现拮抗作用。此外,联合用药时应注意药物之间的理化性质、药物动力学和药效学之间的相互作用与配伍禁忌,不同菌种和菌株、药物的剂量和给药顺序等因素均可影响联合用药的效果。为了合理而有效地联合用药,最好在临床治疗选药前进行联合药敏试验,以部分抑菌浓度指数作为试验结果的判定依据,并以此作为临床选用抗菌药物联合治疗的参考。

▶▶▶ 五、采取综合给药措施

机体的免疫力是协同抗菌药的重要因素,外因通过内因而起作用,在治疗中过分强调抗菌药的功效而忽视机体内在因素,往往是导致治疗失败的重要原因之一。因此,在使用抗菌药物的同时,根据病畜的种属、年龄、生理、病理状况,采取综合治疗措施(如纠正机体酸碱平衡失调、补充能量、扩充血容量等辅助治疗),增强抗病能力,促进疾病康复。

一、如何做好鸡舍的带鸡消毒

带鸡喷雾消毒是当代集约化养鸡综合防疫的重要组成部分。带鸡喷雾消毒能及时有效地净化空气,有效地杀灭鸡舍内空气及生活环境中的病原微生物,消除疫病隐患,达到预防疫病的目的,是控制鸡舍内环境、防治污染和切断疫病传播途径的有效手段之一。注意事项如下:

1. 严防应激的发生

为了避免带鸡喷雾消毒引起的应激反应应注意:
(1) 消毒前 12h 内给鸡饮用 0.1% $V_{it}C$ 或电解多维可减少或避免应激反应。

(2) 选择刺激小、高效低毒的消毒剂,如 0.3%～0.5% 的过氧乙酸或 0.2%～0.3% 的次氯酸钠等。

(3) 喷雾消毒前鸡舍内温度应比常规标准高 2℃～3℃,以防水分蒸发引起鸡受惊造成鸡群患病。消毒液的温度应高于鸡舍内温度。

(4) 进行喷雾时喷洒要细,喷雾量以鸡体和笼网潮湿为宜。不要喷得太多太湿,一般喷雾量按每立方米 15mL 计算,喷雾时应关闭门窗。

(5) 喷雾消毒时最好选择在气温高的中午。

2. 喷雾消毒的次数和用药量

一般应根据鸡群日龄的大小来确定,1～20 日龄的鸡群 3 天一次,20～40 日龄的鸡群隔天消毒一次,40 日龄的鸡群以后每天消毒一次。用药量按使用说明书,随鸡日龄增加而酌情增量。

3. 消毒药物的选择

消毒药必须广谱高效、强力、无毒无害、刺激性小和无腐蚀性,使用时应按照使用说明书药剂配比浓度使用。另外,考虑鸡的日龄、体质情况以及本地传染病季节流行特点和具体情况,要有针对性,这样才能达到预防疾病的目的。

4. 消毒器械的选择

带鸡喷雾消毒可使用雾化效果好的自动喷雾器或背负式手摇喷雾器。雾力大小控制在 80～120μm,喷头距鸡体 60～80cm 喷雾。

5. 科学配制消毒药液

配制消毒药选用深井水或自来水。若水中杂质太多,会降低药效。消毒药的温度由 20℃ 提高到 30℃ 时其效力也随之增加,所以配制消毒液时要用温水稀释,但水温也不宜太高,一般控制在 40℃ 以下。夏季用凉水,以便消毒的同时起到防暑降温的作用。

6. 正确的消毒方法

要先把喷雾器清洗干净,再在里面配好药液,然后由鸡舍的一端开始消毒,边喷雾边向另一端慢慢走。喷雾的喷头要向上,使药液似雾一样慢慢下落,地面、墙壁、顶棚、笼具都要喷上药液。动作要轻,声音要小。初次消毒时鸡可能会因害怕而骚动不安,以后就会逐渐习以为常了。

7. 带鸡消毒应注意的问题

(1) 鸡群接种疫苗前后 3d 停止消毒,以免影响免疫效果。

(2) 在鸡进行常规用药的当日,可以进行带鸡消毒。

(3) 换气:由于喷雾消毒造成鸡舍、鸡体潮湿,事后要开窗通风,使其尽快晾干。

(4) 保温:鸡舍要保持一定的温度,特别是雏鸡阶段的喷雾,要将禽舍温度提高 3℃～4℃,使被喷湿的雏鸡得到适宜的温度,避免雏鸡受冷扎堆压死。

(5) 不同类型的消毒药要交叉使用,每季度或每月更换一次。长期使用一种消毒药会降低杀菌效果或产生抗药性,影响消毒效果。

(6) 消毒完毕,应用清水将喷雾器内部连同喷杆彻底清洗晾干后妥善放置,以备后用。

二、新型抗菌药物的发展趋势

在致力于合成抗生素的同时,根据微生物的基因组序列所得靶标进行高通量筛选可以获得更为有希望的先导化合物。将抗生素产生链霉菌的基因或基因组进行克隆和表达,可制造出新的人造抗生素。微生物来源的抗生素能很容易地被识别出来。那些无法在实验室培养的微生物的基因也能在其他生物体中克隆和表达。所以,在基因组领域里进行新的探索,有可能会发现新的抗生素。现在认为,新的抗生素先导化合物的最好来源是那些老的、以前没有发展的抗生素的结构。例如,在兽医学上已应用多年的潮霉素和截短侧耳素,采用新的化学方法对其进行改造,就成为新一类的抗生素。对老的抗生素进行化学改造成为了"新的"抗生素发现策略。

20世纪80年代,医药工业开始把重心转移到窄谱抗生素。窄谱药物会有广阔的前景,原因是相对于大企业而言,小生物技术公司在窄谱制剂的小市场会更活跃;此外,快速分子诊断学的发展以及与其联用的靶向治疗都使窄谱抗生素更受欢迎。联合治疗是对抗耐药性的另一成果。甲氧苄氨嘧啶和磺胺甲唑是能以相同的代谢途径先后代谢的两种抗生素,被认为可以联合使用。发展新抗生素的又一策略是寻找使抗生素失活的酶抑制剂。β-内酰胺酶抑制剂如克拉维酸和舒巴坦,已能够成功地阻断使氨苄青霉素和其他青霉素类失活的酶。抗生素作用位点不专一,既作用于细菌中的靶标,也作用于人类细胞中的靶标,从而产生不良反应。例如,喹诺酮类结合的靶点是细菌的 DNA 和 DNA 回旋酶,但同时也会与人类的 DNA 结合。因此,为了安全起见,需要对新的抗生素进行结构改造。经过改造的抗菌药物,不良反应会降得更低。

复习思考题

1. 如何合理使用防腐消毒药?
2. 简述影响防腐消毒药作用的因素。
3. 简述抗生素的作用机制,并各举一例。
4. 简述青霉素的抗菌特点及临床应用。
5. 简述兽医临床上常用的氨基糖苷类抗生素的主要共同点、急性中毒症状及解救药。
6. 氯霉素为何被禁用于食品动物?
7. 简述复方磺胺嘧啶的组成、抗菌机制及临床使用注意事项。
8. 简述喹诺酮类药物的作用特点、临床应用及注意事项。
9. 简述如何避免细菌产生耐药性。
10. 简述如何合理联合应用抗菌药物。

第 三 章

抗寄生虫药物

张某饲养的 5000 只 30 日龄 AA 肉鸡,陆续出现精神沉郁、食欲减退、缩头、蹲卧、排红褐色血便、个别鸡只死亡等临床症状。剖检病死鸡可见盲肠肿大出血,初步诊断为鸡球虫感染。假设你是一名鸡场的技术人员,请结合药理知识,提出药物治疗方案和原则。

学习目标

- 掌握抗寄生虫药物的基本概念、药物的分类。
- 理解常用抗寄生虫药物的分类、作用机制及理想抗寄生虫药的条件。
- 熟练掌握常用抗寄生虫药物的药理作用、临床应用和注意事项。
- 能够正确选用抗寄生虫药物。

- 学会观察药物对离体虫体的抗虫作用。
- 针对临床病例能够准确选药、合理用药。

第一节 抗寄生虫药物概述

寄生虫病是目前危害人类和动物最严重的疾病之一,有些寄生虫病一旦流行,即可引起大批畜禽死亡,慢性感染时会使幼畜生长受阻,使役能力下降,肉的品质降低等。此外,某些寄生虫病属于人畜共患病,能直接危害人类健康,甚至危及生命。

目前抗寄生虫药物的研究已取得了一些成效,但与其他治疗药物相比,抗寄生虫药物驱虫方面仍有局限性。因此,迫切需要发展高效、低毒、广谱的抗寄生虫病药物。

一、概念与术语

1. 抗寄生虫药物
凡能驱除或杀灭畜禽体内、外寄生虫的药物均被称为抗寄生虫药物。

2. 作用峰期
作用峰期是指对药物最敏感的球虫生活史阶段,或药物主要作用于球虫发育的某个生活周期。抗球虫药绝大多数作用于球虫的无性周期,但其作用峰期并不相同。掌握药物作用峰期,对合理选择和使用药物具有指导意义。

3. 轮换用药
轮换用药是指季节性地或定期地合理变换用药,即每隔 3 个月或半年或在一个饲养期结束后,改换一种抗球虫药。但是不能换用属于同一化学结构类型的抗球虫药,也不要换用作用峰期相同的药物。

4. 穿梭用药
穿梭用药是指在同一个饲养期内,换用两种或三种不同性质的抗球虫药,即开始时使用一种药物,至生长期时使用另一种药物,目的是避免耐药虫株的产生。

5. 联合用药
联合用药是指在同一个饲养期内合用两种或两种以上抗球虫药,通过药物间的协同作用,既可延缓耐药虫株的产生,又可增强药效和减少用量。

二、分类

依据药物的抗虫作用及寄生虫分类,抗寄生虫药物可分为以下三种。

1. 抗蠕虫药
抗蠕虫药又称驱虫药。根据蠕虫的种类,又可将此类药物分为驱线虫药、驱绦虫药和驱吸虫药。

2. 抗原虫药
根据原虫的种类,抗原虫药可分为抗球虫药、抗锥虫药、抗梨形虫药和抗滴虫药。

3. 杀虫药
杀虫药又可分为杀昆虫药和杀蜱螨药。

三、作用机制

抗寄生虫药物种类繁多,化学结构和作用不同,因此作用机制也有不同。现将几种主要作用方式归纳如下。

1. 影响能量转换
吡喹酮对虫体糖代谢有明显抑制作用,影响虫体摄入葡萄糖,促进糖原分解,使糖原明显减少或消失,致使虫体能源耗竭,从而达到驱杀虫体作用。氯硝柳胺抑制绦虫线粒体内

ADP 的无氧磷酸化，阻碍产能过程，也抑制葡萄糖摄取，使虫体退变死亡。左旋咪唑能选择性地抑制线虫虫体肌肉内的琥珀酸脱氢酶，影响虫体肌肉的无氧代谢，使虫体麻痹，随肠蠕动而排出。

2. 引起膜的改变

哌嗪可改变虫体肌细胞膜对离子的通透性，使虫体肌肉超极化，抑制神经-肌肉传递，致虫体发生弛缓性麻痹而随肠蠕动排出。伊维菌素刺激虫体神经突触释放 γ-氨基丁酸和增加其与突触后膜受体结合，提高细胞膜对氯离子的通透性，造成神经肌肉间的神经传导阻滞，使虫体麻痹死亡。吡喹酮能促进虫体对钙的摄入，使其体内钙的平衡失调，影响肌细胞膜电位变化，使虫体挛缩，并损害虫体表膜，使其易于遭受宿主防卫机制的破坏。聚醚类抗球虫药能与钠、钾、钙等金属阳离子形成亲脂性复合物，自由穿过细胞膜，影响细胞膜的通透性，使子孢子和裂殖子中的阳离子大量蓄积，导致水分过多地进入细胞内，使细胞膨胀变形、破裂，引起虫体死亡。

3. 干扰微管的功能

苯并咪唑类药物的作用机制是选择性地使线虫的体被和脑细胞中的微管消失，抑制虫体对葡萄糖的摄取，减少 ATP 生成，妨碍虫体生长发育。

▶▶ 四、使用原则

1. 准确选药，配合用药

在选药过程中，既要选择广谱、高效、低毒的药物，又要结合药源和经济条件等具体情况选用药物。由于畜禽寄生虫病多为混合感染，在驱虫时可根据病情，适当配合应用两种或两种以上的驱虫药，但应特别注意防止毒性反应。

2. 掌握剂量，间隔用药

剂量一定要准确，不能过大或过小，以既能达到驱虫的目的，又不致过度毒害机体为原则。为彻底驱除不同发育时期的寄生虫，可在第一次用药后，间隔一段时期进行第二次驱虫。

3. 空腹投药，应用泻药

驱除胃肠道寄生的线虫时，为了充分发挥药物对虫体的作用，常在投药前停饲 6~12h；同时因多数驱虫药对虫体仅呈麻醉作用，故在驱虫时宜配合盐类泻药，以达到促进驱虫的目的。

4. 通过试验，防止中毒

在进行大批畜禽驱虫治疗或使用数种药物治疗混合性感染时，应先以少数畜禽预试，确定药物的效果、无不良反应等方面情况后，方可全面开展驱虫，同时应做好中毒解救的准备。

▶▶ 五、理想抗寄生虫药的条件

1. 高效

高效是指应用剂量小、驱杀寄生虫效果好，不仅对成虫、幼虫有效，而且对虫卵也有较高的杀灭效果。

2. 广谱

广谱是指驱虫范围广。动物寄生虫病多为混合感染,特别是不同类别寄生虫的混合感染,实际生产生活中需要能同时驱杀多种不同类别寄生虫的药物。

3. 安全

凡是对虫体毒性大,对宿主毒性小或无毒的抗寄生虫药都是安全的。

4. 适于群体给药的特性

①内服药应无异味,适口性好,可混饲给药。②能溶于水。③用于注射给药应对局部无刺激性。④杀外寄生虫药应能溶于一定溶媒,以喷雾等方式群体杀灭外寄生虫。⑤以浇淋方法给药或涂擦于动物皮肤上,既能杀灭外寄生虫,又能在透皮吸收后驱杀内寄生虫。

5. 价格低廉

可在畜牧生产上大规模推广应用。

6. 无残留

食品动物应用后,药物不残留于肉、蛋和乳及其制品中,或可通过遵守休药期等措施,控制药物在动物性食品中的残留。

第二节 抗蠕虫药

抗蠕虫药又称驱虫药,是指能驱除、杀灭或抑制寄生于畜禽机体的蠕虫的药物,包括驱线虫药、驱绦虫药、驱吸虫药和抗血吸虫药。

一、驱线虫药

家畜线虫病种类多,分布广,几乎所有畜禽都有线虫感染,给畜牧业造成了很大的经济损失。近年来,抗线虫药发展迅速,我国已合成许多安全、高效和广谱的新型抗线虫药物。根据其化学结构,抗线虫药大致可分为以下几类。

(一) 有机磷酸酯类

敌百虫(Dipterex)

本品为白色结晶或结晶性粉末,在碱性溶液中可迅速变成毒性更强的敌敌畏,易溶于水,常制成片剂。

【作用与应用】 本品驱虫谱广,对多数消化道线虫和部分吸虫有效,也可杀灭体外寄生虫,如杀灭螨、蜱、蚤、虱等。敌百虫的驱虫机制是能与虫体内胆碱酯酶结合导致乙酰胆碱蓄积,而使虫体肌肉兴奋、痉挛、麻痹直至死亡。

【注意事项】 ①家禽对敌百虫较敏感,易中毒。②敌百虫溶液应现配现用。③敌百虫中毒的体表不宜用碱水洗涤,而应使用清水清洗。④如果用药浓度过高,剂量过大,易发生中毒反应。

【用法与用量】 内服,一次量,每千克体重,马 30~50mg,牛 20~40mg,绵羊 80~100mg,山羊 50~70mg,猪 80~100mg。喷洒,配成 1%~3% 溶液喷洒于动物局部体表,治疗体虱疥螨,0.1%~0.5% 溶液喷洒于环境,杀灭蝇、蚊、虱、蚤等。药浴,0.5% 溶液适用于疥螨,0.2% 溶液适用于痒螨病。涂擦,2% 溶液涂擦牛的背部,治疗牛皮蝇蛆。喷淋,0.25%~1% 溶液高压喷雾,使牛毛皮全湿,用于肉牛、泌乳奶牛的体表杀虫。

(二)咪唑并噻咪唑类

左旋咪唑(Levamisole)

本品为四咪唑的左旋异构体,其盐酸盐或磷酸盐为白色或类白色针状结晶或结晶性粉末,无臭,味苦,在水中极易溶解,常制成片剂、注射液。

【作用与应用】 本品为广谱、高效、低毒的驱线虫药,对多种动物的胃肠道线虫和肺线虫有驱杀作用,对成虫及某些线虫的幼虫均有效。其驱虫机制是药物通过虫体表皮吸收,迅速到达作用部位,水解成不溶于水的代谢产物,与酶活性中的巯基相互作用,形成稳定的 S—S 链,使延胡索酸还原酶失活,从而影响能量产生。此外,本品还能使虫体肌肉痉挛收缩,加之药物的拟胆碱作用,使麻痹的虫体迅速排出体外。

本品具有明显的免疫调节功能,是通过刺激淋巴细胞的 T 细胞系统,增强淋巴细胞对有丝分裂原的反应,提高淋巴细胞活性物质的产生,增加淋巴细胞数量,并增强巨噬细胞和中性粒细胞的吞噬功能。

本品中毒时可抑制胆碱酯酶的活性,表现出毒蕈碱样和烟碱样症状,出现瞳孔缩小、支气管收缩、消化道蠕动增强、心率减慢以及其他拟胆碱神经系统兴奋等症状,可用阿托品解毒。

【注意事项】 ①本品安全范围窄,注射给药易中毒,单胃动物驱虫时常内服给药。②马较敏感,需慎用,骆驼禁用,泌乳期动物禁用。③中毒症状与有机磷中毒相似,可用阿托品解救。④本品刺激性较强,盐酸左旋咪唑对局部组织反应严重,磷酸左旋咪唑稍弱,常供皮下、肌内注射。

【用法与用量】 盐酸左旋咪唑片,内服,一次量,每千克体重,牛、羊、猪 7.5mg,犬、猫 10mg,禽 25mg。休药期,牛 2d,羊 3d,猪 3d。盐酸左旋咪唑注射液,皮下、肌内注射,一次量,每千克体重,牛、羊、猪 7.5mg,犬、猫 10mg,禽 25mg。休药期,牛 14d,羊 28d,猪 28d。磷酸左旋咪唑注射液,注射剂量同盐酸左旋咪唑注射液。

(三)苯并咪唑类

阿苯达唑(Albendazole)

本品又称丙硫苯咪唑、抗蠕敏,为白色或类白色粉末,无臭,无味,在水中不溶,常制成片剂。

【作用与应用】 本品为广谱、高效、低毒的新型驱虫药,对线虫、绦虫、某些吸虫均有效。

其驱虫机制是抑制延胡索酸还原酶的活性,影响虫体对葡萄糖的摄取和利用,ATP 生成减少,导致虫体肌肉麻痹而死亡。

【注意事项】 ①马、兔、猫较敏感,不宜连续大剂量给药。②牛、羊妊娠 45d 内,猪妊娠 30d 内禁用,产奶期禁用。③休药期,牛 28d,羊 10d。

【用法与用量】 内服,一次量,每千克体重,马 5~10mg,牛、羊 10~15mg,猪 5~10mg,犬 25~50mg,禽 10~20mg。

(四) 四氢嘧啶类

噻嘧啶(Pyrantel)

本品又称噻吩嘧啶,常用双羟萘酸盐,即双羟萘酸噻嘧啶,为淡黄色粉末,无臭,无味,几乎不溶于水,常制成片剂。

【作用与应用】 本品为广谱、高效、低毒的胃肠线虫驱虫药,对畜禽多种消化道线虫有不同程度的驱杀作用,但对呼吸道线虫无效。另外,对鸡蛔虫、鹅裂口线虫、犬蛔虫、犬钩虫、马蛲虫等均有良好的驱除作用。其驱虫机制是使虫体肌肉兴奋麻痹死亡,与乙酰胆碱作用相似,但其作用更强且不可逆。

【注意事项】 ①本品具有拟胆碱样作用,妊娠动物、虚弱动物禁用。②本品安全范围窄,大动物尤其是马应慎用。③本品对宿主具有较强的烟碱样作用,禁与安定药、肌松药以及其他拟胆碱药、抗胆碱酯酶药并用。④与左旋咪唑、乙胺嗪并用时能使其毒性增强,应慎用。与哌嗪有拮抗作用,故不能配伍应用。

【用法与用量】 内服,一次量,每千克体重,马 7.5~15mg,犬、猫 5~10mg。

(五) 哌嗪类

哌嗪(Piperazidine)

本品常制成磷酸盐和枸橼酸盐,枸橼酸盐又称驱蛔灵,为白色针状晶体,有咸味,易溶于水,常制成片剂。

【作用与应用】 本品的各种盐类性质更稳定,属于低毒的驱蛔虫药,对蛲虫、食道口线虫也有一定驱杀作用,对幼虫作用有限。其驱虫机制主要是阻断神经冲动的传递,产生抗胆碱样作用,导致虫体麻痹,失去附着能力并随粪便排出体外。

【注意事项】 ①本品对幼虫不敏感,驱虫时需重复用药。②各种盐对马的适口性差,拌料混饲拒食,影响药效,常以溶液剂进行灌服。③与吩噻嗪类合用使其毒性增强,与噻嘧啶合用有拮抗作用。

【用法与用量】 枸橼酸哌嗪,内服,一次量,每千克体重,马、牛 0.25g,羊、猪 0.25~0.3g,犬 0.1g,禽 0.25g。磷酸哌嗪,内服,一次量,每千克体重,马、猪 0.2~0.25g,犬、猫 0.07~0.1g,禽 0.2~0.5g。

(六) 抗生素类

伊维菌素(Ivermectin)

本品又称艾佛菌素、灭虫丁,主要成分为 22,23-双氢阿维菌素 $B_{1\alpha}$,为白色结晶性粉末,无味,在水中几乎不溶,常制成注射液。

【作用与应用】 本品是新型的广谱、高效、低毒大环内酯类驱虫药,对体内外寄生虫特别是线虫、昆虫、螨均有良好的驱杀作用。其驱虫机制是增加虫体抑制性递质 γ-氨基丁酸(GABA)的释放,增强神经膜对 Cl^- 的通透性,抑制神经接头的信号传递,导致虫体麻痹死亡。吸虫和绦虫不以 GABA 为传递递质,并且缺少受谷氨酸控制的 Cl^- 通道,故本类药物对其无效。哺乳动物外周神经递质为乙酰胆碱,GABA 虽分布于中枢神经系统,由于本类药物不易透过血脑屏障,因而对其影响极小。

【注意事项】 ①本品安全范围较大,但剂量过大可引起中毒反应,无特效解毒药。②肌内注射可产生严重的局部反应,犬和马较明显,应慎用,一般采用内服或皮下注射。③长毛牧羊犬(Collies)对本品敏感,不宜使用。④本品驱虫作用缓慢,有些内寄生虫要数天甚至数周才能出现明显药效。⑤对虾、鱼及水生生物有剧毒,切勿污染水源。⑥注射剂休药期,牛35d,羊42d,猪18d,产奶期禁用。预混剂休药期,猪5d。

【用法与用量】 内服,一次量,每千克体重,家畜0.2~0.3mg。皮下注射,一次量,每千克体重,牛、羊0.2mg,猪0.3mg。

二、驱绦虫药

绦虫发育过程中各有其中间宿主,要彻底消灭畜禽绦虫病,不仅需要使用驱绦虫药,而且需要控制绦虫的中间宿主,采取有效的综合防治措施,以阻断其传播。目前常用的驱绦虫药主要有吡喹酮、氯硝柳胺、硫双二氯酚、氢溴酸槟榔碱、依西太尔等,其他兼具有驱绦虫作用的药物有阿苯达唑、芬苯达唑、奥芬达唑等。

氯硝柳胺(Chlorsalicylamide)

本品又称灭绦灵,为浅黄色结晶性粉末,无臭,无味。本品在水中不溶,置于空气中易呈黄色,常制成片剂。

【作用与应用】 本品具有驱绦虫谱广、效果好、毒性低、使用安全等优点。内服难吸收,在肠道内保持较高浓度,对畜禽多种绦虫均有杀灭效果。另外,还有较强的杀钉螺作用,对螺卵和尾蚴也有杀灭作用。其驱虫机制是通过抑制虫体线粒体内的氧化磷酸化过程,阻断绦虫三羧循环,使乳酸蓄积而起杀灭作用。

【注意事项】 ①本品安全范围较广,多数动物使用安全,但犬、猫较敏感,两倍治疗量则出现暂时性下痢。②鱼类敏感,易中毒致死。

【用法与用量】 内服,一次量,每千克体重,牛40~60mg,羊60~70mg,马200~300mg,犬、猫80~100mg,禽50~60mg。

硫双二氯酚(Bithionole)

本品又称别丁、硫氯酚,为白色或类白色结晶性粉末,无臭,难溶于水,易溶于稀碱溶液中,常制成片剂。

【作用与应用】 本品对畜禽多种绦虫和吸虫均有驱虫效果。对牛、羊肝片形吸虫、前后盘吸虫及猪姜片吸虫有效。内服仅少量由消化道吸收,并由胆汁排泄,大部分由粪便排泄,因此,可以驱除胆道吸虫和肠道绦虫。其驱虫机制是降低虫体葡萄糖分解和氧化代谢,特别是抑制琥珀酸的氧化,阻断了吸虫能量的获得。

【注意事项】 ①本品安全范围窄,多数动物用药后出现短暂性腹泻,但数日内可自行恢复。②马属动物较敏感,应慎用。

【用法与用量】 内服,一次量,每千克体重,牛 40~60mg,羊、猪 75~100mg,马 10~20mg,犬、猫 200mg,鸡 100~200mg。

氢溴酸槟榔碱(Arecoline Hydrobromide)

本品为白色或淡黄色结晶性粉末,无臭,味苦,易溶于水,常制成片剂。

【作用与应用】 本品对绦虫肌肉有较强的麻痹作用,使虫体失去吸附于肠壁的能力,同时可增强宿主肠蠕动,而更有利于迅速排除麻痹的虫体。本品主要用于驱除犬细粒棘球绦虫和带绦虫,也可用于驱除家禽绦虫。

【注意事项】 ①治疗量有时可使个别犬产生呕吐及腹泻症状,但多数能自行耐过,严重病例需用阿托品解救。②鸡对本品耐受性强,鸭、鹅次之。马属动物较敏感,猫最敏感,不宜使用。③与拟胆碱药物并用能使毒性增强。

【用法与用量】 内服,一次量,每千克体重,犬 1.5~2mg,鸡 3mg,鸭、鹅 1~2mg。

三、驱吸虫药

驱吸虫药物是指驱除动物体内多数吸虫的药物,除苯并咪唑类药物具有驱吸虫作用外,还有许多驱吸虫药物,如硝氯酚、碘醚柳胺、吡喹酮、三氯苯达唑、硝碘酚腈等。

硝氯酚(Nitroclofene)

本品又称拜耳-9015,为黄色结晶性粉末,无臭,在水中不溶,在氢氧化钠溶液中溶解,常制成片剂和注射液。

【作用与应用】 本品对牛、羊肝片形吸虫成虫有很好的驱杀作用,具有高效、低毒等特点,是反刍动物肝片形吸虫较理想的驱虫药,对肝片形吸虫幼虫虽然有效,但需要较高剂量,不安全。其驱虫机制是通过抑制虫体琥珀酸脱氢酶的活性,影响虫体的能量代谢而发挥驱虫作用。

【注意事项】 ①本品治疗量较安全,过量引起的中毒,可选用安钠咖、毒毛旋花子苷、维生素 C 等治疗,禁用钙剂。②黄牛对本品较耐受,羊较敏感。

【用法与用量】 内服,一次量,每千克体重,黄牛 3~7mg,水牛 1~3mg,猪 3~6mg,羊 3~4mg。皮下、肌内注射,一次量,每千克体重,牛、羊 0.5~1mg。

碘醚柳胺(Rafoxanide)

本品又称碘米柳胺,为灰白色至棕色粉末,在水中不溶,常制成片剂。

【作用与应用】 本品为世界各国广泛使用的抗牛羊片形吸虫药。此外,对牛、羊血矛线虫、仰口线虫、羊鼻蝇蛆成虫及未成熟虫体也有较好的疗效。驱虫机制至今尚不清楚,但有人认为是通过对氧化磷酸化的解偶联作用而影响虫体 ATP 的产生。

【注意事项】 驱除未成熟虫体时,用药后 3 周重复用药一次。

【用法与用量】 内服,一次量,每千克体重,牛、羊 7~12mg。

四、抗血吸虫药

血吸虫病是一种人畜共患病,疫区耕牛患病率较高,对人类健康造成很大的威胁,防治耕牛血吸虫病对消灭人体血吸虫病具有重要作用。药物治疗方面,酒石酸锑钾曾是抗血吸虫病的特效药,但毒性大,已逐渐被其他药物取代。目前常用药物有吡喹酮、硝硫氰胺、硝硫氰酯等。

吡喹酮(Pyquiton)

本品又称环吡异喹酮,为白色或类白色结晶性粉末,味苦,在水中不溶,常制成片剂。

【作用与应用】 本品为较理想的新型、广谱、低毒的抗血吸虫药、抗吸虫药和抗绦虫药,目前世界各国已广泛应用。主要用于治疗动物的血吸虫病,也可用于治疗绦虫病、囊尾蚴病。其驱虫作用可能有 5-HT 样作用,使宿主体内血吸虫产生痉挛性麻痹脱落,同时能影响虫体肌细胞内钙离子通透性,使钙离子内流增加,抑制肌浆网钙泵的再摄取,虫体肌细胞内钙离子含量大增,使虫体麻痹脱落。

【注意事项】 ①用药后,虫体被杀,释放出抗原物质,可引起发热、嗜酸粒细胞增多等过敏反应。②严重心、肝、肾患畜慎用。③部分牛出现体温升高、肌震颤、鼓起等反应。

【用法与用量】 内服,一次量,每千克体重,牛、羊、猪 10~35mg,犬、猫 2.5~5mg,禽 10~20mg。

硝硫氰胺(Nithiocyanamine)

本品又称硝二苯胺异硫氰、7505,为黄色结晶性粉末,无味,无臭,极难溶于水,脂溶性很高,常制成片剂。

【作用与应用】 本品为广谱驱虫药,对血吸虫、线虫均有良好疗效。主要用于治疗耕牛血吸虫病与人血吸虫病,对肝片吸虫、钩虫、蛔虫、姜片吸虫也有良好疗效。

【注意事项】 大部分动物静脉注射给药后,可出现不同程度的呼吸加深加快、咳嗽、步态不稳、失明以及消化机能障碍等不良反应,但一般 6~20h 可恢复正常。

【用法与用量】 内服,一次量,每千克体重,牛 60mg。

五、抗蠕虫药的合理选用

本类药物很多,根据蠕虫对药物的敏感性、药物对虫体的作用特点、地区性情况,提出首选和次选药物,仅供参考(表 3-1)。

表 3-1　抗蠕虫药的合理选用（仅供参考）

药物类别	畜别	虫名	首选药	备选药
驱线虫药	马	副蛔虫	枸橼酸哌嗪、双羟萘酸噻嘧啶	敌百虫、甲噻嘧啶、阿苯达唑
		大圆形线虫	噻苯咪唑	双羟萘酸噻嘧啶、甲噻嘧啶
		小圆形线虫	阿苯达唑、枸橼酸哌嗪	
		尖尾线虫	阿苯达唑	敌百虫、甲噻嘧啶
	牛、羊	胃肠道主要线虫	伊维菌素、左旋咪唑、阿苯达唑	敌百虫等
		毛首线虫	盐酸羟嘧啶	
		网尾线虫	左旋咪唑、阿苯达唑	
	猪	蛔虫	左旋咪唑、阿苯达唑	枸橼酸哌嗪、敌百虫
		食道口线虫	噻苯咪唑	
		毛首线虫	敌百虫、左旋咪唑、阿苯达唑	枸橼酸哌嗪
		后圆线虫	左旋咪唑	阿苯达唑
		冠尾线虫	左旋咪唑、阿苯达唑	敌百虫
	鸡	蛔虫	左旋咪唑	阿苯达唑、枸橼酸哌嗪
		异刺线虫		
驱吸虫药	牛、羊	肝片吸虫	硝氯酚（治疗）、双酰胺氧醚（预防）	阿苯达唑、硫双二氯酚
		矛形歧腔吸虫	阿苯达唑	吡喹酮
		前后盘吸虫	硫双二氯酚	氯硝柳胺
	猪	姜片吸虫	敌百虫、硫双二氯酚	吡喹酮
驱绦虫药	马	裸头科绦虫	氯硝柳胺	阿苯达唑、硫双二氯酚
	牛、羊	莫尼茨绦虫		
		曲子宫绦虫		
		无卵黄腺绦虫		
	犬	细粒棘球绦虫	氢溴酸槟榔碱	
		复孔绦虫	氯硝柳胺	
	鸡	赖利绦虫	氯硝柳胺、阿苯达唑	硫双二氯酚
	鸭、鹅	剑带绦虫	氢溴酸槟榔碱	

第三节　抗原虫药

抗原虫药是指能杀灭或抑制寄生于畜禽机体的原虫的药物，抗原虫药包括抗球虫药、抗锥虫药和抗梨形虫药等。

▶▶ 一、抗球虫药

在畜禽球虫病中，以鸡、兔、牛和羊的球虫病危害最大，不仅流行广，而且病死率高，目前球虫病主要还是依靠药物来预防。常用的抗球虫药物有聚醚类、三嗪类、磺胺类、二硝基类等。

(一) 聚醚类抗生素

莫能菌素(Rumensin)

本品又称莫能星、瘤胃素,是由肉桂链霉菌培养液中提取的聚醚类抗生素,其钠盐为白色粉末,难溶于水,常制成预混剂。

【作用与应用】 本品属于单价离子载体类抗生素,是聚醚类抗生素的代表性药物,广泛用于世界各国。对鸡柔嫩、毒害、堆型、巨型、布氏和变位艾美耳球虫均有高效,用于预防鸡球虫病。本品对子孢子和第1代裂殖体都有抑制作用,作用峰期为感染后第2天,其杀球虫作用是通过兴奋子孢子的 $Na^+ - K^+ - ATP$ 酶,使子孢子 Na^+ 浓度增加,Na^+ 增加必然导致 Cl^- 增加,从而使子孢子吸水肿胀和空泡化。因为球虫没有渗透调节细胞器,内部渗透压改变,必然导致对球虫产生不良影响。此外,由于兴奋 Na^+-K^+ 泵,使 ATP 消耗增加。

除了杀球虫作用外,对产气荚膜芽孢梭菌有抑杀作用,可防止坏死性肠炎发生。此外,对肉牛有促生长效应。

【注意事项】 ①本品对马属动物毒性大,应禁用;对10周以上火鸡、珍珠鸡及鸟类也有较强毒性,不宜应用。②禁与泰乐菌素、泰妙菌素、竹桃霉素及其他抗球虫药等合用。③产蛋期禁用,鸡休药期3d。

【用法与用量】 混饲,每1000kg 饲料,禽 90~110g,兔 20~40g,犊牛 17~30g,羔羊 10~30g。

马杜霉素(Maduramicin)

本品又称马杜米星、抗球王,是由马杜拉放线菌培养液中提取的聚醚类抗生素,其铵盐为白色或类白色结晶性粉末,有微臭,难溶于水,常制成预混剂。

【作用与应用】 本品属于单价糖苷聚醚离子载体抗生素,抗球虫效果优于莫能菌素、盐霉素、甲基盐霉素等抗球虫药,是目前抗球虫作用最强、用药浓度最低的聚醚类抗球虫药,能有效控制和杀灭鸡巨型、毒害、柔嫩、堆型和布氏艾美耳球虫,已广泛用于鸡的抗球虫。其抗球虫机制同莫能菌素。

【注意事项】 ①本品毒性较大,除肉鸡外,禁用于其他动物。②本品安全范围较窄,用药时必须使药料充分拌匀。③休药期,肉鸡5d。

【用法与用量】 混饲,每1000kg 饲料,肉鸡 5g。

盐霉素(Salinomycin)

本品又称沙利霉素,是由白色链霉菌培养液中提取的聚醚类抗生素,其钠盐为白色或淡黄色结晶性粉末,微有特异臭味,难溶于水,常制成预混剂。

【作用与应用】 本品属于单价聚醚离子载体抗生素,其抗球虫作用与莫能菌素相似,能杀灭多种球虫,但对巨型、布氏艾美耳球虫作用较弱。此外,本品还可作为猪的促生长剂,但安全范围较窄,使用受到限制。其抗球虫机制同莫能菌素。

【注意事项】 ①本品安全范围较窄,应严格控制混饲浓度。②马属动物对本品极敏感,应避免接触,成年火鸡及鸭也较敏感,不宜应用。休药期,禽 5d。③配伍禁忌与莫能菌素相似。

【用法与用量】 混饲,每1000kg饲料,禽60g,鹌鹑50g,猪25~75g。

海南霉素(Hainanmycin)

本品是由我国海南岛土壤中分离的一种稠李链霉菌东方变种培养液中提取的聚醚类抗生素,为白色或类白色粉末,无臭,难溶于水,常制成预混剂。

【作用与应用】 本品属于单价糖苷聚醚离子载体抗生素,是我国独创的聚醚类抗球虫药,主要用作肉鸡抗球虫药,对鸡柔嫩、毒害、巨型、堆型、和缓艾美耳球虫都有一定的抗球虫效果。其抗球虫作用机制尚不太清楚。

【注意事项】 ①本品是聚醚类抗生素中毒性最大的一种抗球虫药,喂药鸡粪切勿污染水源等。②限用于肉鸡,产蛋鸡及其他动物禁用。③禁与其他抗球虫药物并用。④休药期,肉鸡 7d。

【用法与用量】 混饲,每1000kg饲料,肉鸡5~7.5g。

(二)二硝基类

二硝托胺(Dinitolmide)

本品又称球痢灵,为淡黄色或淡黄褐色粉末,无臭,味苦,难溶于水,常制成预混剂。

【作用与应用】 本品为良好的新型抗球虫药,有预防和治疗作用。对毒害艾美耳球虫作用最好,但对堆型艾美耳球虫作用稍差,对火鸡、家兔球虫病也有效。本品主要作用于第1代裂殖体,同时对卵囊的子孢子形成也有抑杀作用。

【注意事项】 ①常用量不影响机体对球虫的免疫力,可用于蛋鸡和肉用种鸡。②产蛋鸡禁用。休药期,鸡 3d。③本品停用5~6d,常致球虫病复发,因此肉鸡必须连续应用。

【用法与用量】 混饲,每1000kg饲料,鸡125g。

尼卡巴嗪(Nicarbazin)

本品为黄色或黄绿色粉末,无臭,稍具异味,难溶于水,常制成预混剂。

【作用与应用】 本品对鸡盲肠球虫(柔嫩艾美耳球虫)和堆型、巨型、毒害、布氏艾美耳球虫(小肠球虫)均有良好的预防效果,推荐剂量不影响鸡对球虫产生免疫力。作用峰期在第2代裂殖体,感染后48h用药,能完全抑制球虫发育,72h用药,抑制效果明显降低。

【注意事项】 ①本品对蛋的质量和孵化率有一定的影响,产蛋期禁用。②高温季节,室温超过40℃时,本品能增加雏鸡死亡率,应慎用。③预防用药过程中,若鸡群大量接触感染性卵囊而暴发球虫病,应迅速改用更有效的药物(如妥曲珠利、磺胺药等)治疗。④休药期,肉鸡 4d。

【用法与用量】 混饲,每1000kg饲料,禽125g。

（三）三嗪类

地克珠利（Diclazuril）

本品又称杀球灵，为类白色或淡黄色粉末，几乎无臭，难溶于水，常制成预混剂、溶液。

【作用与应用】 本品为新型、高效、低毒抗球虫药，广泛用于鸡球虫病，抗球虫效果优于莫能菌素等离子载体抗球虫药及其他常用的抗球虫药。抗球虫峰期可能在子孢子和第1代裂殖体早期阶段。其抗球虫作用机制尚不太清楚。

【注意事项】 ①本品长期使用易产生耐药性，需与其他药物交替使用。②作用半衰期短，停药一天后作用基本消失，须连续用药，以防球虫病再度暴发。③安全范围较窄，用药时必须使药料充分拌匀。④休药期，肉鸡5d。

【用法与用量】 混饲，每1000kg饲料，禽1g。混饮，每升水，禽0.5~1mg。

托曲珠利（Toltrazuril）

本品又称百球清，为白色或类白色结晶粉末，难溶于水，常制成溶液。

【作用与应用】 本品具有广谱抗球虫活性，不但可有效地防止球虫病，使球虫卵囊全部消失，而且不影响雏鸡生长发育以及对球虫免疫力的产生，已广泛用于治疗和预防家禽球虫病。作用峰期是球虫裂殖生殖和配子生殖阶段。

【注意事项】 ①连续应用易使球虫产生耐药性，甚至存在交叉耐药性。②稀释后药液易减效，应现配现用。③肉鸡休药期应为19d。

【用法与用量】 混饮，每升水，禽25mg，连用2d。

（四）磺胺类

磺胺喹沙啉（Sulfaquinoxaline，SQ）

本品为淡黄色或黄色粉末，无臭，难溶于水，其钠盐在水中易溶，常制成预混剂、可溶性粉。

【作用与应用】 本品为抗球虫的专用磺胺药，至今仍广泛用于畜禽球虫病，对巨型、布氏和堆型艾美耳球虫作用最强，但对柔嫩、毒害艾美耳球虫作用较弱，通常需更高浓度才能有效。用药后不影响宿主对球虫产生免疫力，同时具有一定的抗菌作用。作用峰期是第2代裂殖体，对第1代裂殖体也有一定作用，对有性周期无效。

【注意事项】 ①本品与氨丙啉或抗菌增效剂合用，可产生协同作用。②与其他磺胺类药物之间容易产生交叉耐药性。③对雏鸡有一定的毒性，高浓度（0.1%）药料连喂5d以上，则引起与维生素K缺乏有关的出血和组织坏死现象，也可使鸡红细胞和淋巴细胞减少。因此，连续喂饲不得超过5d。④本品能使产蛋率下降，蛋壳变薄，产蛋鸡禁用。⑤休药期，肉鸡7d，火鸡10d，牛、羊10d。

【用法与用量】 磺胺喹沙啉，混饲，每1000kg饲料，禽125g。磺胺喹沙啉、二甲氧苄啶预混剂，混饲，每1000kg饲料，禽500g。磺胺喹沙啉钠可溶性粉，混饮，每升水，禽0.3~0.5g（有效成分）；磺胺喹沙啉、三甲氧苄啶可溶性粉，混饮，每升水，禽0.28g。

磺胺氯吡嗪（Sulfaclozine）

本品为白色或淡黄色粉末，无臭，易溶于水，一般用其钠盐，常制成粉剂。

【作用与应用】 本品对家禽球虫的作用与磺胺喹沙啉相似，且具有更强的抗菌作用，甚至可治疗禽霍乱及鸡伤寒，常用于球虫病暴发时治疗用，用药后不影响宿主对球虫产生免疫力。作用峰期是球虫第2代裂殖体，对第1代裂殖体也有一定作用，但对有性周期无效。本品的抗球虫作用机制同磺胺喹沙啉。

【注意事项】 ①本品毒性低，但长期应用仍会出现中毒症状，按推荐浓度连用3d，最多不超过5d。②球虫对本品可能产生耐药性，甚至交叉耐药性，疗效不佳时，应及时更换药物。③产蛋鸡禁用。休药期，火鸡4d，肉鸡1d。

【用法与用量】 磺胺氯吡嗪钠，混饮，每升水，家禽0.3g，连用3d。磺胺氯吡嗪钠可溶性粉，混饮，每升水，家禽1g，连用3d。

（五）其他类

氯羟吡啶（Clopidol）

本品又称克球粉、可爱丹，为白色或类白色粉末，无臭，难溶于水，性质稳定，常制成预混剂。

【作用与应用】 本品抗虫谱较广，对鸡的柔嫩、毒害、布氏、巨型、堆型和早熟艾美耳球虫均有良效，尤其对柔嫩艾美耳球虫的作用最强。用药后能使宿主对球虫的免疫力明显降低。作用峰期主要在子孢子发育阶段，能使子孢子在上皮细胞内停止发育，对第2代裂殖生殖、配子生殖和孢子形成均有抑制作用。主要用于预防禽、兔的球虫病。

【注意事项】 ①本品对球虫仅有抑制作用，停药后子孢子能重新生长，须连续用药。②球虫对本品可能产生耐药性，甚至交叉耐药性，疗效不佳时应及时更换药物。③产蛋鸡禁用。休药期，肉鸡、火鸡、兔5d。

【用法与用量】 混饲，每1000kg饲料，禽125g，家兔200g。

常山酮（Halofuginone）

本品又称速丹，是从中药常山中提取的一种生物碱，为白色或淡灰色结晶性粉末，性质稳定，常制成预混剂。

【作用与应用】 本品为较新型的广谱抗球虫药，对球虫子孢子以及第1代、第2代裂殖体均有明显抑杀作用。具有用量小、无交叉耐药性等优点，对多种球虫均有抑杀效应，尤其对鸡柔嫩、毒害、巨型艾美耳球虫特别敏感，对氯羟吡啶和喹诺啉类药物产生耐药性的球虫仍然有效。此外，本品还用于牛泰勒虫以及绵羊、山羊的泰勒虫感染。

【注意事项】 ①本品安全范围窄，治疗量对鸡、火鸡、兔等较安全，但能抑制水禽生长，应禁用。②鱼及水生生物对本品极敏感，喂药鸡粪等切勿污染水源。③连续用药易出现严重的球虫耐药现象。④产蛋期禁用，休药期，肉鸡4d。

【用法与用量】 混饲，每1000kg饲料，禽3g。

氨丙啉(Amprolium)

本品为白色或类白色粉末,无臭或几乎无臭,溶于水,常制成预混剂。

【作用与应用】 本品对鸡球虫均有作用,对鸡柔嫩、堆型艾美耳球虫作用最强,但对毒害、布氏、巨型、和缓艾美耳球虫作用较弱,用药后对机体球虫免疫力的抑制作用不太明显。作用峰期是阻止第1代裂殖体形成裂殖子,对球虫有性周期和孢子形成的卵囊也有抑杀作用。本品主要用于家禽的球虫病,对牛、羊球虫病也有较好的抑制作用。

【注意事项】 ①本品作用机制是干扰虫体硫胺素(维生素 B_1)的代谢,对硫胺素有拮抗作用,药量过大或长期使用易导致雏鸡患维生素 B_1 缺乏症。②产蛋期禁用。休药期,鸡3d。

【用法与用量】 混饲,每1000kg饲料,家禽125g。

(六) 抗球虫药的合理选用

1. 重视药物预防作用

抗球虫药多数是作用于球虫发育过程中的无性生殖阶段,待患病动物出现血便等症状时,球虫发育基本完成了无性繁殖,开始进入有性繁殖阶段,这时使用药物只能保护未出现明显症状或未感染的动物。因此,为了更有效地预防球虫病,在易感日龄或流行季节,需要尽早用药。

2. 合理选用不同作用峰期的药物

作用峰期在感染后1、2天的药物,如氯羟吡啶、盐霉素、莫能菌素、马杜拉霉素、地克珠利等抗球虫作用弱,多用作预防和早期治疗,作用峰期在感染后3、4天的药物,如氨丙啉、球痢灵、氯苯胍、尼卡巴嗪、托曲珠利、磺胺氯吡嗪钠、SQ、SM_2、二硝托胺等抗球虫作用强,多用作治疗。

3. 采用轮换用药、穿梭用药或联合用药

轮换用药是指季节性地或定期地合理变换用药,即每隔3个月或半年或在一个饲养期结束后改换一种抗球虫药。但是不能换用属于同一化学结构类型的抗球虫药,也不要换用作用峰期相同的药物。一般在化学合成药物和聚醚类抗生素之间轮换,或者聚醚类抗生素中的单价离子药物和双价离子药物之间轮换。短期轮换则可在抑制球虫第1代裂殖体的药物和抑制第2代裂殖体的药物之间轮换。轮换用药法一般应有3~4种以上的药物轮换使用。

穿梭用药是指在同一个饲养期内,换用两种或三种不同性质的抗球虫药,即开始时使用一种药物,至生长期时使用另一种药物,目的是避免耐药虫株的产生。例如,在育雏阶段使用盐霉素,生长阶段使用球痢灵,或者雏鸡饲料使用氯羟吡啶,青年鸡饲料使用莫能菌素,成年鸡饲料使用球痢灵。在一定时间内效果较好,但长期使用易产生耐药性且可能产生交叉耐药性。因此,穿梭用药化学合成药使用一般不超过一个月,聚醚类抗生素使用一般不超过6个月。

联合用药是指在同一个饲养期内合用两种或两种以上抗球虫药,通过药物间的协同作用既可延缓耐药虫株的产生,又可增强药效和减少用量。例如,氨丙啉只对柔嫩、毒害和巨型艾美耳球虫有效,若与乙氧酰胺苯甲酯联用,则对堆型和布氏艾美耳球虫也有效。另外,二甲氧苄啶与磺胺类药物联用、氯羟吡啶与苯甲氧喹啉联用也有较好的作用效果。

4. 选择适当的给药方法

由于球虫病患鸡通常食欲减退,甚至废绝,但是饮欲正常,甚至增加,因而通过饮水给药可使患鸡获得足够的药物剂量,而且混饮给药比混料给药更方便,治疗性用药提倡混饮给药。

5. 掌握合理的剂量及充足的疗程

用药时应该了解饲料中已添加的抗球虫药物的品种,以避免治疗性用药时重复使用同一品种药物,造成药物中毒。有些抗球虫药的推荐剂量与中毒剂量非常接近,如马杜拉霉素,应用时需要注意,防止中毒。

6. 注意配伍禁忌

有些抗球虫药与其他药物之间存在着配伍禁忌,如盐霉素、莫能菌素、马杜拉霉素禁与泰妙菌素、竹桃霉素并用,否则会造成鸡只生长受阻,甚至中毒死亡,应用时需加以注意。

▶▶ 二、抗锥虫药

锥虫病是由寄生于血液和组织细胞间的锥虫引起的,危害牛、马、骆驼的锥虫主要有伊氏锥虫和马媾疫锥虫。防治本类疾病除用苏拉明、喹嘧胺、盐酸氯化氮氨菲啶、三氮脒等药物外,还要重视消灭吸血昆虫等传播媒介。

苏拉明(Suramin)

本品又称萘磺苯酰脲、那加宁,为白色、微粉红色或带乳酪色粉末,味涩,微苦,易溶于水,常制成注射液。

【作用与应用】 本品对牛、马、骆驼的伊氏锥虫有效,对牛泰勒虫和无形体也有一定效果,对马媾疫锥虫疗效较差,用于早期感染,效果显著。本品能抑制虫体正常代谢,导致分裂和繁殖受阻,最后使虫体溶解死亡。

【注意事项】 ①本品对牛、骆驼的毒性反应轻微,用药后仅出现肌震颤、步态异常、精神委顿等轻微反应,但对严重感染的马属动物,有时出现发热、跛行、水肿、步行困难甚至倒地不起。②预防可采用一般治疗量,皮下或肌内注射,治疗须采用静脉注射。

【用法与用量】 静脉注射、皮下或肌内注射,一次量,每千克体重,马 10~15mg,牛 15~20mg,骆驼 8.5~17mg,临用前配成 10% 灭菌水溶液。

喹嘧胺(Quinapyramine)

本品又称安锥赛,有甲硫喹嘧胺和喹嘧氯胺两种,均为白色或微黄色结晶性粉末,无臭、味苦,前者易溶于水,后者难溶于水,常制成注射液。

【作用与应用】 本品抗锥虫范围较广,对伊氏锥虫、马媾疫锥虫、刚果锥虫、活跃锥虫作用明显,但对布氏锥虫作用较差。临床主要用于防治马、牛、骆驼伊氏锥虫病和马媾疫锥虫病。甲硫喹嘧胺主要用于治疗锥虫病,而喹嘧氯胺则适用于预防锥虫病。本品主要影响虫体的代谢过程,使虫体细胞分裂受阻。当剂量不足时,虫体易产生耐药性。

【注意事项】　①本品应用时常出现毒性反应,尤以马属动物最敏感,通常在注射后15min~2h,动物出现兴奋不安、呼吸急促、排便、心率增快、全身出汗等不良反应,一般在3~5h消失。②本品刺激性较强,注射局部能引起肿胀和硬结,大剂量时应分点注射。

【用法与用量】　肌内、皮下注射,一次量,每千克体重,马、牛4~5mg。

氯化氮氨菲啶(Phenanthridinium)

本品又称沙莫林,为深棕色粉末,无臭,易溶于水,常制成其盐酸盐注射液。

【作用与应用】　本品为长效抗锥虫药,主要用于治疗牛、羊的锥虫病。对牛的刚果锥虫作用最强,但对活跃锥虫、布氏锥虫及伊氏锥虫也有较好的防治效果。本品抑制锥虫RNA和DNA聚合酶,阻碍核酸合成。

【注意事项】　①用药后,至少有半数牛群出现兴奋不安、流涎、腹痛、呼吸加速,继而出现食欲减退、精神沉郁等全身症状,但通常自行消失。②本品对组织的刺激性较强,须深层肌内注射,并防止药液漏入皮下。③本品在注射部吸收缓慢,在体内残效期极长,一次用药,甚至可维持预防作用达6个月之久。

【用法与用量】　肌内注射,一次量,每千克体重,牛1mg,临用前加灭菌水配成2%溶液。

▶▶ 三、抗梨形虫药

梨形虫曾被称为焦虫、血孢子虫,主要寄生于动物的红细胞内,常危害牛、马等动物。防治本类疾病除用三氮脒、盐酸咪唑苯脲、青蒿琥酯、硫酸喹啉脲等药物外,还要消灭蜱等传播媒介。

三氮脒(Diminazene Aceturate)

本品又称贝尼尔、血虫净,为黄色或橙色结晶性粉末,无臭,易溶于水,常制成注射液。

【作用与应用】　本品属于广谱抗血液原虫药,对家畜梨形虫、锥虫和无形体均有较好的治疗作用,但预防效果差。本品选择性阻断锥虫动基体DNA的合成或复制,并与核产生不可逆的结合,从而使虫体动基体消失,使虫体不能繁殖而发挥抗虫效应。

【注意事项】　①本品安全范围较窄,治疗量时会出现不良反应,但通常能自行耐过。②注射液对局部组织刺激性较强,宜分点深部肌内注射。③马较敏感,大剂量应用宜慎重;水牛较黄牛敏感,连续应用时易出现毒性反应。④食品动物休药期为28~35d。

【用法与用量】　肌内注射,一次量,每千克体重,马3~4mg,牛、羊3~5mg,犬3.5mg,临用前配成5%~7%灭菌溶液。

双脒苯脲(Imidocarb)

本品又称咪唑苯脲,常用其二盐酸盐和二丙酸盐,均为无色粉末,易溶于水,常制成注射液。

【作用与应用】　本品兼有预防及治疗梨形虫作用,对巴贝斯虫病和泰勒虫均有防治作用。本品治疗效果和安全范围均优于三氮脒,毒性较其他抗梨形虫药小,但治疗量时,仍有半数动物出现类似抗胆碱酯酶作用的不良反应,小剂量阿托品能缓解症状。

【注意事项】 ①禁止静脉注射,因动物反应强烈,甚至致死。②较大剂量注射时,对局部组织有一定刺激性。③马较敏感,驴、骡更敏感,高剂量应用时需慎重。④对宿主具抗胆碱酯酶作用,禁与胆碱酯酶抑制剂并用。

【用法与用量】 皮下、肌内注射,一次量,每千克体重,马 2.2~5mg,牛 1~2mg(锥虫病 3mg),犬 6mg。

青蒿琥酯(Artesunate)

本品是从菊科植物黄花蒿中提取的,为白色结晶性粉末,无臭,几乎无味,略溶于水,常制成片剂。

【作用与应用】 本品对红细胞内疟原虫裂殖体有强大杀灭作用,其作用机制还不太清楚,但通常认为是作用于虫体的生物膜结构干扰了细胞表膜和线粒体的功能,从而阻断虫体对血红蛋白的摄取,最后膜破裂死亡。另外,本品还可试做牛、羊泰勒虫和双芽巴贝斯虫防治药。

【注意事项】 ①本品对实验动物有明显胚胎毒作用,妊娠家畜慎用。②鉴于反刍兽内服本品极少吸收,加之过去的治疗试验不太规范,数据可信度差,应进一步试验以证实之。

【用法与用量】 内服,试用量,每千克体重,牛 5mg,首次量加倍,2 次/天,连用 2~4d。

第四节 杀 虫 药

对外寄生虫具有杀灭作用的药物称为杀虫药。外寄生虫不仅可引起畜禽外寄生虫病,而且可以传播许多传染病、人畜共患病,因此使用杀虫药来防治外寄生虫病对保护动物和人的健康、减少外寄生虫病造成的损失具有重要意义。目前,常用的杀虫药有有机磷类、拟除虫菊酯类等药物。

▶▶ 一、有机磷类

本类药物仍广泛应用于畜禽外寄生虫病,具有杀虫谱广、作用强、残效期短的特点,大多数兼有触毒、胃毒和内吸毒。其杀虫机制是抑制虫体胆碱酯酶的活性。

二嗪农(Diazinon)

本品为无色油状液体,有淡酯香味,微溶于水,性质不很稳定,在水和酸性溶液中迅速水解,常制成溶液。

【作用与应用】 本品为新型的有机磷杀虫剂、杀螨剂,具有触杀、胃毒、熏蒸和较弱的内吸作用。对各种螨类、蝇、虱、蜱均有良好的杀灭效果,喷洒后在皮肤、被毛上的附着力很强,能维持长期的杀虫作用,一次用药的有效期可达 6~8 周。主要用于驱杀家畜体表寄生的疥螨、痒螨及蜱、虱等。

【注意事项】 ①本品对禽、猫、蜜蜂较敏感,毒性较大。②药浴时必须精确计量,动物全身浸泡1min为宜。③休药期,牛、羊、猪为14d,乳废弃时间为3d。

【用法与用量】 药浴,每1000L水,绵羊初次浸泡用250g,牛初次浸泡用625g。喷淋,每1000mL水,牛、羊600mg,猪250mg。

敌敌畏(Dichlorovos,DDVP)

本品为带有芳香气味的无色透明油状液体,有挥发性,在强碱和热水中易水解,在酸性溶液中较稳定。

【作用与应用】 本品是一种高效、速效和广谱的杀虫剂,对畜禽的多种外寄生虫和马胃蝇、牛皮蝇、羊鼻蝇具有熏蒸、触杀和胃毒三种作用,其杀虫力比敌百虫强8~10倍,毒性也高于敌百虫。

【注意事项】 ①本品加水稀释后易分解,宜现配现用,原液及乳油应避光密闭保存。②喷洒药液时应避免污染饮水、饲料、饲槽、用具及动物体表。③对人畜毒性较大,易经消化道、呼吸道及皮肤等途径吸收而中毒。④禽、鱼、蜜蜂对本品敏感,应慎用。

【用法与用量】 喷洒或涂擦,配成0.1%~0.5%溶液喷洒空间、地面和墙壁,每100m²面积约1L为宜,在畜禽粪便上喷洒0.5%药液,可以杀灭蝇蛆。喷雾,配成1%溶液喷雾于动物头、背、四肢、体侧、被毛,不能湿及皮肤;杀灭牛体表的蝇、蚊,每头牛每天用量不得超过60mL。

辛硫磷(Phoxim)

本品为无色或浅黄色油状液体,微溶于水,在中性和酸性介质中稳定,在碱性介质中分解较快。

【作用与应用】 本品具有高效、低毒、广谱、杀虫残效期长等特点,对害虫有强触杀及胃毒作用,对蚊、蝇、虱、螨的速杀作用仅次于敌敌畏和胺菊酯,强于马拉硫磷、倍硫磷等。对人、畜的毒性较低。室内滞留喷洒残效期较长,一般可达3个月左右。本品用于治疗家畜体表寄生虫病,如羊螨病、猪疥螨病,也可用于杀灭周围环境的蚊、蝇、臭虫、蟑螂等。

【注意事项】 本品光稳定性差,应避光密封保存,室外使用残效期较短。

【用法与用量】 辛硫磷乳油,药浴,配成0.05%或0.1%乳液;复方辛硫磷胺菊酯乳油,喷雾,加煤油按1∶80稀释可用于灭蚊、蝇。

皮蝇磷(Korlan)

本品为白色结晶,微溶于水,在中性或酸性介质中稳定,在碱性介质中迅速分解失效。

【作用与应用】 本品具有选择性杀虫作用,对双翅目害虫有特效。经内服或喷洒于皮肤上通过内吸作用进入机体而杀灭牛皮蝇蚴。对牛皮蝇、牛瘤蝇、纹皮蝇,并对各期牛皮蝇蚴均有杀灭作用。外用也可杀灭虱、蜱、螨、臭虫、蟑螂等。

【注意事项】 ①本品对人畜低毒,但对植物具严重药害,故不能用来杀灭农作物害虫。②在宿主体内残留期长,在蛋或乳中残留期可达10d以上,故泌乳牛禁用,肉牛休药期为 10d。

【用法与用量】 喷洒、喷淋,加水稀释成 0.25%~0.5%溶液。

二、拟除虫菊酯类

拟除虫菊酯是一类能防治多种外寄生虫的广谱杀虫剂,其杀虫毒力比有机氯、有机磷、氨基甲酸酯类等提高 10~100 倍。对昆虫具有强烈的触杀作用,有些兼具胃毒或熏蒸作用。其作用机制是扰乱昆虫神经的正常生理,使之由兴奋、痉挛到麻痹而死亡。因其用量小、使用浓度低,故对人畜较安全,对环境的污染很小。

溴氰菊酯(Deltamethrin)

本品又称敌杀死、倍特,为白色结晶性粉末,难溶于水,在酸性、中性溶液中稳定,遇碱迅速分解。

【作用与应用】 本品具有杀虫范围广、对多种有害昆虫有杀灭作用、杀虫效力强、速效、低毒、低残留等优点。本品广泛用于防治家畜体外寄生虫病以及杀灭环境卫生昆虫。

【注意事项】 ①本品对人畜毒性虽小,但对皮肤、黏膜、眼睛、呼吸道有较强的刺激性,特别对大面积皮肤病或有组织损伤者影响更为严重,应用时应注意防护。②本品急性中毒无特殊解毒药,误服中毒时可用 4%碳酸氢钠溶液洗胃。③本品对鱼有剧毒,使用时切勿将残液倒入鱼塘。蜜蜂、家蚕也较敏感。④休药期,羊 7d,猪 21d。

【用法与用量】 药浴、喷淋,5%溴氰菊酯乳油,每 1000L 水中加 100~300mg 粉末。

氰戊菊酯(Fenvalerate)

本品为淡黄色黏稠液体,难溶于水,耐光性较强,在酸性介质中稳定,碱性介质中逐渐分解。

【作用与应用】 本品对畜禽的多种外寄生虫及吸血昆虫如螨、虱、蚤、蜱、蚊、蝇、虻等有良好的杀灭作用,杀虫力强,效果确切。以触杀为主,兼有胃毒和驱避作用,有害昆虫接触后,药物迅速进入虫体的神经系统,表现为强烈兴奋、抖动,很快进入全身麻痹、瘫痪,最后击倒而杀灭。此外,本品在体内外很快被降解,对哺乳动物毒性小,在畜产品中残留低,不污染环境。

【注意事项】 ①配制溶液时,水温以 12℃为宜,水温超过 25℃会降低药效,超过 50℃则失效。应避免使用碱性水,并忌与碱性物质合用。②治疗畜禽外寄生虫病时,无论是喷淋、喷洒还是药浴,都应保证畜禽的被毛、羽毛被药液充分浸透。③本品对蜜蜂、鱼虾、家蚕毒性较高,使用时不要污染河流、池塘、桑园、养蜂场所。

【用法与用量】 药浴、喷淋,每升水,马、牛螨病 20mg,猪、羊、犬、兔、鸡螨病 80~200mg,牛、猪、兔、犬虱病 50mg,鸡虱及刺皮螨 40~50mg,杀灭蚤、蚊、蝇、牛虻 40~80mg。喷雾,稀释成 0.2%浓度,鸡舍按 3~5mL/m^2,喷雾后密闭 4h 杀灭鸡羽虱、蚊、蠓等害虫。

二氯苯醚菊酯(Permethrin)

本品为淡黄色油状液体,有芳香味,不溶于水,对光稳定,残效期长,但在碱性介质中易水解。

【作用与应用】 本品为高效、速效、无残留、不污染环境的广谱、低毒杀虫药。对多种畜禽体表与环境中的害虫,如螨、蜱、虱、虻、蚊、蝇、蟑螂等具有很强的触杀及胃毒作用,击倒作用强,杀虫速度快。对人畜几乎无毒,进入动物体内迅速代谢降解。主要用于驱杀各种畜禽体表寄生虫,也可用于杀灭周围环境中的昆虫。

【注意事项】 ①本品对鱼虾、蜜蜂、家蚕有剧毒。②猫可能因使用剂量过大而出现兴奋等感觉过敏症状。③奶牛用药后需间隔6h方可挤奶,牛的休药期为3d。

【用法与用量】 喷淋、喷雾,稀释成0.125%~0.5%溶液杀灭禽螨,0.1%溶液杀灭体虱、蚊蝇。药浴,羊配成0.02%乳液杀灭羊螨。

三、其他类

双甲脒(Amitraz)

本品又称特敌克,为双甲脒加乳化剂与稳定剂配制成的微黄色澄明液体。

【作用与应用】 本品是一接触性广谱杀虫剂,兼有胃毒和内吸作用,对各种螨、蜱、蝇、虱等均有效。作用较慢,一般在用药24h后才能使虱、蜱等解体,48h使患螨部皮肤自行松动脱落。残效期长,一次用药可维持药效6~8周,可保护畜体不再受外寄生虫的侵袭。此外,本品对大蜂螨和小蜂螨也有良好的杀灭作用,对人、畜安全,对蜜蜂相对无害。本品主要用于防治牛、羊、猪、兔的体外寄生虫病,如疥螨、痒螨、蜂螨、蜱、虱等。

【注意事项】 ①对严重病畜用药7d后可再用一次,以彻底治愈。②对皮肤有刺激作用,应防止药液沾污皮肤和眼睛。③马属动物对双甲脒较敏感,对鱼有剧毒,用时慎重。④休药期,牛1d,羊21d,猪7d,牛乳废弃时间为2d。

【用法与用量】 药浴、喷洒、涂擦,家畜0.025%~0.05%溶液(以双甲脒计)。

环丙氨嗪(Cyromazine)

本品又称灭蝇胺,为白色结晶性粉末,无臭,难溶于水,可溶于有机溶剂,遇光稳定。

【作用与应用】 本品为昆虫生长调节剂,可抑制双翅目幼虫的蜕皮,特别是幼虫第1期蜕皮,使蝇蛆繁殖受阻,而致蝇死亡。本品对人、畜和蝇的天敌无害,对生长、产蛋、繁殖无影响。本品主要用于控制动物厩舍内蝇蛆的繁殖生长,杀灭粪池内蝇蛆,以保证环境卫生。

【注意事项】 ①本品对鸡基本无不良反应,但饲喂浓度过高也可能出现一定影响。②每公顷土地以饲喂本品的鸡粪1~2t为宜,超过9t以上可能对植物生长不利。

【用法与用量】 环丙氨嗪预混剂混饲,每1000kg饲料,鸡5g(按有效成分计),连用4~6周。环丙氨嗪可溶性粉,浇洒,每20m^3以20g溶于15L水中,浇洒于蝇蛆繁殖处。

鸡球虫病的病原体与生活史

畜禽球虫病是球虫寄生于胆管或肠上皮细胞内的一种原虫病。所有畜禽都会被感染,以雏鸡和幼兔受害最为严重,其他动物多危害轻微或无明显症状。

危害雏鸡及幼兔的球虫各有9种,同为艾美尔(Eimeria)属,但互不感染。它们多寄生于小肠,其中以寄生于鸡盲肠和寄生于兔肝脏与胆管上皮内的肝艾美尔球虫危害为最大。暴发时可大批死亡;慢性者生长发育受阻,生产性能低下,造成严重损失。其余球虫有的可引起病变,有的不引起病变。但通常都是混合感染。

球虫的发育分无性生殖、有性生殖和孢子生殖三个阶段。前两个阶段在宿主肠黏膜上皮细胞内进行;后一阶段卵囊在外界环境中分裂为孢子后即引起感染作用。孢子在外界环境中经1d左右形成,从卵囊到卵囊为一个世代,历时7~9d。

寄生于鸡体的各种艾美耳球虫,属直接发育型,发育史中不需要中间宿主,整个发育过程须经过三个阶段。裂体生殖阶段为无性繁殖,在鸡的肠上皮细胞内进行。在外界形成孢子化的卵囊(感染性卵囊)随污染的饮水、饲料被鸡吞食,从卵囊内孵化出子孢子,子孢子侵入寄生部位的上皮细胞,变为圆球形的裂殖体,裂殖体先形成多个小核,小核再和其周围的原生质形成裂殖子,含有许多个裂殖子的裂殖体使局部上皮细胞受破坏,并释放出裂殖子,裂殖子又侵入邻近新的上皮细胞,再进行上述裂体生殖,新产生的裂殖子形成了有性的、区别的雌雄配子体,裂体生殖结束。配子生殖为有性繁殖,也是在肠上皮细胞内进行的,是上述裂体生殖的继续。雌雄配子体继续发育形成雌雄配子(大、小配子),小配子钻入大配子,受精结合为合子,在合子周围迅速形成被膜,变为卵囊,卵囊由上皮细胞进入肠腔,随粪便排出体外。上述裂体生殖和配子生殖合称为内生性生殖(发育),共需6d。孢子生殖阶段为无性繁殖,在外界进行,故又称为外生性生殖(发育)。卵囊在合适的条件下,经1d左右(18~48h,26℃)发育形成4个孢子囊,再经过一段时间的发育,每个孢子囊内形成2个子孢子。此时的卵囊为感染性(孢子化)卵囊,孢子生殖结束。

应用抗球虫药是控制球虫病的主要手段之一。目前多以预防为主,采取抗球虫药长期低浓度混饲的办法,可防止球虫病的发生,效果较好。但单一药物长期反复使用势必诱使球虫产生抗药性。这是使用抗球虫药最为普遍的问题。为此,应用中必须采取短期内交替使用抗球虫药的办法。最好轮换选用作用于球虫不同发育阶段的抗球虫药。目前已知,抗球虫药均作用于无性周期(图3-1)。但对第一、第二无性周期作用是不同的。例如,抑制卵囊或第一代孢子体发育的药物,如喹啉类、氯羟吡啶、莫能菌素等,防治效果较好,但也会影响机体的免疫力;作用峰期在感染后第四天的药物,如磺胺类、尼卡巴嗪等,一般作用较强,适合于治疗,又不影响避疫力。因此必须根据药物的作用峰期和影响免疫力的情况,加以合理选药轮换。同时还要注意选用对主要致病虫种敏感的药物。如能选用兼有抗菌作用的药物,则抗球虫效果更好。为了避免肉、蛋产品中药物的残毒,应按规定在上市前采取停药的措施加以控制。

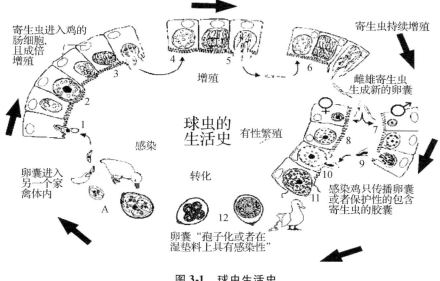

图 3-1 球虫生活史

复习思考题

1. 抗寄生虫药物分为哪几类？各类常用的药物有哪些？
2. 简述抗寄生虫药物的作用机制。
3. 比较广谱抗蠕虫药物在抗虫谱、作用和应用上的特点。
4. 各举一种抗肝片吸虫、猪蛔虫、犬蛔虫、牛羊绦虫和牛羊消化道线虫的首选药。
5. 临床上怎样合理使用抗球虫药？

第 四 章

作用于中枢神经系统的药物

案例描述

早春,某水牛,先见精神沉郁、意识茫然、无目的行走、惊恐不安、食欲反常,继而高度兴奋、不听使唤、不避障碍物、狂奔乱走、触物顶墙、气促喘粗。临床检查,体温40℃,心跳为100次/分钟,眼球凸出,皮肤和感官反射消失,初步诊断为脑膜炎,请结合药理知识,提出药物治疗方案和原则。

学习目标

- 了解中枢兴奋药的分类和作用,掌握中枢兴奋药的临床合理选用及注意事项。
- 理解镇静药与抗惊厥药的概念和作用机制,掌握常用药物的作用特点、临床应用及不良反应。
- 掌握全身麻醉药的麻醉方式、注意事项及临床应用;掌握吸入性麻醉药物和非吸入性麻醉药物的种类和临床应用。
- 掌握化学保定药的临床应用和注意事项。

职业技能

- 学会观察全麻药的作用。
- 熟练掌握应用各种麻醉药的操作技能。

第一节　全身麻醉药

▶▶ 一、概述

(一) 概念

全身麻醉药简称全麻药,是一类能引起中枢神经系统广泛抑制,导致意识、感觉、运动及反射消失,特别是痛觉暂时消失,但仍能保持延脑生命中枢功能的药物,主要用于外科手术麻醉。

(二)全身麻醉药的分类

根据全麻药的理化性质和使用方法不同,可将其分为吸入性麻醉药和非吸入性麻醉药两类。吸入性麻醉药包括挥发性液体(如乙醚、氟烷、甲氧氟烷、恩氟烷等)和气体(氧化亚氮、环丙烷等),优点是由肺部吸入、呼出,体内代谢破坏极少,麻醉深度、停药易于控制。缺点是麻醉自始至终必须有专人控制,需要特殊的麻醉装置,且这些药物易燃烧,对支气管黏膜有一定的刺激性。兽医临床上很少用于大动物麻醉。非吸入性麻醉药包括巴比妥类、水合氯醛、乙醇、氯胺酮、羟丁酸钠等,优点是易于诱导,快速进入外科麻醉期,不出现兴奋期,操作简便,给药途径多(如静脉注射、肌内注射、腹腔注射、口服及直肠灌注等)。缺点是难控制麻醉深度、用药剂量与麻醉时间,排泄慢、苏醒期长。临床上多采用复合麻醉方式,也可配用安定药与肌松药,使动物安定、镇痛、肌松,以便进行手术。

(三)麻醉分期

为了掌握好麻醉深度,取得外科麻醉的效果,防止麻醉时发生意外,常根据动物在麻醉过程中的表现将其分为4个时期(表4-1)。

第一期为镇痛期。指从麻醉给药开始,到意识消失为止。此期较短,不易察觉,也没有显著的临床意义。主要是抑制网状结构上行激活系统与大脑皮质感觉区。

第二期为兴奋期。指从意识丧失开始,此期因血中药物浓度升高,大脑皮质功能抑制加深,失去对皮质下中枢的调节与抑制作用,因此动物表现不随意运动。兴奋期有一定危险,易发生意外事故,不宜进行任何手术。镇痛期与兴奋期合称麻醉诱导期。

第三期为外科麻醉期。指从兴奋转为安静、呼吸由不规律转为规律开始,麻醉进一步加深,间脑、中脑和脑桥受到不同程度的抑制,脊髓机能由后向前逐渐被抑制,但仍能保持延髓中枢功能。根据麻醉深度分为浅麻醉期和深麻醉期,兽医临床一般宜在浅麻醉期进行手术。

第四期为麻痹期。指从呼吸肌完全麻痹至循环完全衰竭为止,外科麻醉禁止达到此期。

表4-1 麻醉各期的主要体征

麻醉分期		呼吸	脉搏	瞳孔	骨骼肌	反射				
						眼睑	角膜	皮肤	吞咽	咳嗽
镇痛期		稍快而不规律	脉加速	缩小	肌张力正常	有	有	有	有	有
兴奋期		快而极不规律	脉增速	扩大	紧张有力	有	有	有	有	有
麻醉期	浅麻期	慢而规律	稍慢,均匀	逐渐缩小	松弛	消失	有	消失	消失	有至消失
	深麻期	慢而浅,腹式为主	慢而弱	缩小至散大	极度松弛	消失	微弱至消失	消失	消失	消失
麻痹期		慢而浅,有时停止	微弱,有间歇	散大	极度松弛	消失	消失	消失	消失	消失

(四)麻醉方式

全麻药的种类很多,但每种药物单独应用都不理想。为了增强麻醉效果,减少剂量,降低毒副反应,增加安全性,扩大麻醉药应用范围,常采用以下几种联合用药的方式进行麻醉。

1. 麻醉前给药

在应用麻醉药前,先用一种或几种药物以补救麻醉药的不足或增强麻醉效果,减少麻醉药的毒副作用和用量。例如,给予阿托品或东莨菪碱,以减少呼吸道的分泌和胃肠蠕动,以及防止迷走神经兴奋所致的心跳减慢。

2. 诱导麻醉

为避免麻醉药诱导期过长的缺点,一般选用诱导期短的硫喷妥钠,使动物快速进入外科麻醉期,然后改用乙醚等其他药物维持麻醉。

3. 基础麻醉

先用巴比妥类或水合氯醛使动物达到浅麻醉状态,然后用其他麻醉药物使动物进入合适的麻醉深度,可减轻麻醉药不良反应及增强麻醉药的效果。

4. 配合麻醉

常用局麻药配合全麻药进行麻醉。如先用水合氯醛使动物达到浅麻醉状态,然后在有关部位施用局麻药,以减少水合氯醛的用量及毒性。为满足手术对肌肉松弛的要求,往往在麻醉的同时应用琥珀胆碱等肌松药。

5. 混合麻醉

用两种或两种以上麻醉药配合在一起进行麻醉,以达到取长补短的目的。例如,氟烷与乙醚混合,水合氯醛与硫酸镁溶液混合等。

(五)麻醉注意事项

1. 麻醉前检查

麻醉前要仔细检查动物体况,对过于衰弱、消瘦以及患有严重呼吸系统、肝脏和心血管系统疾病的动物以及妊娠母畜,不宜行全身麻醉。

2. 麻醉过程中观察

在麻醉过程中,要时刻注意观察动物的呼吸、脉搏、瞳孔等变化,以免麻醉过深。如发现麻醉过深,应及时解救。

3. 准确选药

要根据动物种类和手术需要,选择适宜的麻醉方式、麻醉药物及麻醉剂量等。一般来说,马属动物和猪对全麻药比较耐受,但对巴比妥类有时可引起明显的兴奋。反刍动物在麻醉前,宜停饲 12h 以上,不宜单用水合氯醛行全身麻醉,多以水合氯醛与普鲁卡因行配合麻醉。

▶▶ 二、临床常用药物

(一)非吸入性麻醉药

非吸入性麻醉药多数经静脉注射产生麻醉效果,故又称静脉麻醉药。本类药物麻醉诱导期短,一般不出现兴奋期,而且操作简便,不需特殊装置,但不易控制麻醉深度、药量与时间,药物过量不易排除与解毒,排泄慢,苏醒期长。常用药物有硫喷妥钠、戊巴比妥类、氯胺酮、水合氯醛等。

硫喷妥钠(Thiopental)

本品为乳白色或淡黄色粉末,有蒜臭味,味苦,有引湿性,易溶于水,常制成粉针。

【作用与应用】 本品属于超短效巴比妥类药物。作用快速,通常在 30s～1min 内进入麻醉状态,由于迅速再分布,大多数动物麻醉持续时间仅 5～10min。加大剂量或重复给药可增强麻醉强度和延长麻醉时间。

本品常用于各种动物的诱导麻醉和基础麻醉,也用于中枢兴奋药中毒、脑炎、破伤风引起的惊厥。

本品镇痛效果差,肌肉松弛也不够安全,故不宜用于较长时间的麻醉和大手术。

【注意事项】 ①反刍动物在麻醉前需注射阿托品,以减少腺体分泌。②本品只供静脉注射,注射时要缓慢且不可漏到血管外。不宜快速注射,否则将引起血管扩张和低血糖。③本品过量导致的呼吸与循环抑制,可用戊四氮等解救。④由于本品作用持续时间过短,临床使用时应及时补给作用时间较长的药物。⑤乙酰水杨酸、保泰松能减少本品与血浆蛋白的结合,从而提高其游离药量和增强麻醉效果。

【用法与用量】 静脉注射,一次量,每千克体重,马 7.5～11mg,牛 10～15mg,犊牛 15～20mg,猪、羊 10～25mg,犬、猫 20～25mg(临用时用注射用水或生理盐水配成 2.5% 溶液)。

戊巴比妥(Pentobarbital)

本品常用其钠盐,为无色结晶或白色结晶性粉末,无臭,味微苦,易溶于水,常制成注射液。

【体内过程】 在肝脏中侧链被氧化,形成无活性产物,当 CCl_4 中毒时具有双重麻醉作用。巴比妥钠给小牛麻醉可持续 20h,小羊 30mg/kg,静注麻醉 20min,绵羊 66.8min,Vd(表现分布容积)0.72L/kg,T1/2B 为 0.91h。马治疗量时 CLB(清除率)每小时 46%,羊 CLB 每小时 44%,狗 CLB 每小时 15%。

巴比妥类药物对肝药酶活性有一定诱导作用。

【作用与应用】 本品属中效巴比妥类药物,显效较快,作用时间可维持 3～6h。小剂量有镇静、催眠作用,较大剂量能产生麻醉甚至抗惊厥作用,但无镇痛作用。

本品主要用于中、小动物的全身麻醉,也可用于各种动物的镇静药、基础麻醉药和抗惊厥药以及中枢神经兴奋中毒的解救。

【注意事项】 ①本品在麻醉剂量下对呼吸和循环有显著抑制作用,注射时速度宜慢。②肝、肾和肺功能不全的动物禁用。

【用法与用量】 麻醉,静脉注射,一次量,每千克体重,马、牛 15～20mg,羊 30mg,猪 10～25mg,犬 25～30mg。镇静,肌内、静脉注射,每千克体重,马、牛、猪、羊 5～15mg。

氯胺酮(Ketamine)

本品又称开他敏,为白色结晶性粉末,无臭,易溶于水,常制成注射液。

【体内过程】 氯胺酮吸收后首先大部分分布于脑组织,然后分布于其他组织,可通过胎盘屏障。猫、犊牛、马的消除半衰期为1h。绝大部分在肝脏内迅速转化为苯环己酮而随尿排出,故作用时间短。代谢产物也有轻度的麻醉作用。

【作用与应用】 ①本品作用迅速,维持时间短,具有明显的镇痛作用,对呼吸的影响较轻。②既可抑制下丘脑新皮层的冲动传导,又能兴奋脑干与大脑边缘系统,使动物意识模糊,进而产生分离麻醉。麻醉期间动物存在吞咽或喉反射,对光反射和角膜反射也存在,肌肉张力不变或增加,有些动物出现程度不等的强直或"木僵样"症状。

氯胺酮使中枢抑制性递质GABA的效应增强,有资料报导它可作用于吗啡受体,对中枢胆碱能递质有影响,能使肌肉强直。

本品用于家畜及野生动物的基础麻醉、全身麻醉及化学保定。

【注意事项】 ①本品可引起大量唾液分泌,故麻醉前必须应用阿托品。②骨骼肌阻断剂可引起本品呼吸抑制作用增强。

【用法与用量】 静脉注射,一次量,每千克体重,马、牛2~3mg,猪、羊2~4mg。肌内注射,每千克体重,猪、羊10~15mg,犬10~15mg,猫20~30mg。

水合氯醛(Chloral Hydrate)

本品为白色或无色透明棱柱形结晶,有刺激性臭味,味微苦,易溶于水,常制成注射液。

【体内过程】 本品口服及灌肠易吸收,能迅速分布于脑内和其他组织等。大部分在体内被还原为麻醉作用较弱的三氯乙醇,然后在肝脏与葡萄糖醛酸结合生成氯醛尿酸由尿排出,仅有少量直接以原形随尿排出。

【作用与应用】 ①本品对中枢有抑制作用,小剂量产生镇静、中等剂量产生催眠、大剂量产生麻醉与抗惊厥。②本品能降低新陈代谢,抑制体温中枢,体温可下降1℃~5℃,麻醉愈深,体温下降愈快。尤其与氯丙嗪并用,降温更显著。③兴奋期不明显,麻醉期长,无蓄积作用,但安全范围小。

本品主要用于镇静、抗惊厥和麻醉,如马、猪、犬、禽类麻醉。马属动物急性胃扩张、肠阻塞、痉挛性腹痛,食道、膈肌、肠管、膀胱痉挛等,破伤风、脑炎、士的宁及其他中枢兴奋药中毒所致的惊厥可用本品对抗。

【注意事项】 ①本品刺激性大,不可肌内、皮下注射,静脉注射时不可漏出血管外,内服或灌注时,宜用10%的淀粉浆配成5%~10%的浓度。②静脉注射时,先注入$\frac{2}{3}$的剂量,余下$\frac{1}{3}$剂量应缓慢注入,待动物出现后躯摇摆、站立不稳时,即可停止注射并助其缓慢倒卧。③因抑制体温中枢,故在寒冷季节应注意保温。④过量中毒可用安钠咖、樟脑、尼可刹米等缓解,但不可用肾上腺素。⑤麻醉时一般行基础麻醉,超过浅麻醉量能抑制延髓呼吸中枢、血管运动中枢及心脏活动而发生中毒甚至死亡。⑥本品易导致牛、羊腺体大量分泌与瘤胃膨胀,故应用前先注射阿托品。

【用法与用量】 内服、灌肠,一次量,马、牛10~25g,猪、羊2~4g,犬0.3~1g。静脉注射,一次量,每千克体重,马0.08~0.2g,水牛、猪0.13~0.18g,骆驼0.1~0.11g。

(二)吸入性麻醉药

吸入性麻醉药经呼吸由肺吸收,并以原形经肺排出,包括挥发性液体和气体。吸入性麻醉药使用时需一定设备,基层难以实行。有些麻醉药具有易燃、易爆等特性。临床常用的药物有乙醚、氟烷等。

麻醉乙醚(Anesthetic Ether)

本品为无色透明、易挥发液体,遇光与空气氧化为过氧乙醚及乙醛,毒性增强,有特臭,微甜,能溶于水。

【作用与应用】 本品麻醉作用较弱,麻醉浓度对呼吸和血压几乎无影响,对心脏、肝脏、肾脏毒性小,安全范围广,有较强的骨骼肌松弛作用,但麻醉诱导期和苏醒期较长。本品主要用于犬、猫及其他小动物的全身麻醉。

【注意事项】 ①本品开瓶后在室温下不能超过1d或在冰箱中存放不超过3d。②吸入本品初期对呼吸道黏膜刺激较大,使腺体分泌大量黏液,故麻醉前需使用阿托品减少腺体的分泌。③麻醉后可导致胃肠蠕动减缓,可出现呕吐和恶心。

【用法与用量】 犬吸入前注射硫喷妥钠、硫酸阿托品,每千克体重0.1mg,麻醉面罩吸入乙醚,直至出现麻醉体征。

第二节 镇静药与抗惊厥药

镇静药是指对中枢神经系统具有轻度抑制作用,从而起到减轻或消除动物狂躁不安、恢复安静的一类药物。较大剂量可以促进睡眠,大剂量还可呈现抗惊厥与麻醉作用。抗惊厥药物是指能对抗或缓解中枢神经过度兴奋、消除或缓解全身骨骼肌非自主强烈收缩的一类药物,主要用于全身强直性痉挛或间歇性痉挛的对症治疗。常用药物有硫酸镁注射液、巴比妥类、地西泮等。

氯丙嗪(Chlorpromazine)

本品又称氯普马嗪、冬眠灵,其盐酸盐为白色或微乳白色结晶性粉末,有微臭,味苦而麻,易溶于水,常制成片剂、注射液等。

【体内过程】 本品内服、注射均易吸收。呈高度亲脂性,易通过血脑屏障,脑内浓度较血浆浓度高4~10倍,肺、肝、脾、肾和肾上腺等组织内浓度也较高,能通过胎盘屏障,并能分泌到乳汁中。主要在肝内经羟基化、硫氧化等代谢,其产物与葡萄糖醛酸或硫酸结合,经尿或粪排出,有的代谢产物仍有药理活性。本品排泄很慢,动物体内氯丙嗪残留时间可达数月之久。

【作用与应用】 作用:①本品能使精神不安或狂躁的动物转入安定和嗜睡状态,使性情凶猛的动物变得较驯服和易于接近,呈现安定作用。此时,动物对各种刺激有感觉但反应迟钝。②有一定的镇痛作用,与其他中枢抑制药如水合氯醛、硫酸镁注射液等配用,可增强及延长药效。③小剂量能抑制延髓化学催吐区,大剂量能直接抑制延脑呕吐中枢,呈现止吐作用。但对刺激消化道或前庭器官反射性兴奋呕吐中枢引起的呕吐无效。④本品能抑制体温调节中枢,降低基础代谢,使正常体温下降1℃~2℃。⑤可阻断外周α受体,直接扩张血管、解除小血管痉挛,可改善微循环,具有抗休克作用。

应用:①镇静安定,用于有攻击行为的猫、犬和野生动物,使其安定、驯服。缓解大家畜因脑炎、破伤风引起的过度兴奋以及作为食道梗塞、痉挛疝的辅助治疗药。②麻醉前给药,麻醉前 20~30 min 肌内或静脉注射氯丙嗪,能显著增强麻醉药的作用、延长麻醉时间和减少毒性,又可使麻醉药用量减少 $\frac{1}{3}$ ~ $\frac{1}{2}$。③抗应激反应。猫、犬等在高温季节长途运输时,应用本品可减轻因炎热等不利因素产生的应激反应,减少死亡率。但不能用于屠宰动物,因其排泄缓慢,易产生药物残留。④抗休克。对于严重外伤、烧伤、骨折等,应用本品可防止发生休克。

【注意事项】 ①本品治疗量时较安全,但马用药后能引起兴奋,不宜使用。②应用过量可引起心率加快、呼吸浅表、肌肉震颤,血压降低时,禁用肾上腺素解救,可选用强心药和去甲肾上腺素。③本品刺激性较强,静脉注射时需稀释且缓慢进行。

【用法与用量】 肌内注射,一次量,每千克体重,牛、马 0.5~1mg,猪、羊 1~2mg,犬、猫 1~3mg,虎 4mg,熊 2.5mg,单峰骆驼 1.5~2.5mg,野牛 2.5mg。内服,一次量,每千克体重,犬、猫 2~3mg。

地西泮(Diazepam)

本品又称安定、苯甲二氮唑,为白色或类白色的结晶性粉末,无臭,味微苦,几乎不溶于水,常制成片剂、注射液。

【作用与应用】 本品具有安定、镇静、催眠、抗惊厥、抗癫痫及中枢性肌肉松弛作用。①小于镇静剂量时可产生良好的抗焦虑作用,明显缓解紧张、恐惧、焦躁不安等症状。②较大剂量时可产生镇静、中枢性肌松作用。能使兴奋不安的动物安静,使有攻击性、狂躁的动物驯服,易于接近和管理。③还具有抗癫痫作用,但对癫痫小发作效果较差,也不适用于犬癫痫的维持治疗。

本品主要用于各种动物的镇静与保定,如治疗癫痫、破伤风及药物中毒等,也可用于基础麻醉及麻醉前给药。

【注意事项】 ①静脉注射宜缓,以防造成心血管和呼吸抑制。②本品能增强吩噻嗪类的作用,但易发生呼吸循环意外,故不宜合用。③本品与巴比妥类或其他中枢抑制药合用,有增加中枢抑制的危险。④中毒时可用中枢兴奋药解救,长期应用有成瘾的可能。

【用法与用量】 内服,一次量,犬 5~10mg,猫 2~5mg,水貂 0.5~1mg。肌内、静脉注射,一次量,每千克体重,马 0.1~0.15mg,牛、羊、猪 0.5~1mg,犬、猫 0.6~1.2mg,水貂 0.5~1mg。

溴化钙(Calcium Bromide)

本品为白色颗粒,味咸而苦,极易溶于水,常制成注射液。

【体内过程】 本品内服后吸收迅速,溴离子在体内的分布与氯离子相同,多分布于细胞外液,主要经肾脏排出。排泄的速度与体内氯离子含量呈正相关,即当氯离子排泄增加时,溴离子的排泄也增加;反之亦然。单胃动物一次内服后,在 24h 内仅排出 10%,半衰期为 12d,2 个月后仍能在尿中检出,故重复用药要注意蓄积的可能性。

【作用与应用】 溴离子对中枢神经系统有抑制作用;当中枢神经表现异常兴奋时,钙离子可加强其镇静作用。

主要用于治疗中枢神经过度兴奋的病畜,如破伤风引起的惊厥、脑炎引起的兴奋、猪因食盐中毒引起的神经症状以及马、骡疝痛引起的疼痛不安等。

【注意事项】 ①本品对局部组织和胃肠道黏膜有刺激性,内服应配成1%~3%的水溶液,静脉注射不可漏出血管外。②本品排泄缓慢,连续使用不可超过一周,否则易引起蓄积中毒,中毒时应立即停药,并给予氯化钠制剂,加速溴离子排出。③忌与强心苷类药物合用。

【用法与用量】 静脉注射,马2.5~5g,猪、羊0.5~1.5g,牛15~60g,猪5~10g,羊5~15g,犬0.5~2g。

苯巴比妥钠(Phenobarbital)

本品为白色有光泽的结晶性粉末,无臭,味微苦,极易溶于水,常制成注射用无菌粉剂、片剂。

【作用与应用】 ①本品具有镇静、催眠、抗惊厥及抗癫痫作用,随剂量而异。②本品是目前已知最好的抗癫痫药,对各种癫痫发作均有效。③还能增强解热镇痛药的镇痛作用。

本品主要用于脑炎、破伤风以及士的宁等中毒引起的惊厥;用于犬、猫的镇静及癫痫治疗;还可用于实验动物的麻醉。

【注意事项】 ①本品对犬、猪有时出现运动失调和躁动不安,猫敏感,易致呼吸抑制。②联合用药可增强中枢抑制药和磺胺类药物的作用,不可与酸性药物配伍使用。③本品为肝药酶诱导剂,与氨基比林、利多卡因、氢化可的松、地塞米松、睾丸酮、雌激素、孕激素、氯丙嗪、多西环素、洋地黄毒苷及保泰松等合用时,使其代谢加速,疗效降低。④能使血和尿呈碱性的药物,可加速苯巴比妥从肾脏排泄。

【用法与用量】 肌内注射,用于镇静、抗惊厥,一次量,每千克体重,羊、猪0.25~1g,马、牛10~15mg,犬、猫6~12mg。用于治疗癫痫状态,每千克体重,犬、猫6mg,隔6~12h一次。内服,一次量,每千克体重,用于治疗轻微癫痫,犬、猫6~12mg,2次/天。

硫酸镁(Magnesium Sulfate)

本品为细小的无色针状晶体,略带有苦味,易溶于水,常制成注射液。

【作用与应用】 本品注射给药主要发挥镁离子的作用。当血浆镁离子浓度过低时,出现神经和肌肉组织过度兴奋,可致激动。随着剂量的增加,可抑制中枢神经系统,产生镇静、抗惊厥与全身麻醉作用,但产生麻醉作用的剂量却能麻痹呼吸中枢,故不宜单独作为全身麻醉药使用,常与水合氯醛合用。同时镁离子还能抑制神经肌肉的运动终板部位的传导,使骨骼肌松弛。

本品常用于破伤风、脑炎、士的宁等中枢兴奋药中毒所致的惊厥,治疗膈肌痉挛及分娩时子宫颈痉挛等。

【注意事项】 ①静脉注射过快或过量均可导致血镁浓度过高,可抑制延髓呼吸中枢和血管运动中枢,引起呼吸抑制、血压骤降和心搏骤停。若发生呼吸麻痹等中毒现象,应立即静脉注射钙剂解救。②本品与硫酸多黏菌素、硫酸链霉素、葡萄糖酸钙、盐酸多巴酚丁胺、盐酸普鲁卡因、四环素、青霉素等药物有配伍禁忌。

【用法与用量】 肌内、静脉注射,一次量,牛、马 10~25g,猪、羊 2.5~7.5g,犬、猫 1~2g。

第三节 化学保定药

化学保定药是指在不影响动物意识和感觉的情况下,使动物安静、嗜睡与肌肉松弛,停止抗拒与挣扎,以达到类似保定的药物。此类药物在野生动物的锯茸、繁殖配种、诊治疾病、捕捉以及马、牛等大家畜的运输、诊疗检查等方面都有重要的实用价值。目前,兽医临床上常用的有赛拉唑、赛拉嗪等。

赛拉嗪(Xylazine)

本品又称隆朋,为白色或类白色结晶性粉末,味微苦,不溶于水,常制成注射液。

【体内过程】 本品起效快,但持续时间短。另外,镇静或镇痛作用强度及持续时间与所用药量成正比,并有种属差异。一般常用量可持续安静和睡眠状态 1~2h,镇痛持续 15~30min。牛最敏感,一般牛只需用马或犬的 $\frac{1}{10}$ 量,即能产生镇静和镇痛作用。野生动物中,鹿对本品较敏感。猪不敏感,一般不用于猪。对马不但可缓解锐痛,而且对马的内脏镇痛比哌替啶为优。

【作用与应用】 本品属 α_2 肾上腺素受体激动剂,为镇痛性化学保定药,具有明显的镇静、镇痛和肌肉松弛作用,可引起反刍动物唾液分泌增多、呼吸频率下降及具有兴奋子宫平滑肌的作用。

本品主要用于各种动物的镇痛和镇静,可与某些麻醉药合用于外科手术,也用于猫的催吐。

【注意事项】 ①犬、猫用药后出现呕吐等不良反应,猫出现排尿增多。②反刍动物对本品敏感,用前应禁食并注射阿托品。③产奶动物禁用。④休药期,牛、马 14d,鹿 15d。

【用法与用量】 肌内注射,一次量,每千克体重,马 1~2mg,牛 0.1~0.3mg,羊 0.1~0.2mg,犬、猫 1~2mg,鹿 0.1~0.3mg。

赛拉唑(Xylazole)

本品又称二甲苯胺噻唑、静松灵,为白色结晶性粉末,味微苦,难溶于水,常与盐酸结合制成盐酸赛拉唑注射液。

【作用与应用】 ①本品为我国合成的一种中枢性制动药,具有镇静、镇痛和肌肉松弛作用,但镇静有明显的种属与个体差异,牛最敏感,犬、猫、猪敏感性较差。②本品静脉注射后约 1min 或肌内注射后 10~15min,即出现良好的镇静和镇痛作用。③对胃肠痉挛引起的疼痛有较好的效果,对皮肤创伤性疼痛效果较差。

【注意事项】 ①为避免本品对心、肺的抑制和减少腺体分泌,在用药前给予小剂量阿托品。②牛大剂量应用时,应先停饲数小时,卧倒后宜将头放低,以免唾液和瘤胃液进入肺内,并应防止瘤胃臌胀。③猪对本品有抵抗,不宜用于猪。④妊娠后期动物禁用。

【用法与用量】 肌内注射,一次量,每千克体重,马、骡 0.5~1.2mg,驴 1~3mg,黄牛、牦牛 0.2~0.6mg,水牛 0.4~1mg,羊 1~3mg,鹿 2~5mg。

第四节 中枢兴奋药

中枢兴奋药是能选择性地兴奋中枢神经系统,提高其机能活动的一类药物。在常规用药情况下,本类药物对中枢神经系统的不同部位具有一定的选择性,依据药物的主要作用部位,可分为大脑兴奋药、延髓兴奋药和脊髓兴奋药三类。

一、大脑兴奋药

大脑兴奋药是指能提高大脑皮质神经细胞的兴奋性,促进脑细胞代谢,改善大脑机能的一类药,如咖啡因、茶碱、苯丙胺等。此类药物不仅对大脑皮质有兴奋作用,而且还有许多其他药理作用,因此应用时应慎重。

咖啡因(Caffeine)

本品是咖啡豆和茶叶等多种植物中的生物碱,为白色或带极微黄绿色、有丝光的针状结晶,无臭,味苦,水溶性低,常与苯甲酸钠混合制成苯甲酸钠咖啡因,又称安钠咖。

【体内过程】 本品易从胃肠道或注射部位吸收,分布于各组织,脂溶性高,易通过血脑屏障,也可通过胎盘屏障。大部分药物在肝内脱去一部分甲基被氧化,以甲基尿酸或3-甲基黄嘌呤的形式由尿排出,仅有少量以原形从尿排出。在体内转化和排泄的速度较快,作用时间较短,安全范围较大,不易产生蓄积作用。

【作用与应用】 ①对中枢神经系统的作用。咖啡因对中枢神经系统各主要部位均有兴奋作用,但大脑皮质对其特别敏感。小剂量能提高对外界的感应性,表现出精神兴奋等症状。治疗量能兴奋大脑皮质,提高精神与感觉能力,消除疲劳,短暂地增加骨骼肌的工作能力。较大剂量能直接兴奋延髓中枢,使呼吸中枢对二氧化碳的敏感性增加,呼吸加深加快,换气量增加等,另外,还能兴奋血管运动中枢和迷走神经中枢,使血压略升,心率减慢,但作用时间短暂。大剂量能兴奋整个中枢神经系统;中毒剂量能引起强直或阵挛性惊厥,甚至死亡。②对心血管系统的作用。对心脏,较小剂量能兴奋迷走神经,使心率减慢,稍大剂量直接兴奋心肌,使心肌收缩力增强,使心率与心输出量均增加。对血管,较小剂量兴奋延髓血管运动中枢,使血管收缩,稍大剂量对血管壁直接作用,使血管舒张。③对平滑肌的作用。除了对血管平滑肌有舒张作用外,对支气管平滑肌、胆道与胃肠道平滑肌也有舒张作用。④利尿作用。通过加强心肌收缩力,增加心输出量,使肾血管舒张,肾血流量增多,增加肾小球的滤过率,抑制肾小管对钠离子和水的重吸收而呈现利尿作用。⑤其他作用。还有较弱的兴奋骨骼肌作用,影响糖和脂肪代谢,有升高血糖和血中脂肪酸的作用。

本品作为中枢兴奋药,可用于重病、中枢抑制药过量、过度劳役引起的精神沉郁、血管运动中枢和呼吸中枢衰竭,或用于剧烈腹痛时保持体力等;作为强心药,可用于治疗各种疾病所致的急性心力衰竭;作为利尿药,还可用于心、肝和肾病引起的水肿。

【注意事项】 ①本品剂量过大可引起反射亢进、肌肉抽搐乃至惊厥。②与氨茶碱同用可增加其毒性,与麻黄碱、肾上腺素有相互增强作用,不宜同时注射。③与阿司匹林配伍可增加胃酸分泌,加剧消化道刺激反应;但咖啡因与解热镇痛药合用可增强镇痛效果。④与溴化物合用,可调节大脑皮质兴奋过程与抑制过程。喹诺酮类抗菌药可不同程度地增加咖啡因的血药浓度,从而增加其副作用。⑤溴化物、水合氯醛或巴比妥类药物可对抗本品兴奋症状。

【用法与用量】 内服,一次量,马 $2\sim6g$,牛 $3\sim8g$,羊、猪 $0.5\sim2g$,犬 $0.2\sim0.5g$,猫 $0.05\sim0.1g$。皮下、肌内、静脉注射,一次量,马、牛 $2\sim5g$,羊、猪 $0.5\sim2g$,犬 $0.1\sim0.3g$,鸡 $0.025\sim0.05g$,鹿 $0.5\sim2g$。一般 $1\sim2$ 次/天,重症给药间隔 $4\sim6h$。

二、延髓兴奋药

延髓兴奋药是指能兴奋延髓呼吸中枢,能直接或间接作用于该中枢,增加呼吸频率与呼吸深度的一类药物,又称呼吸兴奋药,对血管运动中枢也有不同程度的兴奋作用,如尼可刹米、多沙普仑、回苏灵、戊四氮、樟脑等。

尼可刹米(Nikethamide)

本品又称可拉明,为无色或淡黄色的澄明油状液体,放置冷处即成结晶,微臭,味苦,有引湿性,易溶于水,常制成注射液等。

【体内过程】 本品内服或注射均易吸收,在体内转变为烟酰胺,再被甲基化成为 N-甲基烟酰胺由尿排出。该药作用时间短,一次静脉注射仅维持 $5\sim10min$,应根据临床表现及时补药。

【作用与应用】 ①本品可直接兴奋延髓呼吸中枢,也能作用于颈动脉体和主动脉弓化学感受器,反射性兴奋呼吸中枢,提高呼吸中枢对缺氧的敏感性,使呼吸加深、加快。②对大脑皮质、血管运动中枢和脊髓有较弱的兴奋作用。

本品可用于各种原因引起的呼吸中枢抑制的解救,如中枢抑制药中毒、疾病引起的中枢性呼吸抑制、一氧化碳中毒、溺水、新生动物窒息或加速麻醉动物的苏醒等。

【注意事项】 本品作用较温和、安全范围较宽,不良反应少,但剂量过大可引起血压升高、出汗、心律失常、震颤及肌肉僵直,过量也可引起惊厥。

【用法与用量】 静脉、肌内或皮下注射,一次量,马、牛 $2.5\sim5g$,羊、猪 $0.25\sim1g$,犬 $0.125\sim0.5g$。

回苏灵(Dimefline)

本品为白色结晶性粉末,味微苦,能溶于水,为人工合成的黄酮衍生物,常制成硝酸盐溶液。

【作用与应用】 ①本品对呼吸中枢有直接兴奋作用,作用比尼可刹米强 100 倍,但毒性较大。②用药后可增加肺换气量,降低动脉血的二氧化碳分压和提高血氧饱和度。本品常用于治疗各种传染病和中枢抑制药中毒引起的衰竭。

【用法与用量】 静脉、肌内注射,一次量,马、牛40～80mg,猪、羊8～16mg。

三、脊髓兴奋药

脊髓兴奋药是指能选择性兴奋脊髓的药物。此类药物主要作用于脊髓,能提高脊髓反射兴奋性,解除脊髓反射抑制状态,常用药物有士的宁、一叶萩碱等。

士的宁(Strychnine)

本品硝酸盐为无色针状结晶或白色结晶性粉末,无臭,味极苦,硝酸盐易溶于水,是从番木鳖或马钱子种子中提取的生物碱,常制成注射液等。

【体内过程】 本品内服或注射给药均易吸收,吸收后体内分布均匀。80%在肝脏被氧化破坏,20%以原形经尿和唾液排出。士的宁排泄缓慢,反复应用易产生蓄积中毒。

【作用与应用】 本品对脊髓具有选择性兴奋作用,增强脊髓反射的应激性。对中枢神经系统的其他部位也有兴奋作用,能增强听觉、味觉、视觉和触觉的敏感性,能增强骨骼肌的紧张度。中毒时对中枢神经系统的所有部位均有兴奋作用,使全身骨骼肌同时挛缩,出现典型强直性惊厥。

本品常用于治疗脊髓性的不全麻痹,如直肠、膀胱括约肌的不全麻痹,因挫伤引起的臀部、尾部与四肢的不全麻痹以及颜面神经麻痹等,也可用于巴比妥类中毒。

士的宁和印防己毒素作用部位图如图4-1所示。

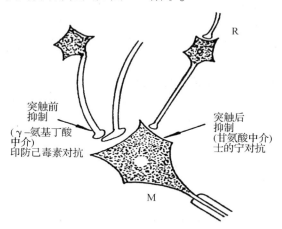

R—闰绍细胞　M—运动神经元

图4-1　士的宁和印防己毒素作用部位图

【注意事项】 ①本品毒性大,安全范围小,排泄缓慢,有蓄积作用,过量或长期使用可引起脊髓中枢过度兴奋而产生中毒反应,出现对声音及光敏感,肌肉震颤,脊髓惊厥,角弓反张。②中毒解救期间应保持环境安静,避免声音及光线刺激并静脉注射硫酸镁或肌内注射戊巴比妥钠等。③对孕畜、癫痫和破伤风患畜禁用。

【用法与用量】 皮下、肌内注射,一次量,马、牛15～30mg,猪、羊2～4mg,犬0.5～0.8mg。

麻醉药的作用与作用机制

全身麻醉药对中枢神经系统的作用按一定顺序出现,最先抑制的是大脑皮质,其次抑制皮质下中枢,越过延髓,对脊髓的抑制从后向前麻醉,而延脑的生命中枢自然维持生命(治疗量)。麻醉作用的苏醒过程则按相反的方向进行。

麻醉作用机制有以下几种学说:

1. 类脂质学说

全身麻醉药大部分具有高度脂溶性,而且脂溶性越高,麻醉效果越强。全身麻醉药的效力与该药在油和水中的分布系数有关,分布系数大,脂溶性大,麻醉效力强,其作用强度与油/水、油/气分布系数成正比。

$$分布系数 = 油中溶解度/水中溶解度$$

全身麻醉药因易透过中枢类脂质而产生麻醉。

2. 阻断脑干网状结构上行激活系统

巴比妥、水合氯醛均能抑制脑干网状结构上行激活系统,阻断了外周通过网状结构向大脑皮质细胞传递兴奋冲动,使皮质由兴奋转入抑制。

3. 笼形水合微晶物学说

脑组织含水分78%、类脂质12%、蛋白质8%。药物分子和水分子相互作用,形成笼型微晶物,将蛋白质侧链及活性基团套入笼中,破坏了细胞膜和突触的生理功能,从而产生麻醉;当麻醉药的浓度降低时,笼形水合微晶物在体温条件下消散,脑功能恢复。

4. 麻醉的神经突触学说

该学说认为麻醉药是通过阻断神经冲动在突触中的传导起作用的,因为大脑皮质与脑干网状结构中有很多突触,它们对麻醉药特别敏感。

5. 麻醉药可暂时改变生物膜(包括亚细胞膜)的性质

在麻醉药的穿透下可使膜体积扩张(如氟烷和乙醚等达到外科麻醉浓度时,可使细胞膜体积增大0.4%,相当于扩张膜体积的0.6%,且脂质分子排列紊乱,$Na^+ - K^+$通道发生构型和功能上的改变,影响中枢神经冲动的传导,致使动物中枢抑制)。

6. 增加抑制性递质的作用

麻醉时,可增加抑制性递质 γ-氨基丁酸(GABA)的作用,抑制脑干网状结构上行激活系统的传导等。

复习思考题

1. 中枢兴奋药按其作用部位可分为哪几类?其代表药物有哪些?中毒时用何药解救?
2. 全麻有几种方式?试举例说明。
3. 硫酸镁经不同途径给药时,其作用有何不同?
4. 中枢抑制药中毒时,用什么药解救?

第 五 章

作用于外周神经系统的药物

杂交狼犬被汽车撞倒后发现后肢不能站立,行走时两后肢拖地。临床检查:体温、呼吸、心跳基本正常,第二腰椎有挫伤,针刺挫伤部位后无反应,初步诊断为腰椎损伤。假如你作为一名宠物医师,请结合药理学知识,提出合理治疗方案。

学习目标

- 掌握局部麻醉药的麻醉机制和麻醉方式,掌握临床常用局部麻醉药的应用和注意事项。
- 了解传出神经药物的概念和分类,掌握常见传出神经药物的临床应用。

- 掌握局部麻醉药的临床应用,能够合理选药。
- 熟练掌握各种局部麻醉药的操作技能。

第一节 局部麻醉药

▶▶ 一、概述

(一) 概念

局部麻醉药简称局麻药,是指在用药局部可逆性地阻滞神经末梢或神经干神经冲动的传导,使其所支配的区域失去感觉,消除疼痛的药物。临床常用的局麻药有普鲁卡因、利多卡因和丁卡因等。

(二) 局部作用特点

局麻药可阻断任何神经的冲动传导而呈现局麻作用,在常用浓度下作用于神经干。其阻断神经冲动传导的作用速度与神经纤维的种类、粗细、有无髓鞘等有关,对细的神经纤维比粗的神经纤维阻断得快,作用消失得慢,对无髓鞘神经纤维比有髓鞘神经纤维快。神经纤维麻醉的先后顺序为自主神经、感觉神经、运动神经,感觉神经中传递痛觉的神经纤维最细,深压感觉的神经纤维最粗,温觉、触觉的神经纤维居中,且各种感受器对局麻药的敏感性不同,所以麻醉时各种感觉消失先后顺序依次为痛觉、嗅觉、味觉、冷热温觉、触觉、关节感觉和深部感觉,感觉恢复时则以相反的顺序进行。运动神经纤维较粗,并且分布在神经干的深部,只有在较高的药物浓度下才能被麻醉。

(三) 作用机制

动作电位是神经冲动产生和传导的基础,局麻作用主要是由于神经细胞膜通透性的改变,从而阻止 Na^+ 内流和 K^+ 外流所致。局麻药通过与神经细胞膜上电压门控性 Na^+ 通道受体结合,改变 Na^+ 通道蛋白构象,使 Na^+ 通道部分或全部关闭而阻滞 Na^+ 内流,阻止动作电位和神经冲动的产生与传导,从而产生局麻作用(图5-1)。

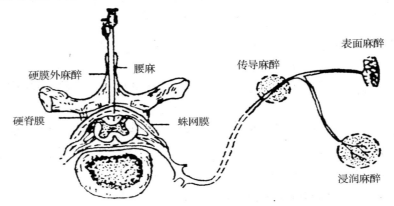

图 5-1 局麻药给药方式示意图

局麻药的作用强度受其脂溶性、离子化程度和用药环境 pH 值的影响。神经轴索由结缔组织髓鞘包裹,局麻药只有通过髓鞘才能与神经轴索接触,所以局麻药的亲脂性和非解离型是透入髓鞘的必要条件,透入髓鞘后再转变成解离型才能发挥作用。通常体液的 pH 值偏高时,非解离型较多,局麻作用较强;体液的 pH 值偏低时,非解离型较少,局麻作用较弱。

(四) 局部麻醉方式

1. 表面麻醉

表面麻醉是指将穿透性较强的局麻药滴于、涂布或喷雾在黏膜表面,使黏膜下的感觉神经末梢麻醉。常用于眼、鼻、咽喉、气管、尿道等黏膜部位的浅表手术。

2. 浸润麻醉

浸润麻醉是指将药物注射于手术部位的皮内、皮下、黏膜下或深部组织中,使其作用于感觉神经末梢,产生局部麻醉作用。常用于各种浅表小手术及大手术的术野麻醉。

3. 传导麻醉

传导麻醉是指将药液注射到神经干的周围,以阻断神经干的传导,使该神经干所支配的区域产生麻醉。常用于四肢、盆腔和牙科手术等。

4. 硬膜外腔麻醉

硬膜外腔麻醉是指将药液注入硬膜外腔,让麻醉药沿着神经鞘扩散,穿过椎间孔,阻断脊神经根部的传导的麻醉。适用于难产、剖腹产的救助及阴茎、乳房、膀胱的麻醉等。

5. 封闭疗法

封闭疗法是指将药液注射于患部周围或与患部有关的神经通路,以阻断病灶的不良冲动向中枢传导,从而减轻疼痛,改善该部位的营养。常用于治疗蜂窝织炎、关节炎、久治不愈的创伤和风湿病等,也可进行四肢环状封闭和穴位封闭。

二、临床常用药物

普鲁卡因(Procaine)

本品又称奴佛卡因,为白色结晶或结晶性粉末,无臭,味微苦,易溶于水,常制成注射液。

【体内过程】 本品吸收快,吸收后大部分与血浆蛋白暂时结合,而后逐渐分离,分布到全身。组织和血浆中的假性胆碱酯酶可将其迅速水解,生成二乙胺基乙醇和对氨苯甲酸,进一步代谢后随尿排出。二乙胺基乙醇有微弱局麻作用。

【作用与应用】 ①本品为最早人工合成的短效酯类局麻药,其麻醉效果好,毒性低,作用快,注射后 $1\sim3min$ 起效,可维持 $45\sim60min$。若在药液中加入微量盐酸肾上腺素,可延长药效 $1\sim1.5h$。②对组织无刺激性,但对皮肤、黏膜的穿透力较弱,不宜用于表面麻醉。③本品吸收后对中枢神经系统与心血管系统产生作用,小剂量表现为轻微的中枢抑制,大剂量时出现兴奋。另外,能降低心脏兴奋性和传导性。

本品主要用于浸润麻醉、传导麻醉、硬膜外腔麻醉和封闭麻醉。

【注意事项】 ①普鲁卡因禁与磺胺类、抗胆碱酯酶药物、肌松药、碳酸氢钠、硫酸镁等药物配伍使用。②用量过大、浓度过高时,吸收后对中枢神经产生毒性作用。表现为先兴奋后抑制,甚至造成呼吸麻痹等。一旦中毒,应采取对症治疗,但抑制期禁用中枢兴奋药,应采取人工呼吸等措施。③硬膜外腔麻醉和四肢环状封闭时,不宜加入肾上腺素。

【用法与用量】 浸润麻醉、封闭麻醉,$0.25\%\sim0.5\%$ 溶液;传导麻醉,小动物用 2% 浓液,每个注射点为 $2\sim5mL$,大动物用 5% 浓液,每个注射点为 $10\sim20mL$;硬膜外腔麻醉,$2\%\sim5\%$ 溶液,马、牛 $20\sim30mL$,小动物 $2\sim5mL$。

利多卡因(Lidocaine)

本品盐酸盐为白色结晶性粉末,无臭,味苦,易溶于水,常制成注射液。

【体内过程】 本品易被吸收。表面或注射给药,1h 内有 $80\%\sim90\%$ 被吸收,与血浆蛋白暂时性结合率为 70%。进入体内大部分先经肝微粒体酶降解,再进一步被酰胺酶水解,最后随尿排出,少量出现在胆汁中。$10\%\sim20\%$ 以原形随尿排出。能透过血脑屏障和胎盘屏障。

【作用与应用】 ①本品为酰胺类中效局麻药,局麻作用较普鲁卡因强 $1\sim3$ 倍,穿透力强,作用快,维持时间为1~2h。②本品还能抑制心室自律性,缩短绝对不应期,延长相对不应期,控制室性心动过速。

本品用于动物的表面麻醉、浸润麻醉、传导麻醉及硬膜外腔麻醉,也可以用于治疗心律失常。

【注意事项】 ①应用剂量过大或静脉注射过快可引起毒性反应。②对患有严重心传导阻滞的动物禁用。③肝、肾功能不全及慢性心力衰竭的动物慎用。

【用法与用量】 表面麻醉用2%~5%溶液;浸润麻醉用0.25%~5%溶液;传导麻醉用2%溶液,每个注射点,马、牛8~12mL,羊3~4mL;硬膜外腔麻醉用2%溶液,马、牛8~12mL,犬1~10mL,猫2mL。

丁卡因(Tetracaine)

本品盐酸盐为白色结晶或结晶性粉末,无臭,味微苦,易溶于水,常制成注射液。

【作用与应用】 本品为长效酯类局麻药,麻醉作用强,是普鲁卡因的10~15倍,作用持久,比普鲁卡因长1倍,可达3h左右,但用药后作用产生较慢,需5~15min。组织穿透力强,毒性大,为普鲁卡因的10~12倍,毒性反应发生率也高。脂溶性高,易透过血脑屏障。主要用于表面麻醉和硬脊膜外麻醉。表面麻醉,0.5%~1%溶液用于眼科麻醉,1%~2%溶液用于鼻、咽部喷雾,0.1%~0.5%溶液用于泌尿道黏膜麻醉。应用时可加入0.1%盐酸肾上腺素溶液(1:10万),以减少吸收毒性,延长局麻时间。硬脊膜外麻醉,用0.2%~0.3%等渗溶液。

本品可用于犬、猫的眼科手术表面麻醉。

【注意事项】 由于本品毒性大,作用慢,注射吸收快,所以一般不用于浸润麻醉和传导麻醉,但可与普鲁卡因或利多卡因配成混合液应用。②大剂量可致心脏传导系统抑制。

【用法与用量】 表面麻醉,0.5%~1%溶液用于眼科麻醉,1%~2%溶液用于鼻、咽部喷雾,0.1%~0.5%溶液用于泌尿道黏膜麻醉。应用时可加入0.1%盐酸肾上腺素溶液,以减少吸收毒性,延长局麻时间;硬脊膜外麻醉,用0.2%~0.3%等渗溶液。

常用局麻药的特点比较见表5-1。

表5-1 常用局麻药特点比较

药 物	作用	毒性	穿透性	维持时间/h	主 要 用 途
普鲁卡因	弱	小	弱	0.5~1	浸、传、腰、硬,局部封闭
丁卡因	强	大	强	2~3	表、传、腰、硬
利多卡因	中	较小	较强	1~2	表、浸、传、硬,抗心律失常
布比卡因	强	较大	较弱	3~5	浸、传、腰、硬

第二节 作用于传出神经的药物

作用于传出神经药物的基本作用是直接作用于受体或通过影响递质的释放、储存和转化产生兴奋或抑制效应。按其作用性质主要分为拟胆碱药、抗胆碱药和拟肾上腺素药等。

一、概述

（一）传出神经的结构和功能

传出神经包括自主神经系统和运动神经系统两部分。

1. 自主神经

自主神经又可分为交感神经和副交感神经两种。自主神经自中枢发出后，都要经过神经节中的突触更换神经元，然后才能到达所支配的效应器（包括心肌、平滑肌和腺体等）。

2. 运动神经

运动神经自中枢神经发出后，中途不需要更换神经元，就可以直接到达所支配的骨骼肌，因此无节前纤维与节后纤维之分（图5-2）。

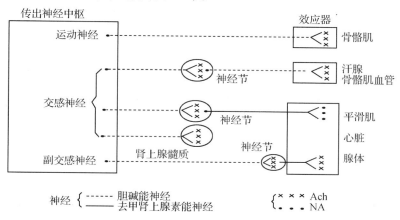

图5-2 传出神经的分类、递质及受体分布示意图

（二）传出神经的化学递质及其分类

传出神经末梢释放的化学递质有两类：一类是乙酰胆碱；另一类是去甲肾上腺素和少量的肾上腺素。

根据传出神经末梢释放的递质不同，又将传出神经分为胆碱能神经和去甲肾上腺素能神经。

1. 胆碱能神经

凡是其神经末梢能够借助胆碱乙酰化酶的作用，使胆碱和乙酰辅酶A合成乙酰胆碱贮存于囊泡内，作为其化学递质的传出神经纤维，称为胆碱能神经（图5-3）。

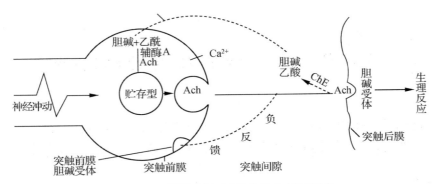

图 5-3 乙酰胆碱(Ach)的生物合成和释放

2. 去甲肾上腺素能神经

凡是其神经末梢能以酪氨酸为基本原料,经一系列酶促反应先后合成多巴胺、去甲肾上腺素和少量肾上腺素等儿茶酚胺类物质,贮存于囊泡内,作为其化学递质的传出神经纤维,称为去甲肾上腺素能神经(图5-4)。

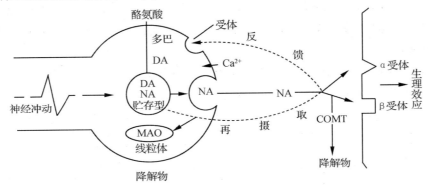

图 5-4 去甲肾上腺素(NA)的生物合成和释放

(三) 传出神经受体的分类、分布与效应

1. 传出神经受体的分类

传出神经受体根据对递质或类似递质的药物选择性结合分为胆碱受体与肾上腺素受体两类。

(1) 胆碱受体。能选择性地与乙酰胆碱结合的受体,称胆碱受体。它主要分布于胆碱能神经节后纤维所支配的效应器细胞膜、运动神经所支配的骨骼肌细胞膜以及自主神经节神经元的突触后膜上。胆碱受体对各种激动剂敏感性不同。位于副交感神经节后纤维及少部分交感神经的节后纤维所支配的效应器细胞膜上的胆碱受体,对毒蕈碱敏感称为毒蕈碱型胆碱受体,简称 M 胆碱受体或 M 受体,此受体兴奋所产生的效应称为毒蕈碱样作用,即 M 样作用;位于神经节细胞膜和骨骼肌细胞膜上的胆碱受体对烟碱较敏感,称为烟碱型胆碱受体(简称 N 胆碱受体或 N 受体),此受体兴奋时的作用称烟碱样作用,即 N 样作用。N 受体可分为神经元型(NN,即 N_1 受体)和肌肉型(NM,即 N_2 受体)两种亚型。N_1 受体位于神经节细胞膜,N_2 受体位于骨骼肌细胞膜。

(2) 肾上腺素受体。能选择性地与去甲肾上腺素或肾上腺素结合的受体,称肾上腺素受体。它分布于大部分交感神经节后纤维所支配的效应器细胞膜上。依据受体对激动剂敏感性不同,分为 α 肾上腺受体(简称 α 受体)及 β 肾上腺受体(简称 β 受体),α、β 受体又进一步分为 α_1、α_2 和 β_1、β_2 受体。

2. 传出神经受体的分布与效应

传出神经所支配的效应器上的受体分布及效应见表 5-2。

表 5-2　传出神经所支配的效应器上的受体的分布及效应

效应器官			肾上腺素能神经兴奋		胆碱能神经兴奋	
			效应	受体	效应	受体
心脏	心肌		收缩力加强	β_1	收缩力减弱	M
	窦房结		心率加快	β_1	心率减慢	
平滑肌	血管	皮肤、黏膜	收缩	α	扩张	
		腹腔内脏	收缩*、扩张	α^*、β_2		
		骨骼肌	扩张*	α、β_2^*	扩张(交感神经)	
		冠状动脉	扩张*	α、β_2^*		
	支气管		松弛	β_2	收缩	
	胃肠、膀胱		松弛	β_2	收缩	
	胃肠、膀胱括约肌		收缩	α	松弛	
	眼虹膜		辐射肌收缩(散瞳)	α	括约肌收缩(缩瞳)	
腺体	唾液腺		分泌少量稠液	α	分泌多量稀液	
	汗腺		分泌(马、牛)**	α	分泌(交感神经)	
自主神经节					兴奋	N_1
肾上腺髓质					分泌(交感神经节前纤维)	
骨骼肌					收缩	N_2

注:*表示占优势;**马、牛支配汗腺的一小部分交感神经属肾上腺素能。

(四)传出神经药物分类

传出神经药物按药物作用的主要部位(受体)及作用性质(拟似或拮抗,激动或阻断)进行分类,见表 5-3。

表 5-3　作用于传出神经系统药物分类

分　类		药　　物	作用部位及性质
拟胆碱药	节前、节后拟胆碱药	乙酰胆碱、氨甲酰胆碱、槟榔碱	兴奋 N、M 胆碱受体
	节后拟胆碱药	氨甲酰甲胆碱、毛果芸香碱	兴奋 M 胆碱受体
	抗胆碱酯酶药	新斯的明、毒扁豆碱、加兰他敏	抑制胆碱酯酶
抗胆碱药	节后抗胆碱药	阿托品、山莨菪碱	阻断 M 胆碱受体
	骨骼肌松弛药	琥珀胆碱、筒箭毒碱、潘克罗宁	阻断 N_2 胆碱受体

续表

分　　类	药　　物	作用部位及性质
拟肾上腺素药	肾上腺素	兴奋 α、β 受体
	麻黄碱	兴奋 α、β 受体并促进递质释放
	去甲肾上腺素	兴奋 α 受体
	异丙肾上腺素	兴奋 β 受体
抗肾上腺素药	酚妥拉明	阻断 α 受体
	心得安	阻断 β 受体

二、临床常用药物

（一）拟胆碱药

拟胆碱药是一类作用性质与神经递质乙酰胆碱相似的药物，包括能直接与胆碱受体结合产生兴奋效应的药物（即胆碱受体激动药）及通过抑制胆碱酯酶活性间接引起胆碱能神经兴奋效应的药物（即抗胆碱酯酶药）。常用药物有氨甲酰胆碱、毛果芸香碱、新斯的明等。

氨甲酰胆碱（Carbachol）

本品又称碳酰胆碱、卡巴可，为无色或淡黄色小棱柱形的结晶或结晶性粉末，易溶于水，常制成注射液和滴眼液。

【作用与应用】 作用与乙酰胆碱相似，能直接兴奋 M 受体和 N 受体，并可促进胆碱能神经末梢释放乙酰胆碱发挥间接拟胆碱作用。用药 3～5min 后唾液分泌增强，持续 30～40min。用药 30～40min 内胃液分泌可增加几倍，肠液的分泌可增加 2～3 倍，持续 1.5～3h。

本品是胆碱酯类作用最强的一种，其特点为性质稳定（因其酸性部分不是乙酸而是氨甲酸，氨甲酸酯很不容易被胆碱酯酶水解），作用强且持久；对心、血管系统作用较弱；对胃肠、膀胱、子宫等平滑肌器官作用强。小剂量即可促使消化液分泌，加强胃肠收缩，促进内容物迅速排出，增强反刍兽瘤胃的反刍机能。

本品一般剂量对骨骼肌无明显影响，但大剂量可引起肌束震颤，乃至麻痹。

本品主要用于治疗胃肠蠕动减弱的疾病，如胃肠弛缓、肠便秘、胃肠积食、术后肠管麻醉及子宫弛缓、胎衣不下、子宫蓄脓等，也可点眼用于治疗青光眼。

【注意事项】 ①禁用于老年、瘦弱、妊娠、心肺疾患及机械性肠梗阻等动物。②禁止肌内注射和静脉注射。③中毒时可用阿托品进行解毒，但效果不理想。④为避免不良反应，可将一次剂量分作 2～3 次注射，每次间隔 30min 左右。

【用法与用量】 皮下注射，一次量，马、牛 1～2mg，猪、羊 0.25～0.5mg，犬 0.025～0.1mg。治疗前胃弛缓用量，牛 0.4～0.6mg，羊 0.2～0.3mg。

毛果芸香碱（Pilocarpine）

本品又称匹鲁卡品，是从毛果芸香属植物中提取的一种生物碱，现已能人工合成。其硝酸盐为白色结晶性粉末，易溶于水，水溶液稳定，常制成注射液和滴眼液。

【作用与应用】 毛果芸香碱能直接地选择性兴奋 M 胆碱受体,产生与节后胆碱能神经兴奋相似的效应。其特点是对多种腺体和胃肠平滑肌有强烈的兴奋作用,但对心血管系统及其他器官的影响较小,一般情况下并不使心率减慢,血压下降。大剂量时也能出现神经样作用及兴奋中枢神经系统。例如,在毛果芸香碱影响下腺体的机能增强,尤其表现在唾液腺、泪腺和支气管腺,其次为胃肠腺体、胰腺和汗腺。马用小剂量,就能使唾液分泌增加,变稀薄而且酶减少。唾液增加可持续 1~3h。

对眼部作用明显,无论是局部点眼还是注射,都能使瞳孔缩小。作用机制是兴奋虹膜括约肌上的 M 胆碱受体,致使虹膜括约肌收缩。由于瞳孔缩小,前房角间隙扩大,房水易于通过巩膜静脉窦进入循环,从而降低了眼内压。

本品可用于治疗不完全阻塞的便秘、前胃弛缓、手术后肠麻痹、猪食道梗塞等。与扩瞳药交替使用,治疗虹膜炎或周期性眼炎,防止虹膜与晶状体粘连。

【注意事项】 ①治疗马便秘时,用药前要大量饮水、补液,并注射安钠咖等强心剂,防止因用药引起脱水等。②本品易引起呼吸困难和肺水肿,用药后应加强护理,必要时采取对症治疗,如注射氨茶碱扩张支气管或注射氯化钙制止渗出等。③禁止用于体弱、妊娠、心肺疾病的动物和完全阻塞的便秘。④发生中毒时,可用阿托品解救。

【用法与用量】 皮下注射,一次量,马、牛 30~300mg,猪 5~50mg,羊 10~50mg,犬 3~20mg。兴奋瘤胃,牛 40~60mg。

新斯的明(Neostigmine)

本品又称普洛色林、普洛斯的明,为白色结晶性粉末,无臭,味苦,易溶于水,常制成注射液。

【体内过程】 因本药化学结构中有季铵基团,口服吸收很少,所以口服剂量比注射剂量大 10 倍以上,因不易通过血脑屏障,虽然不能作为中药麻醉剂催醒利用,但减少了对中枢神经的毒性。

【作用与应用】 ①本品能可逆地抑制胆碱酯酶的活性,提高体内乙酰胆碱的浓度,呈现拟胆碱样作用。②本品能直接兴奋骨骼肌运动终板处的 N_2 受体,故对骨骼肌的兴奋作用最强,对胃肠道、子宫和膀胱平滑肌的兴奋作用较强。③兴奋腺体、虹膜和支气管平滑肌及抑制心血管作用较弱。④对中枢作用不明显。

本品主要用于重症肌无力、术后腹胀及产后子宫复位不全、胎衣不下及尿潴留等,也可用于竞争性骨骼肌松弛药中毒的解救。

【注意事项】 ①腹膜炎、肠道或尿道的机械性阻塞、胃肠完全阻塞或麻痹患畜及孕畜禁用。②癫痫、哮喘动物慎用。③中毒时可肌内注射阿托品或静脉注射硫酸镁解救。

【用法与用量】 皮下或肌内注射,一次量,马 4~10mg,牛 4~20mg,猪、羊 2~5mg,犬 0.25~1mg。

(二)抗胆碱药

抗胆碱药又称胆碱受体阻断药,是一类能与胆碱受体结合,从而阻断胆碱能神经递质或外源性拟胆碱药与受体的结合,产生抗胆碱作用。常用药物有阿托品、东莨菪碱、琥珀胆碱等。

阿托品(Atropine)

本品硫酸盐为无色结晶或白色结晶性粉末,无臭,味极苦,易溶于水,常制成片剂和注射液。

【体内过程】 本品内服易吸收,吸收后迅速分布于全身各组织。能通过胎盘屏障、血脑屏障。在体内大部分被酶水解失效,少部分以原形随尿排出。滴眼时,作用可持续数天,这可能是通过房水循环消除较慢所致。给予阿托品后迅速从血中消失,约80%经尿排出,其中原形药所占比例超过30%,粪便、乳汁中仅有少量阿托品。

【作用与应用】 本品竞争性与M受体相结合,使M受体不能与Ach或其他拟胆碱药结合,从而阻断了M受体功能,表现出胆碱能神经被阻断的作用,剂量很大,甚至接近中毒量时,也能阻断N_1受体。本品的作用性质、强度取决于剂量及组织器官的机能状态和类型。

①对平滑肌的作用。对胆碱能神经支配的内脏平滑肌具有松弛作用,一般对正常活动的平滑肌影响较小。当平滑肌过度兴奋时,松弛作用极显著。对胃肠道、输尿管平滑肌和膀胱括约肌的松弛作用较强,但对支气管平滑肌的松弛作用不明显。对子宫平滑肌一般无效。对眼内平滑肌的作用是使虹膜括约肌和睫状肌松弛,表现为瞳孔散大、眼内压升高。

②对腺体的作用。本品可抑制多种腺体的分泌,小剂量就可使唾液腺、气管腺及汗腺(马除外)分泌减少,引起口干舌燥、皮肤干燥和吞咽困难等;较大剂量可减少胃液分泌,但对胃酸的分泌影响较小(因胃酸受胃泌素的调节);对胰腺、肠液等的分泌影响很小。

③对心血管系统的作用。本品对正常心血管系统无明显影响,大剂量时可直接松弛外周与内脏血管平滑肌,扩张外周及内脏血管,解除小血管的痉挛,增加组织血流量,改善微循环。另外,较大剂量时还可解除迷走神经对心脏的抑制作用,对抗因迷走神经过度兴奋所致的传导阻滞及心律失常,使心率加快。

④对中枢神经系统的作用。大剂量时有明显的中枢兴奋作用,可兴奋迷走神经中枢、呼吸中枢、大脑皮质运动区和感觉区,对治疗感染性休克和有机磷中毒有一定意义。中毒量时,大脑和脊髓强烈兴奋,动物表现为异常兴奋,随后转为抑制,终因呼吸麻痹、窒息而死亡。毒扁豆碱可对抗阿托品的中枢兴奋作用,其他拟胆碱药无对抗作用。

本品可用于胃肠痉挛、肠套叠等,以调节胃肠蠕动;用于麻醉前给药,减少呼吸道腺体分泌,以防腺体分泌过多;用于有机磷中毒和拟胆碱药中毒的解救;作散瞳剂,治疗虹膜炎。另外,对洋地黄中毒引起的心动过缓和房室传导阻滞有一定防治作用,大剂量用于治疗失血性休克及中毒性菌痢、中毒性肺炎等并发的休克。

【注意事项】 ①本品有口干和皮肤干燥等不良反应,一般停药后可自行消失。②大剂量使用可继发胃肠鼓气、便秘、心动过速、体温升高等,甚至发生中毒。③中毒时所有动物的症状基本类似,即表现为口干、瞳孔扩大、脉搏快且弱、兴奋不安、肌肉震颤等,严重时,昏迷、呼吸浅表、运动麻痹等,最终因惊厥、呼吸抑制、窒息而死亡。

【用法与用量】 肌内、皮下或静脉注射,一次量,每千克体重,麻醉前给药,马、牛、羊、猪、犬、猫0.02~0.05mg。解除有机磷中毒,马、牛、猪、羊0.5~1mg,犬、猫0.1~0.15mg,禽0.1~0.2mg。马迷走神经兴奋性心律不齐0.045mg,犬、猫心动过缓0.02~0.04mg。

氢溴酸东莨菪碱(Scopolamime)

本品为无色结晶或白色结晶性粉末,无臭,易溶于水,常制成注射液。

【作用与应用】 ①本品作用与阿托品相似,对中枢的作用因剂量及动物种属的不同存在差异,如犬、猫用小剂量可出现中枢抑制作用,大剂量产生兴奋作用,表现不安和运动失调,而对马均产生明显的兴奋作用。②本品抗震颤作用是阿托品的 10~20 倍。③本品散瞳和抑制腺体分泌作用较阿托品强。

本品既可用于有机磷酸酯类中毒的解救,也可替代阿托品用于麻醉前给药。

【注意事项】 与阿托品相同。

【用法与用量】 皮下注射,一次量,牛 1~3mg,羊、猪 0.2~0.5mg,犬 0.1~0.3mg。

(三)拟肾上腺素药

拟肾上腺素药是指能激动肾上腺素受体的药物,常用药物有肾上腺素、去甲肾上腺素、麻黄碱等。

肾上腺素(Adrenaline)

本品为白色或类白色结晶性粉末,无臭,味苦,易氧化变质,极微溶于水,其盐酸盐易溶于水,常制成盐酸盐注射液。

【体内过程】 口服易被消化液破坏,并因收缩胃肠黏膜血管,吸收减少,而且在肠黏膜和肝内迅速被酶代谢而失活,所以达不到有效血药浓度。常采用皮下或肌内注射,皮下注射时因局部血管收缩可使吸收延缓,作用持久;肌内注射时因肌肉血管收缩作用较弱,较皮下注射吸收快,作用时间短。静脉注射时作用迅速,只用于抢救危急病例。吸收后很快被肾上腺素能神经末梢回收,或被酶破坏;少量以原形及其代谢产物与葡萄糖醛酸结合由尿排出。

【作用与应用】 本品通过兴奋 α、β 受体产生作用,其作用因剂量、机体的生理与病理情况的不同存在差异,对 β 受体的作用强于 α 受体。

① 对心脏的作用。可兴奋心脏的传导系统与心肌上的 β 受体,动物表现为心脏兴奋性提高,心肌收缩力加强,传导加速,心率加快,心脏输出量增加。扩张冠状血管,改善心肌血液供应,呈现快速强心作用。当剂量过大或静脉注射过快时,因其使心肌代谢增强,耗氧量增加,加之心肌兴奋性提高,此时可引起心律失常,出现期前收缩,甚至心室纤颤。

② 对血管的作用。可引起皮肤、黏膜和内脏(如肾脏)血管强烈收缩(此处 α 受体占优势,且数量多);骨骼肌、冠状血管扩张(此处 β 受体为主);脑和肺血管收缩作用很微弱,但有时血压上升而被动扩张。本品对小动脉、毛细血管作用强,而对大动脉、静脉作用弱。

③ 对血压的影响。通过心收缩力加强、心率加快和血管收缩三个因素共同作用引起血压升高。骨骼肌血管扩张作用对血压的影响抵消或超过了皮肤黏膜血管收缩产生的影响,故舒张压不变或下降,在较大剂量静脉注射时,收缩压和舒张压均升高。

④ 对平滑肌器官的作用。可兴奋 β 受体,使支气管平滑肌松弛,尤其当支气管平滑肌痉挛时,作用更显著。对胃肠道、膀胱平滑肌的松弛作用较弱。收缩虹膜瞳孔开大肌(辐射肌),使瞳孔散大。

⑤ 对代谢的影响。活化代谢,促进肝糖原与肌糖原分解,并降低外周组织对葡萄糖的摄取,从而使血糖升高,血中乳酸量增加。加速脂肪分解,使血中游离脂肪酸增多。

⑥ 其他作用。可使马、羊等动物发汗,兴奋竖毛肌。收缩脾被膜平滑肌,使脾脏中贮备的红细胞进入血液循环,增加血液中红细胞数。

本品可用于心脏骤停的急救;缓解严重过敏性疾患的症状;常与局部麻醉药配伍,以延长其麻醉持续时间;作为局部止血药,用于鼻黏膜出血、齿龈出血等。

【注意事项】 ①可引起心律失常,表现为早搏、心动过速,甚至心室纤维性颤动。②本品对光、空气不稳定,在5%葡萄糖溶液中也不稳定,如发现溶液呈粉红色、褐色或有沉淀,则不可使用。③与全麻药合用时易发生心室颤动,也不能与洋地黄、钙剂等合用。

【用法与用量】 皮下注射,一次量,马、牛2~5mg,猪、羊0.2~1.0mg,犬0.1~0.5mg,猫0.1~0.2mg。静脉注射,一次量,马、牛1~3mg,猪、羊0.2~0.6mg,犬0.1~0.3mg,猫0.1~0.2mg。

麻黄碱(Ephedrine)

本品又称麻黄素,其盐酸盐为白色针状结晶或结晶性粉末,无臭,味苦,易溶于水,常制成片剂和注射液。

【体内过程】 本品内服、皮下注射都易吸收而且完全。吸收后,可透过血脑屏障。不易被单胺氧化酶等代谢,只有少量在肝内代谢,大部分以原形从尿排出。酸性尿排泄较快。可从乳汁分泌。

【作用与应用】 ①本品作用与肾上腺素相似,既可直接激动肾上腺素 α 受体和 β 受体,产生拟肾上腺素作用,又能促进肾上腺素能神经末梢释放去甲肾上腺素,间接激动肾上腺素受体。②本品兴奋心脏、收缩血管、升高血压和松弛支气管平滑肌的作用较肾上腺素弱而持久。③中枢兴奋作用较肾上腺素强,可引起动物不安和兴奋,对呼吸和血管运动中枢也有兴奋作用。

主要作为平喘药,用于缓解气喘症状、治疗支气管哮喘,外用治疗鼻炎,以消除黏膜充血肿胀等。

【注意事项】 ①反复应用易产生快速耐受性。②与强心苷类合用,可致心律失常。③与巴比妥类同用时,可减轻本品的中枢兴奋作用。

【用法与用量】 内服,一次量,马、牛50~500mg,羊20~100mg,猪20~50mg,犬10~30mg,猫2~5mg。皮下注射,一次量,马、牛50~300mg,猪、羊20~50mg,犬10~30mg。

一、影响局麻药局部麻醉作用的因素

1. 神经干或神经纤维的特性

神经纤维的直径越小,越易被阻断;无髓鞘的神经较易被阻断;有髓鞘神经中的无髓鞘部分(朗飞氏结)较易被阻断。

2. 药物的浓度

在一定浓度范围内,药物的浓度与药效成正相关,但增加药物浓度并不能延长作用时间,反而有增加吸收入血引起毒性作用的可能。

3. 加入血管收缩药

在局部麻醉药中加入微量的肾上腺素$\left(\dfrac{1}{100000}\right)$,能使局部麻醉药的维持时间明显延长。但作四肢环状封闭时则不宜加血管收缩药。

4. 用药环境的 pH 值

用药环境(包括制剂、体液、用药的局部等)的 pH 值对局部麻醉药的离子化程度有直接影响,因此应使用药环境的 pH 值尽量接近药物的解离常数,以取得更好的局部麻醉效果。

二、传出神经药物的作用方式

1. 直接作用于受体,通过兴奋或抑制受体产生作用

大多数传出神经药物能直接与受体结合而发挥作用。结合后兴奋受体,产生与递质相似作用的药物,称为拟似药或激动药,如拟胆碱药、拟肾上腺素药。结合后抑制受体,阻止递质与受体结合,产生与递质相反作用的药物,称为拮抗药或阻断药,如抗胆碱药、抗肾上腺素药。

2. 通过影响递质的释放、贮存和转化产生作用

如抗胆碱酯酶药,通过抑制胆碱酯酶活性,减少 Ach 的破坏,产生拟胆碱作用。如麻黄素可促进去甲肾上腺素能神经末梢释放 NA;氨甲酰胆碱可促进胆碱能神经末梢释放 Ach;阿拉明可取代囊泡中的 NA,促进其释放,而发挥拟肾上腺素作用;利血平抑制去甲肾上腺素能神经末梢囊泡的 NA 的摄取,使囊泡内贮存的 NA 逐渐减少,甚至耗竭,妨碍去甲肾上腺素能神经冲动的传导,表现出拮抗去甲肾上腺素能神经的作用等。影响递质生物合成的药物较少,无临床应用价值。

复习思考题

1. 作用于传出神经和传入神经的药物分哪几类?常用药有哪些?
2. 拟胆碱药有哪些?临床上如何应用?
3. 阿托品为什么是抗胆碱药?试分析原因。
4. 试简述局麻药的概念及临床应用。局麻方式有哪些?如何操作?
5. 硫酸阿托品和盐酸肾上腺素的临床应用有哪些?

第六章

用于消化系统的药物

案例描述

一耕牛,采食较多干草后发病,食欲废绝,反刍、嗳气停止,精神变差,左腹部增大,听诊瘤胃蠕动音消失,触诊瘤胃内容物坚实缺乏弹性,手压成坑,不易恢复,体温正常,鼻镜干燥,诊断为瘤胃积食。治疗原则是清理胃肠,促进瘤胃蠕动。请结合药理知识,提出药物治疗方案和原则。

学习目标

⊙ 理解健胃药与助消化药、制酵药与消沫药、瘤胃兴奋药、泻药与止泻药的概念、分类和作用机制。
⊙ 掌握常用消化系统药物的作用、临床应用及注意事项。

职业技能

⊙ 掌握消化系统药物的临床应用,能够合理选择。
⊙ 熟练掌握消化系统药物给药技术。

消化系统疾病种类较多,是家畜的常发病。由于家畜种类不同,其消化系统的结构和机能各异,因而发病情况和种类皆不相同。例如,马常发便秘疝,反刍动物常发前胃疾病。

用于消化系统的药物包括健胃药、助消化药、制酵药、消沫药、瘤胃兴奋药、泻药与止泻药等。

第一节　健胃药与助消化药

▶▶ 一、健胃药

健胃药是指能促进唾液和胃液分泌,调整胃的机能活动,提高食欲和加强消化的一类药物。健胃药按其性质与作用可分为苦味健胃药、芳香性健胃药和盐类健胃药三种。

（一）苦味健胃药

苦味健胃药来源于植物,具有强烈的苦味,经口内服时,刺激舌部味觉感受器,通过神经反射作用,提高大脑皮质食物中枢的兴奋性,反射性地增加唾液与胃液的分泌,有利于消化,提高食欲,起到健胃作用。常用药物有龙胆、马钱子酊、大黄等。

根据其作用机制,临床应用本类药时,应注意以下几点:①制成合适的剂型,如散剂、舔剂、溶液剂、酊剂等。②给药必须经口且接触味觉感受器,不能用胃管投药。③给药宜在饲前 5~30min 进行。④不宜长期反复使用同一类药物,以防降低药效。⑤用量不宜过大,否则反而抑制胃液的分泌。

龙胆(Radix Gentianae)

本品为龙胆科植物龙胆或三花龙胆的干燥根茎和根,其有效成分主要为龙胆苦苷、龙胆糖、龙胆碱等。本品粉末为淡黄棕色,味甚苦,其酊剂由龙胆末 100g,加 40% 乙醇 1000mL 浸制而成。复方龙胆酊即苦味酊由龙胆 100g、橙皮 40g、草豆蔻 10g,加 60% 乙醇适量浸制成 1000mL。

【作用与应用】　本药味苦性寒,因其苦味,内服能作用于舌的味觉感受器,通过迷走神经反射性地兴奋食物中枢,使唾液、胃液的分泌增加以及游离盐酸也相应增多,从而加强消化和提高食欲。一般与其他药物配成复方,经口灌服,临床主要用于治疗动物的食欲缺乏、消化不良等。

【用法与用量】　龙胆酊内服:一次量,马、牛 50~100mL,羊 5~15mL,猪 3~8mL,犬、猫 1~3mL。复方龙胆酊内服:一次量,马、牛 50~100mL,羊、猪 5~20mL,犬、猫 1~4mL。

马钱子酊(Semen Strychni)

马钱子为马钱科植物马钱的成熟种子,味苦,有毒。含有多种类似的生物碱,主要有番木鳖碱等,常制成马钱子酊、马钱子流浸膏。

【作用与应用】　味苦,口服发挥苦味健胃作用。吸收后对脊髓具有选择性兴奋作用。作为健胃药,常用于治疗消化不良、食欲缺乏、前胃迟缓、瘤胃积食等疾病。安全范围较小,应严格控制剂量,中毒时,可用巴比妥类药物或水合氯醛解救。

【用法与用量】　内服,一次量,马、牛 10~30mL,羊、猪 1~2.5mL,犬、猫 0.1~0.6mL。

(二)芳香性健胃药

芳香性健胃药常用的有陈皮、桂皮、姜等制剂,此类药物均含有挥发油,内服除能刺激味觉感受器外,还能刺激消化道黏膜,通过迷走神经反射来增加消化液的分泌,促进胃肠蠕动,增进食欲。此外,还有轻度的抑菌、祛痰等作用。

陈皮(Pericarpium Citri Reticulatae)

本品为芸香科植物橘及其栽培变种的干燥成熟果皮,含挥发油、橙皮苷、新陈皮苷、柑橘素、川陈皮素、肌醇等,常制成陈皮酊。

【作用与应用】 内服发挥芳香性健胃药作用,能刺激消化道黏膜,增强消化液的分泌及胃肠蠕动,显现健胃祛风的功效。用于消化不良、积食气胀等。

【用法与用量】 内服,一次量,马、牛 30~100mL,羊、猪 10~20mL,犬、猫 1~5mL。

桂皮(Cassia Bark)

本品为樟科植物肉桂的干燥树皮,含挥发性桂皮油,其主要成分为桂皮醛,常制成桂皮粉、桂皮酊。

【作用与应用】 对胃肠黏膜有温和刺激作用,可解除内脏平滑肌痉挛,缓解肠道痉挛性疼痛,同时有扩张末梢血管作用,能改善血液循环。主要用于消化不良、风寒感冒、产后虚弱等。孕畜慎用。

【用法与用量】 桂皮粉内服,一次量,马、牛 15~45g,羊、猪 3~6g,兔、禽 0.5~1.5g。桂皮酊内服,一次量,马、牛 30~100mL,羊、猪 10~20mL。

姜(Ginger)

本品为姜科植物姜的干燥根茎,含姜辣素、姜烯酮、姜酮、挥发油,挥发油含龙脑、桉油精、姜醇、姜烯等成分,常制成姜酊。

【作用与应用】 本品温中散寒。内服后,能显著刺激胃肠道黏膜,引起消化液分泌,增进食欲。还具有抑制胃肠道异常发酵及促进气体排出的作用。用于消化不良、食欲缺乏、胃肠气胀等。孕畜禁用。

【用法与用量】 内服,一次量,马、牛 15~30g,羊、猪 3~10g,犬、猫 1~3g,兔 0.3~1g。

(三)盐类健胃药

盐类健胃药常用的有氯化钠、碳酸氢钠、人工盐等,此类药物内服后通过渗透压作用,轻度刺激消化道黏膜,反射性地引起胃肠蠕动增强,消化液分泌增加,食欲增强,促进消化。

氯化钠(Sodium Chloride)

本品为无色、透明结晶性粉末,无臭、味咸,易溶于水,水溶液呈弱碱性,在潮湿的空气中易潮解,应密闭保存。

【作用与应用】 ①内服少量氯化钠,其咸味刺激味觉感受器,渗透压作用于消化道黏膜,反射性地引起消化液分泌增加,胃肠蠕动增强,有健胃作用。②0.9%的溶液为等渗溶液,常作为多种药物的溶媒。③1%~3%的溶液洗涤创伤,5%~10%的溶液用于洗涤化脓创,有防腐消炎作用。④10%的溶液静脉注射,常有促进反刍、兴奋瘤胃的作用。

【注意事项】 ①猪、家禽比较敏感,应注意用量。②过量中毒可用溴化物、脱水药或利尿药等进行对症治疗。

【用法与用量】 内服,一次量,马10~25g,牛20~50g,羊5~10g,猪2~5g。

碳酸氢钠(Sodium Bicarbonate)

本品又称小苏打,为白色结晶性粉末,无臭,味咸,在潮湿空气中缓慢分解,易溶于水,常制成注射液和片剂。

【作用与应用】 ①本品为弱碱性盐,内服后能迅速中和胃酸,缓解幽门括约肌的紧张度,用于胃酸偏高性消化不良。②内服吸收或静脉注射后可增高血液中的碱储,用于治疗酸中毒。③过多的碱经尿排出,可使尿液碱化,防止磺胺类等药物在尿中析出形成结晶,引起中毒。

【注意事项】 ①中和胃酸后,可继发性引起胃酸过多。②禁与酸性药物混合应用。

【用法与用量】 内服,一次量,马15~60g,牛30~100g,羊5~10g,猪2~5g,犬1~2g。

人工盐(Artificial Carlsbad Salt)

本品又被称为人工矿泉盐,由干燥硫酸钠44%、碳酸氢钠36%、氯化钠18%、硫酸钾2%混合制成。白色粉末,易溶于水,水溶液呈弱碱性。

【作用与应用】 内服小剂量,由于具有较强的咸味、苦味,可刺激口腔黏膜及味觉感受器,具有增强食欲、促进胃肠蠕动和分泌的作用,也有中和胃酸的作用。内服大剂量有缓泻作用。常用于猪的消化不良或配合制酵药用于初期便秘的治疗。

【注意事项】 ①禁与酸性药物配伍应用。②作为缓泻药使用时需大量饮水。

【用法与用量】 健胃,内服,一次量,马50~100g,牛50~150g,羊、猪10~30g,兔1~2g。缓泻,内服,一次量,马、牛200~400g,羊、猪50~100g,兔4~6g。

二、助消化药

助消化药是指促进胃肠道消化的药物。一般是消化液中的主要成分,用来补充消化液中某些成分的不足,发挥替代疗法的作用。常用药物有稀盐酸、胃蛋白酶、干酵母、乳酶生等。

稀盐酸(Dilute Hydrochloric Acid)

本品为无色澄明液体,无臭,呈强酸性反应,应置玻璃塞瓶内密封保存。

【作用与应用】 ①本品为10%的盐酸溶液,用后可使胃内酸度增加,胃蛋白酶活性增强,主要用于胃酸缺乏引起的消化不良、胃内发酵等。②使胃内保持一定的酸度,有利于胃排空及钙、铁等矿物质的溶解与吸收,同时还有抑菌制酵作用。

【注意事项】 ①禁与碱类、有机酸盐类等配伍应用。②用量不宜过大,否则胃酸过高刺激胃黏膜,反射性地引起幽门括约肌痉挛,影响胃排空。③用前须加水50倍稀释成0.2%的溶液。

【用法与用量】 内服,一次量,马 10~20mL,牛 15~20mL,羊 2~5mL,猪 1~2mL,犬、禽 0.1~0.5mL。

胃蛋白酶(Pepsin)

本品为白色或淡黄色粉末,是从牛、猪、羊等动物胃黏膜提取的一种蛋白分解酶,每克中含蛋白酶活力不得少于 3800U。

【作用与应用】 内服本品可使蛋白质初步水解成蛋白胨,有助于消化。常与稀盐酸同服用于胃蛋白酶缺乏引起的消化不良。本品在 0.2%~0.4%(pH1.6~1.8)盐酸的环境中作用最强。

【注意事项】 ①禁与碱性药物、鞣酸、金属盐等配伍。②温度超过70℃很快失效,宜饲前服用。

【用法与用量】 内服,一次量,马、牛 4000~8000U,羊、猪 800~1600U,驹、犊 1600~4000U,犬 80~800U,猫 80~240U。

干酵母(Saccharomyces Siccum)

本品为淡黄白色或淡黄棕色的颗粒或粉末,味微苦,有酵母的特臭,为麦酒酵母菌或葡萄汁酵母菌的干燥菌体。

【作用与应用】 本品富含多种 B 族维生素等生物活性物质,是机体内某些酶系统的重要组成部分,能参与糖、蛋白质、脂肪的代谢和生物氧化过程。常用于食欲缺乏、消化不良和 B 族维生素缺乏症。

【注意事项】 ①用量过大,可导致腹泻。②含有大量的对氨基苯甲酸,不宜与磺胺类物合用。

【用法与用量】 内服,一次量,马、牛 120~150g,羊、猪 30~60g,犬 8~12g。

乳酶生(Biofermin)

本品为白色或淡黄色干燥制剂,微臭,无味,难溶于水。每克含活乳酸杆菌 1000 万以上,常制成片剂。

【作用与应用】 本品为活性乳酸杆菌制剂,能分解糖类生成乳酸,使肠内酸度提高,抑制肠内病原菌繁殖,防止蛋白质发酵,减少肠内产气。主要用于胃肠异常发酵和腹泻、肠臌气等。

【注意事项】 不宜与抗菌药、吸附剂、收敛药、酊剂等配伍应用。

【用法与用量】 内服,一次量,驹、犊 10~30g,羊、猪 2~4g,犬 0.3~0.5g。

第二节 制酵药与消沫药

一、制酵药

制酵药是指能抑制胃肠内细菌发酵或酶的活力,防止大量气体产生的药物,常见药物有鱼石脂、芳香氨醑、乳酸、甲醛溶液等。

鱼石脂(Ichthammol)

本品为棕黑色浓厚的黏稠性液体,有特臭,能溶于热水,呈弱酸性,常制成软膏。

【作用与应用】 ①内服能抑制胃肠内微生物的繁殖,有促进胃肠蠕动、防腐、制酵作用,常用于瘤胃鼓胀、前胃弛缓、急性胃扩张等。②外用对局部有温和刺激作用,可消肿,促使肉芽新生,常配成10%～30%软膏用于慢性皮炎、蜂窝织炎等。

【注意事项】 内服时,用倍量的乙醇溶解,再加水稀释成3%～5%的溶液。

【用法与用量】 内服,一次量,马、牛10～30g,羊、猪1～5g,兔0.5～0.8g。

芳香氨醑(Aromatic Ammonia Spirit)

本品为无色澄明液体,久置后变黄,具芳香及氨臭味。由碳酸铵30g、浓氨水溶液60mL、柠檬油5mL、八角茴香油3mL、90%乙醇750mL,加水至1000mL 混合而成。

【作用与应用】 品中所含成分氨、乙醇、茴香油等均有抑菌作用,对局部组织有一定的刺激作用。内服后可制止发酵和促进胃肠蠕动,有利于气体的排出,同时由于刺激胃肠道,增加消化液的分泌,可改善消化机能。常用于消化不良、瘤胃鼓胀、急性肠鼓气等。

【注意事项】 可配合氯化铵治疗急性、慢性支气管炎。

【用法与用量】 内服,一次量,马、牛30～60mL,羊、猪3～8mL,犬0.6～4mL。

乳酸(Lactic Acid)

本品为澄明无色或微黄色糖浆状液体,无臭,味微酸,常制成85%～90%乳酸溶液。

【作用与应用】 内服具有防腐制酵作用,可增加消化液分泌,有利于消化。常配成2%溶液灌服用于防治胃酸偏低性消化不良、胃内发酵、胃扩张及幼畜消化不良等。外用1%温溶液灌洗阴道,可治疗滴虫病,蒸气可用于空气消毒。

【注意事项】 禁与氧化剂、氢碘酸、蛋白质溶液及重金属盐配伍。

【用法与用量】 内服,一次量,马、牛5～25mL,羊、猪0.5～3mL。

二、消沫药

消沫药是指能降低泡沫液膜的局部张力,使泡沫迅速破裂,从而使泡内气体逸散的药物,常见消沫药物有二甲硅油、松节油、植物油等。

二甲硅油(Dimethicone)

本品为无色透明油状液体,无臭,无味,不溶于水与乙醇。

【作用与应用】 内服后降低泡沫液膜的局部张力,使小气泡破裂,融合成大气泡,气体随嗳气排出,常用于瘤胃泡沫性鼓胀病。本品作用迅速,在用药后5min左右起作用,15~30min时作用最强。

【注意事项】 临用时配成2%~3%乙醇或煤油溶液,常采用胃管投药,灌服前后灌小量温水减轻局部刺激。

【用法与用量】 内服,一次量,牛3~5g,羊1~2g。

第三节 瘤胃兴奋药

瘤胃兴奋药是指能促进瘤胃平滑肌收缩,加强运动,促进反刍,消除瘤胃积食与气胀的一类药物,又称反刍促进药。常见药物有拟胆碱药、抗胆碱酯酶药、浓氯化钠注射液等。本节仅介绍浓氯化钠注射液,其他药物见相关章节。

浓氯化钠注射液(Concentrated Sodium Chloride Injection)

本品为10%氯化钠灭菌水溶液,无色透明,味咸,pH值为4.5~7.5,专供静脉注射用。

【作用与应用】 注射后可提高血液渗透压,使血容量增多,从而改善心血管活动,同时能反射性地兴奋迷走神经,促进胃肠蠕动及分泌,增强反刍。当胃肠机能减弱时,这种作用更加显著。常用于前胃弛缓,瘤胃积食,马、骡便秘疝等。本品作用缓和,疗效较好,一般在用药后2~4h作用最强,12~24h逐渐消失。

【注意事项】 ①静脉注射时不能稀释,注射速度宜慢,不可漏到血管外,一般只用一次,必要时次日再用一次。②心力衰竭和肾功能不全的患畜慎用。

【用法与用量】 静脉注射,一次量,每千克体重,牛、羊0.1g。

第四节 泻药与止泻药

▶▶ 一、泻药

泻药是指能促进肠道蠕动,增加肠内水分,软化粪便,加速排泄的一类药物。临床主要用于治疗便秘、排除肠内腐败产物或毒物,还可与驱虫药合用驱除肠道内寄生虫。根据作用特点泻药可分为容积性泻药、刺激性泻药和润滑性泻药三类。

（一）容积性泻药

容积性泻药是指能扩张肠腔容积、产生机械性刺激作用而致泻的一类药物，又称盐类泻药。常用药物有硫酸钠、硫酸镁，其水溶液含有不易被胃肠黏膜吸收的硫酸根离子和镁离子，在肠内形成高渗，保持大量水分，增加肠内容积，肠道被扩张，机械性地刺激肠道，反射性地引起肠蠕动增强而排便。

盐类泻药的致泻作用与溶液浓度、用量和吸收难易程度有关。硫酸钠等渗溶液为3.2%，硫酸镁等渗溶液为4%，导泻时应配成高渗溶液灌服，但溶液浓度超过10%不仅会延长致泻时间，而且会刺激幽门括约肌引起痉挛，影响胃内容物排空。

硫酸钠（Sodium Sulfate）

本品为无色透明结晶，味苦而咸，易溶于水。干燥硫酸钠具有吸湿性，应密闭保存。

【作用与应用】 ①内服小剂量硫酸钠溶液，发挥盐类健胃作用。②内服大剂量溶液，因不易被吸收而提高肠内渗透压，保持大量水分，增加肠内容积，软化粪便，产生泻下作用。临床上常配成4%～6%溶液灌服用于治疗大肠便秘，排除肠内腐败产物、毒物，还可与驱虫药合用驱除肠道内寄生虫。③外用10%～20%溶液可治疗化脓创、瘘管等。

【注意事项】 ①小肠便秘或便秘后局部产生炎症不宜选用。②对孕畜或衰弱病不安全，孕畜易导致流产。③用药前应进行补液或大量饮水，否则影响泻下效果。

【用法与用量】 健胃，内服，一次量，马15～50g，羊、猪3～10g。导泻，内服，一次量，马200～500g，牛300～800g，羊50～100g，猪25～50g，犬10～20g，猫2～5g。

硫酸镁（Magnesium Sulfate）

本品为无色针状结晶，味苦而咸，易溶于水，在空气中易风化，应密闭保存。

【作用与应用】 ①内服后的泻下作用同硫酸钠。②注射具有抗惊厥作用，详见抗惊厥药。

【注意事项】 ①导泻使用浓度为6%～8%。②中毒时可静脉注射氯化钙解救。③其他参见硫酸钠。

【用法与用量】 导泻，内服，一次量，马200～500g，牛300～800g，羊50～100g，猪20～50g，犬10～20g，猫2～5g。

氧化镁（Magnesium Oxide）

本品为白色或淡黄色粉末，无臭，无味，不溶于水或乙醇。

【作用与应用】 ①具有吸附作用，能吸收二氧化碳气体。②与胃酸作用生成氯化镁，在肠道内部分形成碳酸镁，能吸收水分而致轻泻。常用于胃肠臌气。

【注意事项】 ①本品与抗凝血药内服合用，减弱抗凝血作用。②与四环素类合用可减少其吸收而降低抗菌作用。

【用法与用量】 内服，一次量，马、牛50～100g，羊、猪2～10g。

（二）刺激性泻药

刺激性泻药是指能对肠壁产生化学性刺激而引起泻下的药物。内服后，在肠内代谢分解出有效成分,并对肠黏膜感受器产生化学刺激作用,促使肠管蠕动,引发泻下作用,本类药物还能加强子宫平滑肌收缩,可使孕畜流产。常见药物有大黄、芦荟、番泻叶、蓖麻油、巴豆油等。

大黄(Radix et Rhizoma Rhei)

本品为蓼科植物掌叶大黄、药用大黄或唐特大黄的根茎,味苦、性寒。其主要成分是苦味质、鞣质及蒽醌苷类衍生物,常制成大黄粉、大黄酊。

【作用与应用】 大黄作用与所含成分及用量有关。内服小剂量大黄,呈现苦味健胃作用。中等剂量大黄,其鞣质发挥收敛止泻作用。大剂量时蒽醌苷类衍生物大黄素等起主要作用,产生致泻作用。大黄泻下作用缓慢,因含鞣质排便后易继发便秘。常与硫酸钠配合应用,用于治疗便秘。

【用法与用量】 健胃,内服,一次量,马 10~25g,牛 20~40g,羊 2~4g,猪 2~5g,犬 0.2~2g。止泻,内服,一次量,马 25~50g,牛 50~100g,猪 5~10g,犬 3~7g。致泻,内服,一次量,马 60~100g,牛 100~150g,驹、犊 10~30g,仔猪 2~5g,犬 2~7g。

蓖麻油(Castor Oil)

本品是由大戟科植物蓖麻籽制取的植物油,是几乎无色或微带黄色的澄清黏稠液体,不溶于水,易溶于醇。

【作用与应用】 本品本身无刺激性,只有润滑作用,内服后在十二指肠受胰脂肪酶作用部分分解生成甘油和蓖麻油酸。后者转成蓖麻油酸钠,刺激小肠黏膜感受器,引起小肠蠕动,导致泻下。临床主要用于幼畜或小动物小肠便秘。

【注意事项】 ①本品有刺激性,不宜用于孕畜、肠炎病畜。②不宜用于排除毒物或与驱虫药并用。③不能长期反复应用,以免妨碍消化功能。④大家畜特别是牛致泻效果不确实。

【用法与用量】 内服,一次量,马 250~400mL,牛 300~600mL,羊、猪 50~150mL,犬 15~60mL,猫 10~20mL。

(三) 润滑性泻药

滑润性泻药是指能滑润并软化粪便,使其易于排出的药物。来源于动物、植物和矿物,常用的矿物油有液状石蜡,植物油有豆油、花生油、菜籽油、棉籽油等,动物油有豚脂、酥油、獾油等,故又称油类泻药。

液状石蜡(Liquid Paraffin)

本品为石油提炼过程中制得的由多种液状烃组成的混合物,无色透明,无臭,无味,不溶于水。

【作用与应用】 本品在消化道中不被代谢和吸收,大部分以原形通过全部肠管,产生润滑肠道和保护肠黏膜的作用,也可阻碍肠内水分吸收而软化粪便。临床常用于小肠阻塞、瘤胃积食及便秘,也可用于孕畜和患肠炎病畜。

【注意事项】 本品作用温和,但不宜反复使用,以免影响消化及阻碍脂溶性维生素及钙、磷等的吸收。

【用法与用量】 内服,一次量,马、牛 500~1500mL,驹、犊 60~120mL,羊 100~300mL,猪 50~100mL,犬 10~30mL,猫 5~15mL。

酚酞(Phenolphthalein)

本品为白色或微带黄色结晶或粉末,无臭,无味,不溶于水,可溶于乙醇。

【作用与应用】 本品在肠道内遇胆汁或碱性肠液才缓慢分解,形成可溶性钠盐。该盐刺激结肠黏膜,促进肠蠕动而起缓泻作用。常用于犬的便秘,对习惯性便秘疗效较好,但对草食动物的致泻效果不可靠。

【用法与用量】 内服,一次量,犬 0.2~0.5g。

二、止泻药

止泻药是指能控制腹泻的药物,主要通过减少肠道蠕动或保护肠道免受刺激而达到止泻作用。适用于剧烈腹泻或长期慢性腹泻,以防止机体过度脱水、水盐代谢紊乱、营养吸收障碍。根据作用特点可分为保护性止泻药、吸附性止泻药、肠道平滑肌抑制药等。

(一)保护性止泻药

保护性止泻药是通过凝固蛋白质形成保护层,使肠道免受有害因素刺激,减少分泌,起收敛保护黏膜作用。常见药物有鞣酸、鞣酸蛋白、碱式蛋白、碱式硝酸铋、酸式碳酸铋等。

鞣酸蛋白(Tannalbumin)

本品为淡黄色或淡棕色粉末,无臭,无味,不溶于水,在氢氧化钠或碳酸钠溶液中易分解,由鞣酸和蛋白各 50% 制成。

【作用与应用】 本品在肠道内遇碱性肠液才逐渐分解成鞣酸及蛋白,鞣酸与黏液蛋白生成薄膜,产生收敛而呈止泻作用。肠炎和腹泻时肠道内生成的鞣酸蛋白薄膜对炎症部位起消炎、止血及制止分泌作用。临床主要用于非细菌性腹泻和急性肠炎等。

【注意事项】 ①细菌性肠炎时应先用抗菌药物控制感染后再用本品。②猫较敏感,应慎用。

【用法与用量】 内服,一次量,马、牛 10~20g,羊、猪 2~5g,犬 0.2~2g,猫 0.15~2g。

碱式碳酸铋(Bismuth Subcarbonate)

本品为白色或微淡黄色粉末,无臭,无味,遇光可缓慢变质,在水或乙醇中不溶。

【作用与应用】 内服难吸收,大部分覆盖于胃肠黏膜表面,且能与肠内硫化氢反应,形成不溶性硫化铋,覆盖于肠黏膜表面,起到机械性保护作用,同时减少硫化氢对肠黏膜的刺激。小部分在胃肠内缓慢地解离出铋离子,与蛋白质结合,呈收敛保护作用。另外,在炎性组织中能缓慢地解离出铋离子,能与组织蛋白和细菌蛋白结合,产生收敛与抑菌作用。临床常用于胃肠炎和腹泻症。

【注意事项】 病原菌引起的腹泻,先用抗微生物药控制感染后再用本品。

【用法与用量】 内服,一次量,马、牛 15~30g,羊、猪、驹、犊 2~4g,犬 0.3~2g,猫 0.4~0.8g。

（二）吸附性止泻药

吸附性止泻药是通过表面吸附细菌、毒素及毒物等作用，减轻对肠黏膜的损害。常见药物有药用炭、氧化镁、白陶土等。

药用炭（Medical Charcoal）

本品为黑色疏松粉末，无臭，无味，不溶于水。在空气中吸收水分会降低药效，必须干燥密闭保存。

【作用与应用】 本品颗粒小，表面积大（$500 \sim 800 m^2/g$），吸附作用强。内服后不被消化吸收，能吸附胃肠内多种有毒物质，减少毒物等对肠黏膜的刺激。常用于腹泻、肠炎或生物碱类药物中毒的解救。

【注意事项】 ①本品吸收有害物质时，也能吸附营养物质，影响消化，不宜反复使用。②本品吸附作用是可逆的，吸附毒物时，必须用盐类泻药促使排出。③禁与抗生素等合用，以免影响药效。

【用法与用量】 内服，一次量，马、牛 100～300g，羊、猪 10～25g，犬 0.3～2g，猫 0.15～0.25g。

白陶土（Kaolin）

本品为类白色粉末，加水湿润后有类似黏土的气味，几乎不溶于水。

【作用与应用】 ①内服呈吸附性止泻作用，吸附力弱于药用炭，可用于幼畜腹泻。②外用作为敷剂和撒布剂的基质。

【注意事项】 与药用炭相似。

【用法与用量】 内服，一次量，马、牛 100～300g，羊、猪 10g。

（三）肠道平滑肌抑制药

肠道平滑肌抑制药是通过抑制肠道平滑肌蠕动而产生止泻作用。常见药物有阿托品、颠茄酊、阿片酊等。此类药物副作用较大，常会继发胃肠弛缓、瘤胃膨胀等，应用时应加以注意。

三、泻药与止泻药的合理选用

（一）泻药的合理选用

大肠便秘的早、中期，一般首选盐类泻药如硫酸钠或硫酸镁，也可大剂量灌服人工盐（200～400g）缓泻。

小肠阻塞的早、中期，一般以选用液状石蜡、植物油为主。优点是容积小，对小肠无刺激性，且有润滑作用。

排除毒物，一般选用盐类泻药，不宜用油类泻药，以防促进脂溶性毒物吸收而加重病情。

便秘后期，局部已产生炎症或其他病变时，一般只能选用润滑性泻药，并配合补液、强心、消炎等。

在应用泻药时,要防止因泻下作用太猛,水分排出过多而引起病畜脱水或继发肠炎。对泻下作用峻烈的泻药一般只投药一次,不宜多用。用药前应注意给予充分饮水。对幼畜、孕畜及体弱患畜的便秘,多选用人工盐或润滑性泻药。单用泻药不能奏效时,应进行综合治疗,如治疗便秘时,泻药与制酵药、强心药、体液补充剂配合应用,效果较好。

(二) 止泻药的合理选用

腹泻是机体的一种保护性反应,有利于细菌、毒物或腐败分解产物的排出。腹泻的早期不应立即使用止泻药,应先用泻药排除有害物质,再用止泻药。但剧烈或长期腹泻,不仅影响营养物质的吸收,严重的还会引起机体脱水及钾、钠、氯等电解质紊乱,这时必须立即应用止泻药,并注意补充水分和电解质等,采取综合治疗。

治疗腹泻时,应先查明腹泻的原因,然后根据需要选用止泻药。例如,细菌性腹泻特别是严重急性肠炎时,应给予抗菌药止泻,一般不选用吸附药和收敛药;对大量毒物引起的腹泻,不能急于止泻,应先用盐类泻药以促进毒物排出,待大部分毒物从消化道排出后,方可用碱式硝酸铋等保护受损的胃肠黏膜,或用活性炭吸附毒物;一般的急性水泻往往导致脱水、电解质紊乱,应首先补液,然后再用止泻药。

一、健胃药与助消化药的选用

健胃药、助消化药均可用于治疗消化不良、食欲缺乏等胃肠机能障碍所致的疾病,但应根据病情恰当而合理地选用,才可取得良好的治疗效果。为增强健胃药的作用,多采用复方制剂或联合用药。

在马属动物消化不良时,如出现口干、色红、苔黄、粪干等症状,可选用苦味健胃药;若出现口腔湿润、色青白、苔白、粪软,可选用人工盐等盐类健胃药并配合酊剂内服;如伴有消化道炎症,忌用酊剂,以减少刺激。

一般家畜消化不良并伴有胃肠弛缓、体质虚弱、四肢无力时,应选用芳香健胃药及配以小量马钱子酊。有异常发酵时再配以制酵药。

当草食兽不吃草料时,可选用胃蛋白酶配合稀盐酸。牛摄入蛋白质丰富的饲料后,瘤胃内有大量的氨产生,影响瘤胃活动,早期宜选用稀盐酸。猪消化不良,可用大黄苏打片等健胃药。禽类消化不良,多用大蒜或助消化药。哺乳幼畜消化不良,主要选用助消化药。

一些家畜因全身性疾病而引起消化不良时,除选用健胃药外,必须针对病因进行综合治疗。

二、瘤胃兴奋药、制酵药及消沫药的选用

牛、羊前胃弛缓,反刍停止,是牛、羊常见的症状,可见于多种疾病,临床中应分析原因,采取综合治疗措施,方可取得满意效果。一般瘤胃兴奋药多选用高渗氯化钠静注,以增强胃肠蠕动,促进反刍。在其他药治疗无效时,再选用拟胆碱药新斯的明。若应用毛果芸香碱,应注意及时补液,以防脱水。

制酵药主要用于一般性胃肠鼓胀，可用鱼石脂，并配合乙醇或酊剂。对严重危急的鼓胀，在放气的同时应配合药物治疗。

消沫药是治疗瘤胃泡沫性鼓胀的特效药，除可选用二甲硅油、松节油、植物油外，也可用6%稀醋酸、醋、煤油等。但煤油的不良气味易污染肉乳制品，应慎用。民间有的用烟叶浸剂或十滴水12~15瓶加水500~800mL灌服，治疗泡沫性鼓胀也有较好疗效，且易取得。

多数健胃药均有一定的兴奋瘤胃、促进反刍的作用，也可配合应用。

复习思考题

1. 简述苦味健胃药的作用机制及应用注意事项。
2. 简述消沫药的作用机制、代表性药物及适应证。
3. 简述硫酸钠导泻机制及临床应用。

第七章

用于呼吸系统的药物

案例描述

某家牛咳嗽,病初为干、短、痛性咳嗽,3~4d 后为湿润而长的咳嗽,经常发作,咳出灰白色或黄色痰液,经兽医诊断为支气管炎。请你结合所学的药理知识,开出药物处方。

学习目标

- 了解作用于呼吸系统药物的分类。
- 理解祛痰药、镇咳药与平喘药的概念、作用机制、临床应用及注意事项。
- 掌握祛痰药、镇咳药与平喘药的临床合理选用。

职业技能

- 学会观察药物对离体支气管平滑肌的松弛作用。
- 掌握呼吸系统药物的临床应用,能够合理选药。

动物呼吸系统疾病主要表现为咳嗽、气管和支气管分泌物增多、呼吸困难。其病因包括物理与化学因素刺激、过敏反应、细菌与病毒感染等。所以,一般先对因治疗,并及时使用祛痰药、镇咳药或平喘药以缓解症状。

第一节 祛痰药

祛痰药是能增加呼吸道分泌、使痰液变稀并易于排出的药物。祛痰药还有间接镇咳、平喘作用。因为各种异常刺激使气管分泌物增多或因黏膜上皮纤毛运动减弱,痰液不能及时排出,刺激黏膜下感受器引起咳嗽或痰液黏附于支气管使其变窄导致喘息。当痰液排出后,便起到镇咳、平喘作用。

氯化铵(Ammonium Chloride)

本品为无色立方晶体或白色结晶性粉末,味咸、微苦,水溶液呈弱酸性,加热时酸性增强,常制成片剂和粉剂。

【作用与应用】 ①本品有较强的祛痰作用,内服后刺激胃黏膜迷走神经末梢,反射性引起支气管腺分泌增加,使痰液变稀,易于咳出。②本品内服后有酸化体液和尿液的作用,可用于纠正碱中毒。③本品在体内解离出 Cl^-,过多的 Cl^- 在肾小管不能被完全吸收,与水、阳离子一同排出,故有一定的利尿作用。

本品主要用于支气管炎症初期的祛痰,也作为酸化剂,在弱碱性药物中毒时可加速药物的排泄。

【注意事项】 ①本品单胃动物服用后有恶心、呕吐反应,过量或长期服用可造成酸中毒。②严重肝肾功能不全、溃疡病、代谢性酸血症患畜禁用。③本品与碱或重金属盐类发生分解反应,与磺胺类药物并用可使其在尿道中析出结晶,发生泌尿道损伤。

【用法与用量】 内服,一次量,马 5～10g,羊、猪 1～2g,犬、猫 0.2～1g,禽 0.5g。

碘化钾(Potassium Iodide)

本品为无色晶体或白色结晶性粉末,味咸、微苦,极易溶于水,常制成片剂。

【作用与应用】 ①本品内服后部分从呼吸道腺体排出,刺激呼吸道黏膜,反射性引起支气管腺分泌增加,使痰液变稀,易于咳出。②本品可用于配制碘酊或碘溶液。③静脉注射还可用于治疗牛的放线菌病。

本品主要用于亚急性或慢性支气管炎的治疗。

【注意事项】 ①本品在酸性溶液中能析出游离碘。②本品刺激性较强,不适于急性支气管炎症的治疗。③与甘汞混合后能生成金属汞和碘化汞,使毒性增强,遇生物碱能产生沉淀。④肝、肾功能低下的患畜慎用。

【用法与用量】 内服,一次量,马 5～10g,羊、猪 1～3g,犬 0.2～1g,猫 0.1～0.2g,鸡 0.05～0.1g。

乙酰半胱氨酸(Acetylcysteine)

本品又名痰易净、易咳净,为白色结晶性粉末,可溶于水及乙醇,为黏痰溶解性祛痰剂。

【作用与应用】 气管、支气管分泌的正常组成为 95%水、2%糖蛋白、1%碳水化合物和少于 1%类脂化合物。糖蛋白增加分泌物的黏性,对黏膜提供保护的润滑性。而感染和慢性炎症性疾病对呼吸道分泌有影响,糖蛋白将被炎症的降解产物(如 DNA)所取代,杯状细胞数的增加,结果使呼吸道分泌物的黏性增加。本药结构中的巯基(—SH)能使痰液中糖蛋白的多肽链中的二硫键(—S—S—)断裂,降低黏痰的黏性,对脓痰中的 DNA 也有降解作用。故适用于黏痰阻塞气道咳嗽困难的患畜。一般以喷雾法给药,最适 pH 值为 7～9。进行气管内滴入,可迅速使痰液变稀,便于吸引排痰。

乙酰半胱氨酸在兽医临床主要用作呼吸系统和眼的黏液溶解药,也可用于小动物扑热息痛中毒的治疗。

【用法与用量】 喷雾:犬、猫50mL/h,每12h喷雾30~60min。中等动物2~5 mL,2~3次/天;用5%溶液自气管插管或直接滴入气管内,牛、马3~5 mL,2~4次/天。

第二节 镇咳药

镇咳药是能减轻或制止咳嗽的药物。咳嗽是呼吸道受到各种异常刺激时引起的一种保护性反射,具有促进呼吸道的痰液和异物排出,保持呼吸道清洁与通畅的作用。对无痰而剧烈或频繁的干咳,易导致肺气肿或心脏功能障碍等不良后果,此时应适当地应用镇咳药,以缓解咳嗽。

二氧丙嗪(Dioxopromethazine)

本品又称克咳敏,为白色或微黄色粉末或结晶粉末,无臭,味苦,在水中溶解,常制成片剂。

【作用与应用】 ①本品具有较强的镇咳作用,并具有抗组胺、解除平滑肌痉挛、抗炎和局部麻醉作用。②本品镇咳作用于服用后30~60min显效,持续4~6h。病程越短,疗效越好。

本品主要用于支气管炎等多种原因引起的咳嗽及过敏性哮喘。

【注意事项】 ①本品安全范围比较窄,不得超过治疗量使用。②动物可出现嗜睡、乏力,使用过量可造成惊厥。

【用法与用量】 内服,一次量,羊、猪5~10mg,犬0.25~5mg,鸡0.5mg。混饮,每升水,鸡2.5~5mg。

喷托维林(Pentoxyverine)

本品又称咳必清,为白色或类白色结晶或颗粒性粉末,无臭、味苦,易溶于水,常制成片剂。

【作用与应用】 ①本品具有选择性抑制咳嗽中枢作用,但作用较弱。②部分从呼吸道排出,对呼吸道黏膜有轻度的局部麻醉作用,故有外周性镇咳作用。③较大的剂量有阿托品样平滑肌解痉作用,有松弛支气管平滑肌作用。

本品常与祛痰药合用治疗伴有剧烈干咳的急性上呼吸道感染。

【注意事项】 ①本品主要用于各种原因引起的干咳。②大剂量使用易引起腹胀和便秘。③多痰、心脏功能不全并伴有肺部瘀血的病畜禁用。

【用法与用量】 内服,一次量,牛、马0.5~1g,羊、猪0.05~0.1g。

第三节 平喘药

平喘药是缓解或消除呼吸系统疾患所引起的气喘症状的药物,按其作用特点分为支气管扩张药和抗过敏药。治疗气喘时应根据临床病情及早合理使用抗炎药(如糖皮质激素),结合使用平滑肌松弛药、抗胆碱药和抗过敏药,才能取得较理想的治疗效果。

氨茶碱(Aminophylline)

本品为白色或微黄色颗粒或粉末状,易结块,微有氨臭,味苦,在空气中吸收二氧化碳并分解成茶碱,在水中溶解,常制成片剂和注射液。

【作用与应用】 ①本品对呼吸道平滑肌有直接松弛作用,可解除支气管平滑肌痉挛,缓解支气管黏膜的充血水肿,发挥相应的平喘功效。②本品对呼吸中枢有兴奋作用,可使呼吸中枢对二氧化碳的刺激阈值下降,呼吸深度增加。③有较弱的强心和利尿作用。

本品主要用于缓解支气管哮喘症状,也可用于心功能不全或肺水肿的患畜。

【注意事项】 ①本品碱性较强,局部刺激性较大,内服可引起恶心、呕吐等反应,肌内注射会引起局部红肿、疼痛。②静脉注射或静脉滴注如用量过大、浓度过高或速度过快,都可强烈兴奋心脏和中枢神经,故需稀释后注射并注意掌握速度和剂量。③肝功能低下、心衰的患畜慎用。④本品与克林霉素、红霉素、四环素、林可霉素合用时,可降低本品在肝脏的清除率,使血药浓度升高,甚至出现毒性反应。⑤与其他茶碱类药合用时,不良反应会增多。⑥酸性药物可增加其排泄,碱性药物可减少其排泄。⑦与儿茶酚胺类及其他拟交感神经药合用,能增加心律失常的发生率。

【用法与用量】 内服,一次量,每千克体重,马 5~10mg,犬、猫 10~15mg。肌内、静脉注射,一次量,马、牛 1~2g,羊、猪 0.25~0.5g,犬、猫 0.05~0.1g。

第四节 祛痰、镇咳与平喘药的合理选用

祛痰药、镇咳药和平喘药具有排痰、止咳和平喘作用,仅用于对症治疗。对因治疗的同时还应根据病因发病阶段合理选用本类药物进行辅助治疗。

呼吸道炎症初期,痰液黏稠而不易咳出,可选用氯化铵祛痰;呼吸道感染伴有发热等全身症状,应以抗菌药控制感染为主,同时选用刺激性较弱的祛痰药(如氯化铵);当痰液黏稠度高,频繁咳嗽且难以咳出时,选用碘化钾或其他刺激性药物(如松节油等)蒸气吸入。

痰多咳嗽或轻度咳嗽,不应选用镇咳药止咳,要选用祛痰药将痰液排出,咳嗽就会减轻或停止;对长时间频繁而剧烈的疼痛性干咳,应选用镇咳药(如可待因等)止咳,或选用镇咳

药与祛痰药配伍应用,如复方甘草合剂、复方枸橼酸喷托维林糖浆等;对急性呼吸道炎症初期引起的干咳,可选用喷托维林;小动物干咳可选二氧丙嗪。

对因细支气管积痰而引起的气喘,镇咳、祛痰后气喘可得到缓解;因气管痉挛引起的气喘,可选平喘药治疗;一般轻度气喘,可选氨茶碱或麻黄碱平喘,辅以氯化铵、碘化钾等祛痰药进行治疗。但不宜应用可待因或喷托维林等镇咳药,因这类药能阻止痰液的咳出反而加重喘息。糖皮质激素、异丙肾上腺素等均有平喘作用,适用于过敏性喘息。

气雾给药对家禽呼吸道病的防治作用

1. 家禽的特殊生理结构

家禽有特殊的气囊,分布在颈、胸、腹部,气囊与支气管直接相通,又有间接导管与肺相连接,气囊没有专门防御结构。肺内各级支气管相互吻合,三级支气管遍及全肺,头尾相连,并有短的吻合支与次级支气管相通。肺房开口于三级支气管壁,肺房漏斗形成呼吸毛细管,呼吸毛细管相互吻合,这种结构形成肺内管道四通八达,最小的呼吸毛细管管径也有 $7 \sim 12\mu m$,空气中的细菌、病毒、气溶胶、尘埃和有害气体可进入肺实质的每一个部位。一旦病原微生物入侵,即可影响全肺,并经气囊到达胸、腹腔,很快扩散到全身。

2. 常规给药方法的局限性

(1) 口服给药。多数药物需以扩散方式透过胃肠黏膜而被吸收进入血液循环,后随血流分布到相应部位发挥作用,这个过程不仅需要一定时间,而且药物易受胃肠道多种酶和酸碱度的影响。另外,药物在小肠吸收也不完全,会使药效出现迟缓,甚至药效降低。

(2) 肌内注射。肌内注射虽然吸收快,但费时费力,抓鸡可致鸡的应激反应很大。此外,通过血液到达呼吸道黏膜药量已不足,影响疗效。另外,气囊血管不丰富,绝大多数药物不能到达气囊,即使到达一部分,有效血药浓度太低,起不到治疗作用。

3. 气雾给药的优点

与哺乳动物不同,家禽有 9 个气囊,这种得天独厚的生理条件为气雾给药提供了可能与方便。气雾给药可使药物直达病灶部位,吸收快,利用率高。气雾给药时,药物直接作用于呼吸道黏膜,在病变部位维持高浓度,迅速健全免疫保护屏障。药物也能大量地附着在气囊表面,彻底杀灭气囊上的病原体。由于肺泡面积大,且有丰富的毛细血管,因而药物吸收快速,有些药物生物利用度达到 100%,药物从肺泡进入血液,发挥全身作用。

药物中的有效成分能直接接触气管黏膜,调节浆液与黏液的分泌,裂解痰液中的酸性黏多糖纤维,并使之液化易于咳出,从而减轻咳嗽,缓解呼吸症状,降低死亡率。

气雾给药可使药物和肺部直接接触,促进肺部表面活性物质的合成,加强纤毛摆动,增加黏液纤毛运输系统的清除能力,防止重复感染。气雾给药方便简单、节约时间,还可减轻拌料、饮水或抓鸡的劳动强度,减少注射给鸡群带来的应激反应。

药物以气雾剂的形式喷出,使之分散成微粒,让鸡通过呼吸道吸入肺泡,从而进入血液循环,发挥全身治疗作月,对于很多疾病继发、并发的全身感染及败血症等也有很好的治疗作用。

气雾给药避免了药物对胃肠道的不良刺激,大大减轻了对肝脏和肾脏的损害,对于疾病后期肝脏和肾脏严重损伤的鸡群,气雾给药可最大限度地减少鸡群死亡,有利于生产能力的快速恢复。

4. 气雾给药的注意事项

气雾给药时,要求使用的药物对鸡的呼吸道无刺激性,不损害呼吸道黏膜,且能溶解到其分泌物中,以利于吸收。目前,市场上的喷雾型药物很多均有较好的治疗效果,要根据实际情况选择。

喷药之前,鸡舍要除尘加湿,以延长药物作用时间。一般1000只产蛋鸡的稀释用水量夏天为10kg,春、秋、冬季为6kg,雏鸡、青年鸡酌情减量。鸡舍内温度较低时,水温以40℃为宜,夏季常温即可。

气雾给药对设备的要求较高,要选择专用的喷雾设备,喷雾器喷头应位于鸡头上方30cm,朝斜上方喷出,雾滴微粒直径为1~12μm。微粒过大,在空气中停留时间短,呼吸道黏膜也不易吸收;微粒过小,雾滴能随气体呼出,造成药物浪费,起不到治疗作用。

气雾给药的时间最好在晚上,关闭鸡舍的通风设施和门窗,尽量减少应激反应。喷雾完毕后密闭鸡舍20min。气雾给药时,应注意操作者的个人防护,如戴口罩、防护眼镜等,以免某些药物对人体产生伤害。

复习思考题

1. 痰、咳、喘三者的关系怎样?
2. 怎样合理使用祛痰药、镇咳药及平喘药?

第 八 章

用于血液循环系统的药物

案例描述

某部队初次训练警犬时,由于惩戒严格,训练过程中发现被驯犬精神沉郁,极度疲劳,出汗,高度呼吸困难,可视黏膜发绀,浅表静脉怒张,心脏收缩音增强,心动疾速,第一心音高亢,第二心音微弱甚至听不清楚,心律不齐,四肢末梢厥冷,初诊为急性心力衰竭。请开写出治疗处方。

学习目标

- 理解强心药的概念、作用机制,掌握临床常用强心药的合理应用。
- 理解止血药的作用机制及其分类,掌握各类止血药的作用特点、临床应用范围。
- 理解抗凝血药的作用机制、抗菌机制及分类,掌握常用抗凝血药的临床应用及注意事项。
- 掌握血容量扩充药的作用机制,不同药物的临床应用和注意事项。

职业技能

- 能根据病畜病情合理选用强心药物。
- 根据病例提示,合理选用血液循环系统药物及其他药物,开出处方。

血液循环系统药物的主要作用是改变心血管和血液的功能。根据药物作用的特点,可分为强心药、止血药、抗凝血药、抗贫血药及血容量扩充药。

第一节 强心药

▶▶ 一、概述

强心药是指能选择性地作用于心脏,能加强心肌收缩力、改善心肌功能的药物。临床上常用的强心药有肾上腺素、咖啡因、强心苷类等。肾上腺素、咖啡因已在其他章节介绍,本节主要介绍强心苷类药物。

强心苷主要来源于植物,常用的有紫花洋地黄和毛花洋地黄,所以强心苷类药物又被称为洋地黄类药物。此外,有些植物如夹竹桃、羊角拗、铃兰等及动物蟾蜍的皮肤也含有强心苷成分。

1. 分类

兽医临床上常用的强心苷类化合物种类也不少,为了便于临床选用,一般按其作用的快慢分为以下两类:

(1) 慢作用类有洋地黄毒苷,其作用慢,维持时间长,在体内代谢缓慢,易蓄积,适用于慢性心功能不全者。

(2) 快作用类有毒毛花苷K、地高辛、哇巴因(毒毛花苷G)等,其作用快,维持时间短,在体内代谢快,蓄积小,适用于急性心功能不全或慢性心功能不全的急性发作。

2. 理化性质

强心苷由苷元(配基)和糖两部分结合而成,各种强心苷有着共同的基本结构。苷元是强心苷发挥强心药理活性的基本结构,糖部分没有根本性影响,但糖的种类和数目能影响强心苷的水溶性、穿透细胞能力、作用维持时间和其他药动学特性。

3. 药理作用

各种强心苷作用性质基本相同,只是在作用强弱、快慢和持续时间上有所不同。

(1) 加强心肌收缩力(正性肌力作用)。强心苷能选择性地加强心肌收缩力,心脏收缩增强使每搏输出量增加,使心动周期的收缩期缩短、舒张期延长,有利于静脉回流,增加每搏输出量。

(2) 减慢心率和房室传导。强心苷对心功能不全患畜的心率和节律的主要作用是减慢窦性心率(负性心率作用)和减慢房室冲动传导。其减慢心率的作用是继发于血液动力学的改善和反射性地降低交感神经活性的结果。

(3) 利尿作用。心功能不全患畜,交感神经血管收缩张力增加,使肾小动脉收缩,肾血流量减少,肾小球滤过率降低,导致钠和水的潴留。强心苷的作用可使上述过程逆转。当心输出量增加和血液动力学改善时,血管收缩反射停止,肾血流量和肾小球滤过率增加,大大改善水肿症状。

4. 给药方法

洋地黄制剂给药一般分为两个步骤:第一步,在短期内(24~48h)应用足量的强心苷,使血中迅速达到预期的治疗浓度,使其发挥充分的疗效,称为"洋地黄化",所用剂量称全效量。达到全效量的指征是心脏情况改善,心率减慢,接近正常,尿量增加。第二步,在达到全效量后,每天继续用较小剂量补充每日的消除量,以维持疗效,称为维持量。因个体差异,故应考虑制订个体化给药方案。

二、临床常用强心苷类药物

洋地黄毒苷(Digitoxin)

本品为白色或类白色结晶性粉末,无臭,不溶于水,常制成注射液和片剂。

【体内过程】 洋地黄毒苷经内服后能迅速在小肠被吸收。酊剂吸收较好,可达75%~90%,内服后45~60min达峰浓度;片剂吸收较慢,峰浓度也较低。洋地黄毒苷的蛋白结合率很高。在体内分布广泛,最高浓度发现于肝、胆汁、肠道和肾;中等浓度则是肺、脾和心;较低浓度的组织为血液、骨骼肌和神经系统。部分洋地黄毒苷在肝进行生物转化,从胆汁排出,可形成肝肠循环,但并不重要。

【作用与应用】 本品具有加强心肌收缩力、减慢心率和房室传导等作用。使用本品能使每搏输出量增加,使心动周期的收缩期缩短,舒张期延长,有利于静脉回流,增加每搏输出量,此外还有一定的利尿作用。

本品主要用于慢性充血性心力衰竭、阵发性室上性心动过速和心房颤动等。

【注意事项】 ①本品有肝肠循环现象,排泄缓慢,过量易引起蓄积中毒。如出现恶心、呕吐、厌食、头痛、眩晕等症状,应立即停药,中度或重度应用抗心律失常药(如利多卡因)治疗或皮下注射阿托品。②与抗心律失常药、钙盐、拟肾上腺素类药同时使用虽有协同作用,但可导致心律失常,增加洋地黄的毒性。③肝、肾功能障碍的动物应酌情减小剂量,处于休克、贫血、尿毒症等情况不宜使用,心肌炎及肺心病者对洋地黄敏感,应注意用量。④阵发性室性心动过速、房室传导阻滞等引起的心力衰竭忌用或慎用。⑤发生心内膜炎、急性心肌炎、创伤性心包炎等禁用洋地黄药物。

【用法与用量】 内服,一次量,每千克体重,洋地黄化量,马0.03~0.06mg,犬0.11mg,2次/天,连用24~48h。维持量,马0.01,犬0.011mg,1次/天。

毒毛花苷K(Strophanthin K)

本品又称毒毛旋花子甙K、康毗箭毒子素、毒毛甙,为白色或微黄色结晶性粉末,遇光易变质,能溶于水,常制成注射液。

【作用与应用】 本品的作用与洋地黄毒苷相似,但作用比洋地黄快而强,维持时间短。主要用于急性充血性心力衰竭,特别适用于洋地黄应用后无效的患畜,但须经1~2周后才能使用。

【注意事项】 ①本品内服吸收不良,静脉注射作用快,在体内排泄快,蓄积小。②临用时以5%葡萄糖注射液稀释,缓慢静脉注射。③其他同洋地黄毒苷。

【用法与用量】 静脉注射,一次量,每千克体重,马、牛1.25～3.75mg,犬0.25～0.5mg。

三、临床常用强心药的合理选用

强心药种类很多,不同类型的药物其作用机制、适应证均有所不同,但都具有加强心肌收缩力、改善心脏功能的作用。临床上常用的强心药有肾上腺素、咖啡因和强心苷等。

1. 咖啡因

本品属于中枢兴奋药,兼有强心作用,其作用迅速,持续时间短。适用于传染病、高热、中暑、中毒、过劳、麻醉过度等引起的急性心脏衰竭。

2. 肾上腺素

本品是治疗心搏骤停的心脏复苏药,对心脏的作用强而显著,但作用持续时间短。适用于因麻醉过度、溺水、过敏、急性心衰等心跳突然减弱或骤停的急救。

3. 强心苷类

本类药物选择性作用于心肌,加强心肌收缩力,使收缩期缩短、舒张期延长,并能减慢心率,有利于心脏的休息和功能的恢复。慢作用类如洋地黄毒苷等,药理作用慢,维持时间长,在体内代谢慢,蓄积大,适用于慢性心功能不全者。快作用类如毒毛花苷K、地高辛、哇巴因等,药理作用快,维持时间短,在体内代谢快,蓄积小,适用于急性心功能不全或慢性心功能不全的急性发作。

第二节 止血药

止血药是能够促进血液凝固和制止出血的药物。

一、局部止血药

局部止血药是使出血部位有良好血凝环境,促进血中凝血因子活化,血小板凝集,形成纤维蛋白凝块,堵塞伤口,达到止血目的的止血药。如明胶海绵、淀粉海绵及凝血质等,常用于外伤或外科手术止血。

明胶(Gelatin)

本品呈无色或微黄透明的脆片或粗粉状,在温水中溶胀形成凝胶,常制成吸收性海绵。

【理化性质】 将5%～10%明胶溶液加热(约45℃)搅拌至形成泡沫状,加入少量甲醛硬化冻干,切成适当大小及形状,经灭菌后供用。本品为白色、质轻、多孔性海绵状物。在水中不溶,可被胃蛋白酶溶解消化,有强吸水力。

【作用与应用】 本品用于出血部位,可形成良好的凝血环境,促进凝血因子的释放与激活,加速血液凝固。此外,还有机械性压迫止血作用。主要用于外伤性出血的止血、手术止血等。

【注意事项】 本品为灭菌制剂,使用过程中要求无菌操作,以防污染;打开包装后不宜再消毒,以免延迟吸收时间。

【用法与用量】 将本品敷于创口出血部位,再用干纱布按压。

三氯化铁(Ferrous Trichloride)

本品为橙黄色或棕黄色结晶块,无臭或稍带盐酸臭,味带铁涩,极易溶于水,露置空气中极易潮解,常制成溶液和止血棉。

【作用与应用】 本品用于局部可使血液和组织蛋白沉淀,有封闭断端小血管的作用,对局部有收敛和止血作用。主要用于皮肤和黏膜的出血。

【注意事项】 水溶液应现用现配,浓度过高可损伤局部组织。

【用法与用量】 外用,配成1%~6%溶液涂于出血部位,或制成止血棉应用。

另外,0.1%盐酸肾上腺素溶液、5%明矾溶液、5%~10%鞣酸溶液等,也常用作局部止血药。

▶▶ 二、全身止血药

全身止血药主要是通过影响凝血因子,促进或恢复凝血过程,抑制纤维蛋白溶解系统,直接作用于毛细血管,降低其通透性等发挥止血效果。常用药物有安络血、酚磺乙胺、亚硫酸氢钠甲萘醌、6-氨基己酸、凝血质等。

安络血(Adrenobazone)

本品又称安特诺新、肾上腺色腙,为橘红色结晶或结晶性粉末,无臭,无味,易溶于水,常制成注射液。

【作用与应用】 本品能增强毛细血管对损伤的抵抗力,降低毛细血管的通透性,减少血液渗出,促进断裂毛细血管断端回缩,对大出血无效。本品适用于毛细血管损伤或通透性增加引起的出血,如鼻出血、血尿、产后出血、手术后出血等。

【注意事项】 ①本品含有水杨酸,长期使用可产生水杨酸反应。②抗组胺药能抑制本品的作用。

【用法与用量】 肌内注射,一次量,马、牛5~20mL,羊、猪2~4mL。

酚磺乙胺(Etamsylate)

本品又称止血敏,为白色结晶或结晶性粉末,无臭,味苦,易溶于水,常制成注射液。

【作用与应用】 本品能促进血小板生成,增强血小板的聚集和黏附力;促进凝血活性物质的释放,缩短凝血时间;增强毛细血管的抵抗力,降低其通透性而产生止血效果。

本品主要用于各种出血,如手术前预防出血和手术后止血,也可用于防治内脏出血和血管脆弱引起的出血。

【注意事项】 ①预防外科手术出血,应在手术前15~30min给药。②可与其他止血药并用。

【用法与用量】 肌内、静脉注射，一次量，马、牛 1.25～2.5g，羊、猪 0.25～0.5g。

亚硫酸氢钠甲萘醌（Menadione Sodium Bisulfite）

本品又称维生素 K_3，为白色结晶性粉末，无臭或微臭，属于人工合成药，易溶于水，常制成注射液。

【作用与应用】 本品为肝脏合成凝血因子 Ⅱ 的必需物质，参与凝血因子 Ⅶ、Ⅸ 和 Ⅹ 的合成，维持动物的血液凝固生理过程。缺乏时可致上述凝血因子合成障碍，影响凝血过程而引起出血。主要用于防治维生素 K 缺乏症和低凝血酶原症。如禽类维生素 K 缺乏；猪、牛水杨酸钠中毒及含双香豆素的腐败霉烂饲料中毒；犬、猫误食华法林杀鼠药中毒等。

【注意事项】 ①本品较大剂量可致幼畜溶血性贫血、高胆红素血症及黄疸。②长期应用，可损害肝脏，肝功能不良患畜可改用维生素 K_1。③内服可吸收，也可肌内注射，但可能出现疼痛、肿胀等症状。④较大剂量的水杨酸类、磺胺药等影响其作用，巴比妥类可诱导加速其代谢，故均不宜合用。

【用法与用量】 肌内注射，一次量，马、牛 100～300mg，羊、猪 30～50mg，犬 10～30mg，禽类 2～4mg。

凝血质（Thromboplastin）

本品又称凝血活素、血液凝固因子 Ⅲ、凝血致活酶、凝血酶原激酶，为黄色或淡黄色软脂状块状物或粉末，溶于水形成胶体溶液，常制成注射液。

【作用与应用】 本品能促使凝血酶原变为凝血酶；凝血酶又促使纤维蛋白原变为纤维蛋白而致血液凝固。主要用于外科局部止血，也用于内脏出血等。

【注意事项】 ①禁止静脉注射，否则可能形成血栓。②用灭菌棉或纱布浸润本药液敷塞于出血处可用于局部止血。

【用法与用量】 皮下或肌内注射，一次量，马、牛 20～40mL，羊、猪 5～10mL。

第三节　抗凝血药

抗凝血药是通过影响凝血过程中的某些凝血因子，阻止凝血过程的药物。常用抗凝血药分为四类：①主要影响凝血酶和凝血因子形成的药物，如肝素；②体外抗凝血药，如枸橼酸钠；③纤维蛋白溶解药，如尿激酶；④抗血小板聚集药，如阿司匹林、右旋糖酐等。

枸橼酸钠（Sodium Citrate）

本品又称柠檬酸钠，为无色或白色结晶性粉末，无臭，味咸，易溶于水，常制成注射液。

【作用与应用】 本品能与血浆中的钙离子形成一种难解离的可溶性复合物枸橼酸钙，使血浆中的钙离子浓度迅速降低而起到抗凝血作用。本品主要用于体外抗凝，如间接输血、化验室血样的抗凝等。

【注意事项】 ①输血时,枸橼酸钠用量不可过大,否则血钙迅速降低,易使动物中毒甚至死亡。此时可静脉注射钙剂缓解。②枸橼酸钠碱性较强,不适合血液生化检查。

【用法与用量】 体外抗凝,配成2.5%～4%溶液使用,输血时每100mL全血加2.5%枸橼酸钠溶液10mL。

肝素(Heparin)

本品因首先从肝脏发现而得名,天然存在于肥大细胞中,现主要从动物肺或猪小肠黏膜提取得到,是一种黏多糖的多硫酸酯,呈白色粉末状,易溶于水,常制成注射液。

【作用与应用】 本品能作用于内源性和外源性凝血途径的凝血因子,所以在体内或体外均有抗凝血作用,对凝血过程每一步几乎都有抑制作用。静脉快速注射后,其抗凝作用可立即发生,但深部皮下注射则需要1～2h后才起作用。

本品主要用于马和小动物的弥散性血管内凝血的治疗;血栓栓塞性或潜在的血栓性疾病防治,如肾综合征、心肌疾病等;体外血液样本的抗凝血。

【注意事项】 ①过量使用可导致出血,应立即停药,并注射带强碱性的鱼精蛋白解毒,使肝素失去抗凝活性。②不可肌内注射,否则可形成高度血肿。③马连续用药可引起红细胞显著减少。

【用法与用量】 治疗血栓栓塞症:静脉或皮下注射,一次量,每千克体重,犬150～250IU,猫250～375IU,3次/天。治疗弥散性血管内凝血:静脉或皮下注射,马25～100IU,小动物75IU。

第四节 抗贫血药

凡能增进机体造血机能,补充造血物质,改善贫血状态的药物被称为补血药或抗贫血药。贫血是指血容量降低,或单位容积内红细胞数或血红蛋白含量低于正常值的病理状态。引起贫血的原因很多,临床上可分为以下四类:

1. **失血性贫血**

失血性贫血是指由于内出血或外出血,导致血容量降低。治疗时以输血、扩充血容量为主,辅助给予造血物质。

2. **营养性贫血**

营养性贫血是指由于造血物质丢失过多或造血物质摄入量不足引起的贫血。临床上常见的哺乳期仔猪缺铁性贫血、寄生虫引起的慢性贫血、缺乏维生素B_{12}或叶酸所造成的巨幼红细胞性贫血,都属营养性贫血。治疗时除消除病因外,需补充铁、铜、维生素B_{12}及叶酸等造血物质。

3. **溶血性贫血**

溶血性贫血是指为红细胞大量崩解,超过机体造血代偿能力引起的贫血。主要由细菌毒素、蛇毒、化学毒物中毒及梨形虫、血孢子虫感染等所致,另外,异型输血后溶血、初生骡驹溶血病等也会发生溶血性贫血。治疗时以除去病因为主,再补充造血物质,以促进红细胞生成。

4. 再生障碍性贫血

再生障碍性贫血是指骨髓造血机能受到损害,引起红细胞、白细胞及血小板减少。其病因有:骨髓本身的病变,如白血病、骨髓造血组织被破坏;生物因素,如细菌毒素;物理因素,如X光的过量照射;化学因素,如苯、重金属等。治疗时以除去病因、恢复造血功能为主,同时可输血,或试用氯化钴、皮质激素、同化激素等药物进行治疗。

贫血不是一种独立的疾病。各种原因引起的贫血常伴有类似的临床症状和血细胞形态学变化,治疗时应先查明贫血原因,然后根据实际情况采取综合防治措施。

硫酸亚铁(Ferrous sulfate)

本品为透明淡蓝绿色柱状结晶或颗粒,无臭,味咸,易溶于水。在干燥空气中即风化,在湿空气中易氧化并在表面生成黄棕色的碱式硫酸铁,常制成片剂或溶液剂。

【作用与应用】 铁是构成血红蛋白、肌红蛋白和多种酶的重要组成部分。因此,缺铁不仅会引起贫血,还可能影响其他生理功能。本品主要用于治疗缺铁性贫血,如慢性失血、营养不良、孕畜及哺乳仔猪贫血和饲料添加剂中铁强化剂的补充。

【注意事项】 ①本品刺激性强,内服可致食欲减退、腹痛、腹泻等,故宜于饲后投药。②投药期间,禁喂高钙、高磷及含鞣质较多的饲料。③本品可与肠内硫化氢结合,生成硫化铁,虽然减少硫化氢对肠道的刺激,但可引起便秘。

【用法与用量】 内服,一次量,马、牛、骆驼 2~10g,羊、猪、鹿 0.5~3g,犬 0.05~0.5g,猫 0.05~0.1g。

右旋糖酐铁注射液(Iron Dextran Injection)

本品为右旋糖酐与氢氧化铁的灭菌胶体络合物,为深褐色或棕黑色结晶性粉末,本品略溶于水,常制成注射液。

【作用与应用】 本品的作用同硫酸亚铁。主要用于重症缺铁性贫血,如驹、犊、仔猪、幼犬和毛皮兽的缺铁性贫血,用于因严重消化道疾病而严重缺铁、急需补铁的患畜。

【注意事项】 ①本品刺激性较强,故应作深部肌内注射。静脉注射时,切不可漏出血管外。②注射量若超过血浆结合限度,可发生毒性反应。

【用法与用量】 肌内注射,一次性量,驹、犊 200~600mg,仔猪 100~200mg,幼犬 20~200mg。

右旋糖酐铁钴注射液(Iron and Cobalt Dextran Injection)

本品又被称为铁钴注射液,为右旋糖酐与三氯化铁及微量氯化钴制成的胶体性注射液。

【作用与应用】 本品具有钴和铁的抗贫血作用。钴有促进骨髓造血功能的作用,并能改善机体对铁的利用。主要用于仔猪缺铁性贫血。

【注意事项】 同右旋糖酐铁注射液。

【用法与用量】 深部肌内注射,一次量,仔猪 2mL。

第五节 血容量扩充药

当动物机体大失血时,机体循环系统中的有效血容量降低,可导致休克。及时补足和扩充循环系统中的血容量是抗休克的主要措施。在畜牧兽医上常用葡糖糖溶液和右旋糖酐注射液来扩充动物机体的血容量,但葡萄糖的维持时间短,仅用于补充水分和能量,而右旋糖酐是较理想的血容量扩充药。

葡萄糖(Glucose)

本品为白色或无色结晶性粉末,有甜味,但甜味不如蔗糖,易溶于水,常制成注射液。

【作用与应用】 ①本品具有营养机体、供给能量、强心利尿、扩充血容量和解毒等功能。②5%葡萄糖溶液为等渗溶液,静脉输液可补充水分、扩充血容量,作用迅速,但维持时间短。③高渗葡萄糖可提高血液的晶体渗透压,使组织脱水,起到扩充血容量的作用。

主要用于重病、久病、体质虚弱的动物以补充能量,也用于脱水、缺血、低血糖症、心力衰竭、酮血症、妊娠毒血症、药物与细菌毒素中毒等的辅助治疗。

【注意事项】 本品的高渗性注射液静脉注射应缓慢,以免加重心脏负担,防止漏出血管。

【用法与用量】 静脉注射,一次量,牛、马50~250g,猪、羊10~50g,犬5~25g。

右旋糖酐(Dextran)

本品为白色或类白色无定形粉末或颗粒,是葡萄糖聚合物。常用的有中分子量(平均分子量约为7万,又称右旋糖酐70)、低分子量(约4万,又称右旋糖酐40)和小分子量(约1万)三种右旋糖酐,均易溶于水,常制成注射液。

【作用与应用】 ①中分子的右旋糖酐静脉注射后,能增加血浆胶体渗透压,吸收组织水分而起扩容作用。因分子量大,不易透过血管,扩容作用较持久,约12h。主要用于低血容量性休克。②低分子的右旋糖酐静脉注射后从肾脏排泄较快,在体内停留时间较短,扩容作用持续约3h。与中分子右旋糖酐不同,低分子右旋糖酐还能降低血液的黏稠度,增加红细胞外负电荷,抑制血小板黏附和聚集,防止血管内弥漫性凝血,具有抗血栓和改善循环的作用。此外,因其分子量小,易经肾小球滤过而又不被肾小管重吸收,还有渗透性利尿作用。主要用于各种休克,尤其是中毒性休克。③小分子右旋糖酐扩容作用弱,但改善循环和利尿作用好,主要用于解除弥漫性血管内凝血和急性肾中毒。

【注意事项】 ①静脉注射应缓慢,用量过大可致出血。②充血性心力衰竭和有出血性疾病的动物禁用,患肝肾疾病的动物慎用。③偶见过敏反应,可用抗组胺药或肾上腺素治疗。

【用法与用量】 右旋糖酐70葡萄糖注射液,静脉注射,一次量,牛、马500~1000mL,猪、羊250~500mL,犬5~25mL。右旋糖酐40葡萄糖注射液同右旋糖酐70葡萄糖注射液。

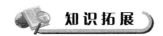

血液凝固过程

凝血过程是一个复杂的生化反应过程,它的重要环节首先是形成凝血酶原激活物——凝血活素,促使凝血酶原转变为凝血酶。在凝血酶的催化下,将纤维蛋白原转变为密集的纤维蛋白丝网,网住血小板和血细胞,形成血凝块。凝血过程可分为以下三个步骤:

1. 凝血活素的形成

凝血活素的形成有两个途径:①血液系统机制:当血管损伤,血液内原来无活性的接触因子Ⅻ与创面或异物接触被激活,并与血小板因子、Ca^{2+}及血液中的一些凝血因子(Ⅺ、Ⅸ、Ⅷ、Ⅹ、Ⅴ)起反应,形成凝血活素。②组织系统机制:各种组织中含有一种能促进凝血的脂蛋白,叫作组织因子。当组织受损伤时,组织因子被释放出而同血液相混合,并与Ca^{2+}及一些凝血因子(Ⅶ、Ⅹ、Ⅴ)起反应,形成凝血活素。

2. 凝血酶的形成

在凝血活素和Ca^{2+}的参与下,血浆中无活性的凝血酶原转变为有活性的凝血酶。

3. 纤维蛋白的形成

血浆中处于溶解状态的纤维蛋白原在凝血酶的作用下转变为纤维蛋白单体,然后发生多分子聚合作用,形成纤维蛋白多聚体,即不溶性纤维蛋白细丝,将血细胞包藏其中,形成血凝块,堵住创口,制止出血。

正常血液中还存在着纤维蛋白溶解系统,简称纤溶系统。其主要包括纤维蛋白溶酶原(纤溶酶原)及其激活因子,能使血液中形成的少量纤维蛋白再溶解。机体内的凝血和抗凝之间相互作用,保持着动态平衡图(8-1)。临床上将止血药分为局部止血药和全身止血药两类。

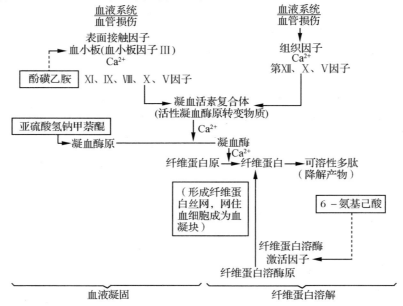

图 8-1　血液凝固、纤维蛋白溶解及止血药作用环节图解

复习思考题

1. 强心苷的作用特点是什么？
2. 全身性止血药主要有哪几类，各自的作用和特点如何？
3. 抗凝血药有哪些临床应用？

第 九 章

用于泌尿系统的药物

案例描述

某成年肉牛,食欲减退,反刍停止,排尿减少,尿液混浊呈暗红色,拱背垂头站立,不愿意走动,驱赶时步态谨慎,腰部僵硬,两后肢举步不高,体温 40.5℃,脉搏 75 次/分钟,呼吸数为 24 次/分钟,听诊第二心音增强,触诊肾部敏感。初诊为急性肾炎,请你开出治疗处方。

学习目标

- 理解利尿药的作用机制和作用部位。
- 掌握呋塞米、氢氯噻嗪的临床应用及注意事项。
- 理解脱水药的作用机制。
- 掌握甘露醇、山梨醇的临床应用及注意事项。

职业技能

- 能进行利尿药与脱水药的作用比较。
- 能根据病例提示,合理选用利尿药、脱水药及其他药物,并开写处方。

第一节 利尿药

▶▶ 一、概述

利尿药是直接作用于肾脏,能促进电解质与水排出,增加尿量的一类药物。利尿药在兽医临床上主要用于水肿和腹水的对症治疗。

利尿药按其作用强度和作用部位一般分为三类:高效利尿药(呋塞米、利尿酸等)、中效利尿药(氢氯噻嗪、氯噻酮等)和低效利尿药(螺内酯、氨苯喋啶等)。

二、临床常用利尿药

呋塞米（Furosemide）

本品又称速尿，为白色或类白色的结晶性粉末，无臭，几乎无味，在水中不溶，其钠盐溶于水，常制成片剂和注射液。

【作用与应用】 ①本品能抑制肾小管髓袢升支髓质和皮质部对 Cl^- 和 Na^+ 的重吸收，导致髓质间液 Cl^- 和 Na^+ 浓度降低，肾小管浓缩功能下降，从而导致水、Cl^- 和 Na^+ 排泄增多。②本品作用迅速，内服后 30min 开始排尿，1~2h 达到高峰，维持 6~8h。

本品用于治疗各种原因引起的全身水肿及其他利尿药无效的严重病例，还可用于治疗药物中毒时加速药物的排出以及预防急性肾衰竭。

【注意事项】 ①长期大量用药可出现低血钾、低血氯及脱水，应补钾或与保钾性利尿药配伍或交替使用。②应避免与氨基糖苷类抗生素合用。③应避免与头孢菌素类抗生素合用，以免增加后者对肝脏的毒性。

【用法与用量】 内服，一次量，每千克体重，马、牛、羊、猪 2mg，犬、猫 2.5~5mg。肌内、静脉注射，一次量，每千克体重，马、牛、羊、猪 0.5~1mg，犬、猫 1~5mg。

氢氯噻嗪（Hydrochlorothiazide）

本品为白色结晶性粉末，无臭，味微苦，在水中不溶，常制成片剂。

【作用与应用】 ①本品主要抑制髓袢升支粗段皮质部对 NaCl 的重吸收，从而促进肾脏对 NaCl 的排泄而产生利尿作用。②本品对碳酸酐酶也有轻度的抑制作用，减少 $Na^+ - H^+$ 交换，增加 $Na^+ - K^+$ 交换，故可使 K^+、HCO_3^- 排出增加，大量或长期应用可致低血钾症。③本品内服后 1h 开始利尿，2h 达到高峰，一次剂量可维持 12~18h。

本品适用于心、肺及肾性水肿，还可用于治疗局部组织水肿以及促进毒物的排出。

【注意事项】 ①利尿时宜与氯化钾合用，以免产生低血钾。②与强心药合用时，也应补充氯化钾。

【用法与用量】 内服，一次量，每千克体重，马、牛 1~2mg，羊、猪 2~3mg，犬、猫 3~4mg。

螺内酯（Spironolactone）

本品为白色或类白色细微结晶性粉末，有轻微硫醇臭，在水中不溶，常制成片剂。

【作用与应用】 与醛固酮有相似的结构，能与远曲小管和集合管上皮细胞膜的醛固酮受体结合产生竞争性拮抗作用，从而产生保钾排钠的利尿作用。其利尿作用较弱，显效缓慢，但作用持久。

本品在兽医临床上一般不作为首选药，常与呋塞米、氢氯噻嗪等其他利尿药合用，以避免过分失钾，并产生最大的利尿效果。

【注意事项】 ①本品有保钾作用，应用时无需补钾。②肾衰竭及高血钾患畜忌用。

【用法与用量】 内服，一次量，每千克体重，马、牛、猪、羊 0.5~1.5mg，犬、猫 2~4mg。

第二节 脱水药

脱水药是指能消除组织水肿的药物,在体内多数不被代谢,能提高血浆及肾小管渗透压,增加尿量,也称渗透性利尿药。因其利尿作用不强,临床上主要用于局部组织水肿的脱水,如脑水肿、肺水肿等。常用药物有甘露醇、山梨醇、尿素、高渗葡萄糖等。

甘露醇(Mannitol)

本品为白色结晶性粉末,无臭,味甜,在水中易溶,常制成注射液。

【作用与应用】 ①脱水作用:静注高渗溶液后,迅速提高血液渗透压,使组织间水分透过血管壁向血液渗透,产生脱水作用。本品不能进入眼及中枢神经系统,但通过渗透压的作用能降低颅内压和眼内压。静注后20 min即可显效,能维持6~8 h。②利尿作用:由于本品在体内不被代谢,易经肾小球滤过,并很少被肾小管重吸收,在肾小管内形成高渗,从而产生利尿作用。此外,还能防止肾毒素在小管液的蓄积,对肾起保护作用。

本品主要用于降低眼内压、创伤性脑水肿及其他组织水肿;治疗因急性肾衰竭所引起的少尿症或无尿症;加快某些毒物的排泄。

【注意事项】 ①静脉注射时勿漏出血管外,以免引起局部肿胀、坏死。②心脏功能不全患畜不宜应用,以免引起心力衰竭。③用量不宜过大,注射速度不宜过快,以防组织严重脱水。

【用法与用量】 静脉注射,一次量,马、牛1000~2000mL,羊、猪100~250mL。

山梨醇(Sorbitolum)

本品为白色结晶性粉末,无臭,味甜,在水中易溶,常制成注射液。

【作用与应用】 本品为甘露醇的异构体,作用及其机制同甘露醇。因进入体内后可在肝内部分转化为果糖,故持效时间稍短,常配成25%注射液使用。应用同甘露醇。

【注意事项】 同甘露醇。

【用法与用量】 静脉注射,一次量,马牛1000~2000mL,羊、猪100~250mL。

第三节 利尿药和脱水药的合理选用

利尿药和脱水药都具有利尿和消除水肿的作用,二者的区别在于:利尿药作用于肾脏,通过抑制钠离子、氯离子重吸收达到增加尿量、消除水肿的目的;而脱水药为高渗溶液,进入血浆后,可以提高血浆渗透压,从而使组织脱水,消除水肿。

1. 心性水肿

轻度心性水肿时选用强心苷,重度时选用氢氯噻嗪并配合氯化钾或保钾利尿药合用,无效时再选用速尿。

2. 肾性水肿

急性肾炎所致水肿选用脱水药,一般不用利尿药;慢性肾炎所致水肿可选用氢氯噻嗪配合补钾;急性肾衰竭时一般首选速尿,禁用脱水药。

3. 脑水肿

多种原因引起的脑水肿首选甘露醇,次选速尿。

4. 肺水肿

急性心功能不全所致肺水肿应选用速尿以立即减轻左心负担,禁用甘露醇以防增加心脏负担;肺充血引起的水肿可选甘露醇。

5. 肝性水肿

不宜先用高效利尿药,因其可能引起严重的电解质紊乱,加速肝功能衰竭和肝昏迷。一般宜选用保钾利尿药(如螺内酯),或保钾利尿药加噻嗪类,或高效利尿药。

泌尿生理及利尿药作用机制

尿液的生成是通过肾小球滤过、肾小管再吸收及分泌而实现的,现分述如下。

(一) 肾小球滤过

血液流经肾小球,除蛋白质和血细胞外,其他成分均可滤过而形成原尿,原尿量的多少决定于有效滤过压。凡能增加有效滤过压的药物均可利尿,如咖啡因、洋地黄等通过增强心肌收缩力,导致肾血流量及肾小球滤过压增加而产生利尿,但其利尿作用极弱,一般不作为利尿药使用。

(二) 肾小管与集合管的重吸收

1. 近曲小管

此段重吸收 Na^+ 约占原尿 Na^+ 量的 60% ~65%,原尿中约有 90% 的 $NaHCO_3$ 及部分 $NaCl$ 在此段被重吸收。其重吸收主要靠 $Na^+ - H^+$ 交换进行,而 H^+ 的产生来自 H_2O 与 CO_2 所生成的 H_2CO_3,这一反应需上皮细胞内碳酸酐酶的催化,然后 H_2CO_3 再解离成 H^+ 和 HCO_3^-,H^+ 将 Na^+ 换入细胞内,然后由 Na^+ 泵将 Na^+ 送至组织间液。若 H^+ 的生成减少,则 $Na^+ - H^+$ 交换减少,致使 Na^+ 的再吸收减少而引起利尿。乙酰唑胺能使 H^+ 的生成减少而发挥利尿作用,但作用弱,易致代谢性酸血症,故现少用。

2. 髓袢升支的粗段髓质部和皮质部

髓袢升支的功能与利尿药作用关系密切,也是高效利尿药的重要作用部位,此段重吸收原尿中 30% ~35% 的 Na^+,而不伴有水的再吸收。当原尿流经髓袢升支时,Cl^- 呈主动重吸收,Na^+被动重吸收,小管液由肾乳头部流向肾皮质时,也逐渐由高渗变为低渗,进而形成无溶质的净水,这就是肾对尿液的稀释功能。同时 NaCl 被重吸收到髓质间质后,由于髓袢的逆流倍增作用,以及在尿素的共同参与下,使髓袢所在的髓质组织间液的渗透压逐渐提高,最后形成呈渗透压梯度的髓质高渗区。这样,当尿液流经开口于髓质乳头的集合管时,由于管腔内液体与高渗髓质间存在着渗透压差,并经抗利尿激素的影响,水被重吸收,这就是肾对尿液的浓缩功能。

当髓袢升支粗段髓质和皮质部对 NaCl 的再吸收被抑制时,排出大量渗透压较正常尿低的尿液,就能引起一定的利尿作用。呋塞米等利尿药可抑制升枝髓质部和皮质部对 NaCl 的重吸收而表现为高效利尿作用,噻嗪类利尿药仅能抑制髓袢升枝皮质部对 NaCl 的重吸收而表现为中效利尿作用。

3. 远曲小管及集合管

此段重吸收原尿 Na^+ 5%~10%,吸收方式除了 $Na^+ - H^+$ 交换外,还有 $Na^+ - K^+$ 交换。$Na^+ - K^+$ 交换机制部分是依赖醛固酮调节的,盐皮质激素受体拮抗剂螺内酯对 $Na^+ - K^+$ 交换可产生竞争性抑制,氨苯蝶啶能直接抑制 $Na^+ - K^+$ 交换,从而产生排钠保钾的利尿作用。

利尿药的作用机制如图 9-1 所示。

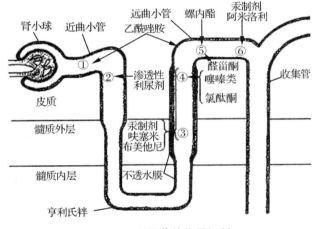

图 9-1 利尿药的作用机制

复习思考题

1. 利尿药根据其利尿原理分为哪几类?各类的作用原理有何区别?
2. 临床上怎样合理选用利尿药和脱水药?

第 十 章

用于生殖系统的药物

案例描述

一奶牛,人工受精 3 个月有余,一直没有发情,妊娠检查未孕,卵巢有黄体,一周后再次直检,卵巢上的黄体与上次检查时一样。初诊为持久黄体,假如你是该场的技术员,请你选择合适的药物进行治疗。

学习目标

- 了解子宫收缩药的概念,掌握子宫收缩药的作用、临床应用及注意事项。
- 掌握性激素的作用、应用及注意事项。
- 理解促性腺激素与促性腺激素释放激素的作用、临床应用及注意事项。
- 掌握前列腺素药物的作用、临床应用及注意事项。

职业技能

能根据病畜临床症状及动物生产需要合理选用子宫收缩药、性激素、促性腺激素与促性腺激素释放激素药、前列腺素。

哺乳动物的生殖受神经和体液的双重调节。机体受到刺激,通过感受器产生的神经冲动传到下丘脑,引起促性腺激素释放激素分泌;释放激素经下丘脑的门静脉系统运至垂体前叶,导致促性腺激素释放;促性腺激素经血液循环到达性腺,调节性腺的机能。由性腺分泌的激素称为性激素。体液调节存在着相互制约的反馈调节机制。

当生殖激素分泌不足或过多时,机体的激素系统发生紊乱,引发繁殖障碍等疾病,这时就需要用药物治疗或者调节。对生殖系统用药的目的在于提高或者抑制繁殖力、调节繁殖进程、增强抗病能力等三个方面。

第一节 子宫收缩药

子宫收缩药是一类能选择性兴奋子宫平滑肌的药物,临床上常用于催产、排出胎衣、治疗产后子宫出血或子宫复原等。常用药物有缩宫素、垂体后叶素、麦角新碱等。

缩宫素(Oxytocin)

本品为白色粉末或结晶性粉末,能溶于水,水溶液为酸性的无色澄明的液体,是从垂体后叶素中提纯而得的,现已能人工合成,合成品不含加压素。

【作用与应用】 ①本品能选择性地兴奋子宫平滑肌,其作用强度与体内激素水平及剂量有关。妊娠末期,雌激素浓度逐渐增高,子宫对缩宫素的反应逐渐增强。小剂量能增加妊娠末期子宫肌的节律性收缩和张力,较少引起子宫颈兴奋,适用于催产。大剂量能引起子宫平滑肌强直性收缩,适用于产后子宫出血或子宫复原。②还能加强乳腺泡收缩,松弛乳导管和乳池,促进排乳。本品主要用于催产、引产、产后子宫出血、胎衣不下及子宫复原等。

【注意事项】 产道阻塞、胎位不正、骨盆狭窄等临产家畜禁用缩宫素催产。

【用法与用量】 肌内或皮下注射,一次量,马、牛50~100U,羊10~20U,猪30~50U,犬2~10U。

垂体后叶素(Hypophysin)

本品是由猪、牛脑垂体后叶提取的多肽类化合物,其性质不稳定,口服无效,肌内注射吸收良好。

【作用与应用】 本品含有缩宫素和加压素,有选择性地兴奋子宫平滑肌、抗利尿和升高血压的作用。本品主要用于催产、产后子宫出血及胎衣不下等。

【注意事项】 ①用于催产同缩宫素。②大剂量可引起血压升高、少尿等。

【用法与用量】 肌内和皮下注射,一次量,马、牛50~100U,猪、羊10~50U,犬2~10U,猫2~5U。

麦角新碱(Ergometrine)

本品为白色或微黄色结晶粉末,无臭,能溶于水,是从麦角中提取出的生物碱,包括麦角胺、麦角毒碱和麦角新碱。麦角新碱常制成马来酸麦角新碱注射液。

【作用与应用】 本品对子宫体、子宫颈平滑肌都有很强的选择性兴奋作用,剂量稍大即可引起强直性收缩。本品主要用于产后出血、产后子宫复原等。

【注意事项】 禁用于催产及引产等。

【用法与用量】 静脉或肌内注射,一次量,马、牛5~15mg,猪、羊0.5~1mg,犬0.1~0.5mg。

子宫兴奋药的合理选用:

引产:猪、羊、马可选用 PGF2a;难产:选用缩宫素;产后子宫出血:首选麦角新碱,次选缩宫素;产后子宫复旧不全:可选益母草或麦角新碱;胎衣不下:选用大剂量缩宫素或小剂量麦角新碱,也可选用拟胆碱药;排除死胎:选缩宫素为宜,也可用小剂量麦角新碱;子宫内膜炎:冲洗子宫及宫内投入抗菌消炎药后,配合使用麦角新碱或乙烯雌酚,能促进炎性产物排出。

第二节 性激素类药物

性激素是指由动物体的性腺、胎盘以及肾上腺皮质网状带等组织分泌的甾体激素,具有促进性器官成熟、副性征发育及维持性功能等作用。雄性动物睾丸主要分泌以睾酮为主的雄激素,雌性动物卵巢主要分泌雌激素与孕激素。

(一) 雄激素类药物

丙酸睾酮(Testosterone Propionate)

本品为人工合成的白色结晶或结晶性粉末,无臭,不溶于水,易溶于乙醇,常制成注射液。

【作用与应用】 ①本品有促进雄性生殖器官发育、维持第二性征和性欲的作用,并可促进精子的生长。大剂量通过反馈作用,抑制睾丸内雄激素的合成和精子发生。②有对抗雌激素、抑制母畜发情的作用。③促进蛋白质合成,减少其分解,使肌肉增长,还可促进钙、磷等吸收,减少排泄,增加钙、磷在骨骼中沉积。④可通过红细胞生成素刺激红细胞的生成,也可能直接刺激骨髓,促进血红蛋白合成。本品主要用于雄激素缺乏时的辅助治疗。

【注意事项】 ①具有水、钠潴留作用,肝、肾功能不全的病畜慎用。②可以作为治疗药物使用,禁用于所有食品动物。

【用法与用量】 肌内、皮下注射,一次量,每千克体重,家畜 0.25~0.5mg。

苯丙酸诺龙(Nandrolone Phenylpropionate)

本品为人工合成的白色或类白色结晶性粉末,有特殊臭,几乎不溶于水,在乙醇中溶解,常制成注射液。

【作用与应用】 本品蛋白质同化作用较强,雄激素活性较弱,能促进蛋白质合成,抑制蛋白质分解,并能促进骨组织生长,刺激红细胞生成等。本品主要用于慢性消耗性疾病,也可用于贫血性疾病的辅助治疗。

【注意事项】 ①具有水、钠潴留作用,肝、肾功能不全的病畜慎用。②可以作为治疗药物使用,休药期 28d,弃奶期 7d。③禁止作为促生长剂使用。

【用法与用量】 肌内、皮下注射,一次量,每千克体重,家畜 0.2~1.0mg,两周一次。

(二) 雌激素类药物

苯甲酸雌二醇(Estradiol Benzoate)

本品为白色结晶性粉末,无臭,在乙醇中微溶,在水中不溶,常制成注射液。

【作用与应用】 ①本品可促进母畜生殖器官的生长发育,维持第二性征,注射后能引起发情,牛较明显。应用于公畜后能对抗雄激素,抑制雄性动物第二性征,降低性欲。②促使乳房发育与泌乳,与孕酮合用,效果更加显著,大剂量可抑制催乳素的分泌而使泌乳停止。③增强食欲,促进蛋白质合成,反刍动物较明显。④增加骨骼钙盐沉积,加速骨的形成,另有水、钠潴留的作用。本品主要用于发情不明显动物的催情及胎衣、死胎的排出。

【注意事项】 ①禁止作为促生长剂使用,肉食品中残留有致癌作用,并危害未成年人的生长发育。②妊娠早期动物禁用,以免引起流产或胎儿畸形。

【用法与用量】 肌内注射,一次量,马 10~20mg,牛 5~20mg,羊 1~3mg,猪 3~10mg,犬 0.2~0.5mg。

(三) 孕激素类药物

黄体酮(Progesterone)

本品主要由卵巢黄体、胎盘等分泌,又称孕酮,为白色或类白色的结晶性粉末,无臭,无味,不溶于水,常制成注射液。

【作用与应用】 ①在雌激素作用的基础上,本品可促使子宫内膜增生,腺体活动增强,并可分泌子宫乳,供受精卵和胚胎早期发育之需。当受精卵植入,胎盘产生后,本品可减少妊娠子宫的兴奋性,抑制其活动,有安胎作用。②使子宫颈口闭合,黏液减少变稠,使精子不易穿透。大剂量时,反馈抑制垂体促性腺激素和下丘脑促性腺激素释放激素分泌,从而抑制发情与排卵。③在雌激素共同作用下,使乳腺胞和腺管充分发育,为泌乳做准备。本品主要用于习惯性或先兆性流产及母畜同期发情。

【注意事项】 ①长期使用会延长动物妊娠期。②禁用于泌乳奶牛,休药期 30d。

【用法与用量】 肌内注射,一次量,马、牛 50~100mg,羊、猪 15~25mg,犬 2~5mg。

醋酸氟孕酮(Flurogestone Acetate)

本品为白色或类白色结晶性粉末,无臭,在乙醇中略溶,在水中不溶,常制成阴道海绵。

【作用与应用】 本品的作用与黄体酮相似,但作用更强。主要用于绵羊、山羊的诱导发情或同期发情。

【注意事项】 禁用于泌乳期和食品动物,休药期 30d。

【用法与用量】 阴道给药,一次量,1 个,给药后 12~14d 取出。

第三节 促性腺激素与促性腺激素释放激素

促性腺激素是调节脊椎动物性腺发育,促进性激素生成和分泌的一种激素,如垂体前叶分泌的黄体生成素和卵泡刺激素。促性腺激素释放激素是由下丘脑分泌的一种能促进垂体前叶分泌促性腺激素的激素。

（一）促性腺激素类药物

促卵泡素（Follicle Stimulating Hormone，FSH）

本品是从猪、羊脑垂体前叶提取的一种糖蛋白激素，为白色的冻干块状物或粉末，易溶于水。

【作用与应用】 ①刺激母畜卵泡生长和发育，引起多发性排卵。②与黄体生成素合用，促进卵泡成熟和排卵、母畜分泌雌激素及发情。③用于公畜时能促进精子的形成。

本品主要用于促进母畜发情，超数排卵，或治疗卵泡发育停止、持久黄体等，用于公畜能提高精子密度。

【注意事项】 ①应用前先检查卵巢变化，依此决定用药剂量与用药次数。②剂量过大或长期使用，可引起卵巢囊肿。

【用法与用量】 静脉、肌内和皮下注射，一次量，马、牛 10~50mg，猪、羊 5~25mg，犬 5~15mg。

促黄体激素（Luteinizing Hormone，LH）

本品是从猪、羊脑垂体前叶提取的一种糖蛋白激素，为白色的冻干块状物或粉末，易溶于水。

【作用与应用】 ①本品在促卵泡素协同作用下，促进卵泡进一步发育成熟，诱发排卵和黄体的形成。②能促进睾丸间质细胞发育，增加睾酮的分泌，促进精子的形成。本品主要用于促进排卵、治疗卵巢囊肿和习惯性流产，也可用于改善公畜性欲和精子密度等。

【注意事项】 治疗卵巢囊肿时，剂量加倍。

【用法与用量】 静脉或皮下注射，一次量，马、牛 25mg，羊 2.5mg，猪 5mg，犬 1mg。

绒促性素（Chorionic Gonadotrophin）

本品又被称为人绒毛膜促性腺激素（HCG），是从孕妇尿液中提取的一种糖蛋白类激素，为白色或类白色的粉末，能在水中溶解，常制成粉针。

【作用与应用】 本品具有促卵泡素和促黄体素样作用。对母畜可促进卵泡成熟、排卵和黄体生成，并刺激黄体分泌孕激素。对公畜可促进睾丸间质细胞分泌雄激素，促进生殖器官、副性征的发育、成熟，并促进精子生成。本品主要用于诱导排卵、同期发情、治疗卵巢囊肿和公畜生殖机能减退等。

【注意事项】 不宜长期使用，以免引起过敏反应和抑制垂体促性腺功能。

【用法与用量】 肌内注射，一次量，马、牛 1000~5000IU，猪 500~1000IU，羊 100~500IU，犬 100~500IU。

血促性素（Serum Gonadotrophin）

本品又被称为孕马血清促性腺激素（PMSG），是从妊娠母马体内提取的一种酸性糖蛋白类激素，为白色或类白色的粉末，常制成注射用粉剂。

【作用与应用】 本品具有促黄体素和促卵泡素（FSH）双重活性，但以 FSH 样作用为主，因此有明显的促卵泡发育的作用。对公畜有促进曲细精管发育和性细胞分化的功能。

本品主要用于母畜催情和促进卵泡发育或用于胚胎移植时的超数排卵。

【注意事项】 ①配制的溶液应在数小时内用完。②用于单胎动物时,因超数排卵,不要在本品诱发的发情期限配种。③反复使用,可降低药效,有时会引起过敏反应。

【用法与用量】 皮下、肌内注射,一次量,催情,马、牛1000~2000IU,猪200~800IU,羊100~500IU,犬25~200IU,猫25~100IU。超排,牛2000~4000IU,羊600~1000IU。

(二)促性腺激素释放激素类药物

促黄体素释放激素 A_2(Luteinizing Hormone Releasing Hormone A_2)

本品为白色或类白色粉末,略臭,无味,可溶于水,常制成粉针。

【作用与应用】 本品能促进动物垂体前叶分泌促黄体素和促卵泡素,主要用于治疗奶牛排卵迟滞、卵巢静止、持久黄体、卵巢囊肿,以及诊断早期妊娠,也可用于鱼类诱发排卵等。

【注意事项】 禁止用于促生长,使用本品后一般不能再用其他类激素。

【用法与用量】 肌内注射,一次量,奶牛排卵迟滞,输精时12.5~25μg。卵巢静止25μg,每天一次,可连续1~3次,总剂量不超过75μg。持久黄体或卵巢囊肿25μg,每天一次,可连续注射1~4次,总剂量不超过100μg。

第四节 前列腺素

前列腺素是由存在于动物和人体中的一类不饱和脂肪酸组成的具有多种生理作用的活性物质。在体内由花生四烯酸所合成,结构为一个五环和两条侧链构成的20碳不饱和脂肪酸。按其结构可分为A、B、C、D、E、F、G、H、I等类型。不同类型的前列腺素具有不同的功能。例如,前列腺素E能舒张支气管平滑肌,降低通气阻力,而前列腺素F的作用则相反。

甲基前列腺素 $F_{2\alpha}$(Carboprost $F_{2\alpha}$)

本品为棕色油状或块状物,有异臭。本品在乙醇中易溶,在水中极微溶解,常制成注射液。

【作用与应用】 本品具有溶解黄体、增强子宫紧张度和收缩力等作用。本品主要用于同期发情及同期分娩,也可用于治疗持久性黄体、诱导分娩和催排死胎等。

【注意事项】 ①妊娠动物禁用,以免流产。②治疗持久黄体时,用药前应仔细检查直肠。③大剂量可产生腹泻、阵痛等不良反应。

【用法与用量】 肌内或宫颈内注射,一次量,每千克体重,马、牛2~4mg,羊、猪1~2mg。

氯前列醇(Cloprostenol)

本品为人工合成的 $PGF_{2\alpha}$ 同系物,为白色或类白色非晶形粉末,其钠盐常制成注射剂和粉针。

【作用与应用】 ①本品具有强烈的溶解黄体并抑制其分泌的作用。②可兴奋子宫平滑肌,舒张子宫颈平滑肌。本品主要用于控制母畜同期发情,治疗持久黄体、黄体囊肿等卵巢疾病。也可用于妊娠母猪的诱导分娩,对产后子宫恢复不全、胎衣不下、子宫内膜炎、子宫蓄脓或积液、胎儿干尸化等子宫疾病进行辅助治疗。

【注意事项】 ①正常妊娠动物禁用。②哮喘病畜使用时应注意,易引起支气管痉挛。③本品易被皮肤吸收,不慎接触皮肤后应立即清洗。④不能与非类固醇抗炎药物同时使用。

【用法与用量】 肌内注射,一次量,每千克体重,马100μg,牛500μg,羊62.5~125μg,猪175μg。

作用生殖系统的常用中药

1. 淫羊藿

淫羊藿出自《本经》。本品为小檗科植物箭叶淫羊藿的干燥全草。生用或酥用。辛、甘,温。入肝、肾经。补肾壮阳,催情,祛风止痛。现代药理研究发现,全草含淫羊藿甙、皂甙、苦味质、核质等。

（1）用于阳痿、遗精、腰肢软弱无力,常与肉苁蓉、杜仲、阳起石配伍。

（2）治风湿痹痛、四肢拘挛,配伍独活、威灵仙、肉桂。

（3）治母畜不发情、不受孕,常与党参、白术、续断配伍。用量:马、牛15~45g,猪、羊6~12g。阴虚内热者忌用。

2. 阳起石

阳起石出自《本经》。本品为硅酸盐类矿物阳起石。生用或假用。咸,温。入肾经。温肾壮阳,催情。用于阳痿、遗精、不孕以及腰肢无力等,常与补骨脂、肉苁蓉、菟丝子、巴戟天配伍。

阳起石含硅酸镁、硅酸钙,并含少量铁、铝、镁、铬等。药理研究发现,阳起石有兴奋性机能的作用。

3. 仙茅

仙茅出自《本经》。本品为石蒜科植物仙茅的干燥根茎。生用或酒炒用。辛,温,有小毒。入肾、肝经。补肾壮阳,祛风止痛。

（1）用于阳痿、滑精、遗尿等,常与淫羊藿、枸杞子、甘草等配伍。

（2）治腰肢冷痛、风寒湿痹等,常与五加皮、威灵仙、当归、川芎配伍。

4. 韭菜子

韭菜子出自《本草经集注》。本品为百合科植物韭菜的种子。生用或炒用。辛、甘、温。入肝、肾经。温补肝肾,壮阳固精。

（1）用于阳痿、滑精、腰胯疼痛等,常与枸杞子、覆盆子、菟丝子配伍。

（2）治尿频,常与小茴香、益智仁、龙骨配伍。

[附]韭菜根:味辛性温,止汗,行气散瘀。用于多汗症和跌打损伤、瘀血肿痛等。

5. 紫河车

紫河车出自《本草纲目拾遗》。本品为健康产妇的胎盘。烘干用。甘、咸、温，入肺、肝、肾经。益肾固精，补血，催乳，补肺止咳。

（1）用于虚劳、阳痿、滑精、不孕等，常与黄芪、熟地、牡蛎、菟丝子同用。

（2）治乳少，配当归、通草。

（3）治肺虚咳喘，常与党参、麦冬、五味子配伍。

复习思考题

1. 简述缩宫素的药理作用、应用及注意事项。
2. 简述垂体后叶素与麦角新碱的作用特点及其应用。

第十一章

调节新陈代谢的药物

案例描述

某奶牛场,近一段时间牛群中出现少数奶牛精神沉郁、食欲减退,个别狂躁不安,产奶量降低,奶的外观无明显变化,加热后有烂苹果味,影响了奶的销售,初步诊断为奶牛酮血症。假设你作为该场的技术员,请你结合药理学知识,制订给药方案。

学习目标

- 理解调节水盐代谢药的概念,掌握常见调节水盐代谢药的临床合理选用。
- 了解临床常用调节酸碱平衡药的作用机制及其临床应用。
- 掌握常见维生素的分类、临床应用及注意事项。
- 掌握常用补钙药物及应用,了解常用微量元素药的临床应用。
- 掌握糖皮质激素药物的作用、不良反应及其临床应用。

职业技能

能根据动物病例提示和药物特点合理选用调节新陈代谢的药物及其他药物,并开写处方。

第一节 调节水盐代谢药

体液是机体的重要组成部分,由水和溶于水的电解质、葡萄糖和蛋白质等成分组成。其含量的稳定可使体液保持一定的渗透压和酸碱平衡,保证机体的新陈代谢。体液分为细胞内液和细胞外液,细胞内液主要电解质为 K^+、Mg^{2+}、PO_4^{3-};细胞外液的主要电解质为 Na^+、Cl^-、HCO_3^-,这是维持正常生命活动的必要条件。

正常情况下,体液占动物体重的 60%～70%,但在病理情况下,如久病停食、停饮,以及瘤胃积食、肠阻塞、呕吐、腹泻、大汗等使体液大量排出,加之摄入量不足,必将引起水盐代谢障碍和酸碱平衡紊乱,出现不同程度的脱水。如果损失体重10%的体液,可引起机体严重的物质代谢障碍;损失体重20%～25%的体液就会引起死亡。因此,为了维持动物机体正常的新陈代谢,恢复体液平衡,必须根据脱水程度和脱水性质及时补液。

脱水程度有轻、中、重度之分;脱水性质有高渗、低渗、等渗脱水之分。临床上以等渗脱水较为常见。轻度脱水畜体通过代偿可以恢复;中、重度脱水必须补液。补液方法有多种,常采用内服补液、腹腔注射、静脉注射的方法。补液量以脱水程度而定,原则是缺多少补多少。目前,临床上判断脱水程度和补液量常以皮肤的弹性为标准。

氯化钠(Sodium Chloride)

本品为无色、透明的立方形结晶或白色结晶性粉末,无臭,味咸,易溶于水,几乎不溶于乙醇,常制成注射液。

【作用与应用】 ①钠离子是细胞外液中极为重要的阳离子,是保持细胞外液渗透压的重要成分。②钠离子还以碳酸氢钠形式构成缓冲系统,对调节体液的酸碱平衡具有重要作用。③钠离子也是维持细胞的兴奋性、神经肌肉应激性的必要成分。机体丢失大量钠离子可引起低钠综合征,表现为全身虚弱、肌肉阵挛、循环障碍等,重则昏迷直至死亡。

等渗氯化钠溶液用于防治低血钠综合征;用于出汗过多、传染性高热、呕吐、腹泻及大面积烧伤等引起的等渗或低渗性脱水;也可用于失血过多、血压下降或中毒,以维持血容量;外用冲洗伤口、洗鼻、洗眼等;还常用于稀释其他注射液。

复方氯化钠溶液含有氯化钠、氯化钾和氯化钙,也常作为水、电解质平衡调节药。另外,应用口服补液盐(氯化钠3.5g、氯化钾1.5g、碳酸氢钠2.5g、葡萄糖粉20g和常水1000mL),补充机体损失的水分和电解质,也可获得良好效果。

本品主要用于调节体内水和电解质的平衡,在大量出血而又无法进行输血时,可输入本品以维持血容量进行急救。

【注意事项】 ①脑、肾、心脏功能不全及血浆蛋白过低时慎用。②肺水肿病畜禁用。③生理盐水所含的氯离子比血浆氯离子浓度高,已发生酸中毒的犬、猫,如大量应用,可引起高氯性酸中毒。

【用法与用量】 0.9%氯化钠注射液,静脉注射,一次量,每千克体重,犬、猫50～60mL,1次/天。5%～7.5%氯化钠注射液,低血压或休克,静脉注射,一次量,犬、猫3～8mL。肾上腺皮质机能减退症,内服,一次量,每千克体重,犬、猫1～5g,1次/天。复方氯化钠注射液,静脉注射,一次量,每千克体重,犬100～500mL。

氯化钾(Potassium Chloride)

本品为无色长棱形、立方形结晶或白色结晶性粉末,无臭,味咸涩,易溶于水,常制成注射液。

【作用与应用】 ①钾离子为细胞内主要阳离子,是维持细胞内渗透压的重要成分。②钾离子通过与细胞外的氯离子交换参与酸碱平衡的调节。③钾离子是心肌、骨骼肌、神经系统维持正常功能所必需。适当浓度的钾离子,可保持神经肌肉的兴奋性。④钾离子参与糖、蛋白质的合成及二磷酸腺苷转化为三磷酸腺苷的能量代谢。缺钾则导致神经肌肉间的传导障碍,心肌自律性增高。

本品主要用于钾离子摄入不足或排钾过量所致的钾缺乏症或低血钾症,也可用于强心苷中毒引起的阵发性心动过速等。

【注意事项】 ①静脉滴注过量时可出现疲乏、肌张力减低、反射消失、循环衰竭、心率减慢甚至心脏停搏。②静脉滴注时,速度宜慢,溶液浓度一般不超过0.3%,否则不仅引起局部剧痛,且可导致心脏骤停。③脱水病例一般先给不含钾的液体,等排尿后再补钾。④肾功能障碍或尿少时慎用,无尿或血钾过高时禁用。⑤内服本品溶液对胃肠道有较强的刺激性,应稀释并于食后灌服,以减少刺激性。

【用法与用量】 氯化钾片0.5g,内服,一次量,每千克体重,犬0.1~1g。10%氯化钾注射液,静脉注射,一次量,每千克体重,犬2~5mL,猫0.5~2mL。

第二节 调节酸碱平衡药

动物机体在新陈代谢过程中不断地产生大量的酸性物质,还常由饲料摄入各种酸性或碱性物质。机体的正常活动,要求保持相对稳定的体液酸碱度(pH值),体液pH值的相对稳定性,称为酸碱平衡。血液缓冲体系、肺和肾能维持和调节体液的酸碱平衡。肺、肾功能障碍,机体代谢失常,以及高热、缺氧、剧烈腹泻或某些其他重症疾病都会引起酸碱平衡紊乱。此时,给予酸碱平衡调节药,可改善病情。常用药物有碳酸氢钠、乳酸钠等。

碳酸氢钠(Sodium Bicarbonate)

本品又称小苏打,为白色结晶性粉末,无臭,味咸。在潮湿空气中易分解,水溶液放置稍久,或振摇,或加热,碱性即增强。在水中溶解,常制成注射液和片剂。

【作用与应用】 ①本品呈弱碱性,内服后能迅速中和胃酸,减轻胃痛,但作用时间短。②内服或静脉注射本品能直接增加机体的碱储,迅速纠正代谢性酸中毒,并碱化尿液,可用于加速体内酸性物质的排泄。

本品主要用于犬、猫严重酸中毒、胃肠卡他;碱化尿液,防止磺胺类药物对肾脏的损害;提高庆大霉素等对泌尿道感染的疗效,也可用于高血钾与高血钙的辅助治疗。

【注意事项】 ①本品注射液应避免与酸性药物、复方氯化钠、硫酸镁、盐酸氯丙嗪注射液等混合应用。②本品对组织有刺激性,静脉注射时勿漏出血管外。③纠正严重酸中毒时,用量要适当。④充血性心力衰竭、肾功能不全、水肿、缺钾等病例慎用。

【用法与用量】 静脉注射,一次量,每千克体重,牛、马15~30g,猪、羊2~6g,犬0.5~1.5g。

乳酸钠(Sodium Lactate)

本品为无色或几乎无色透明黏稠液体,能与水、乙醇或甘油任意混合,常制成注射液。

【作用与应用】 本品为纠正酸血症的药物,其高渗溶液注入体内后,在有氧条件下经肝脏氧化、代谢,转化成碳酸根离子,纠正血中过高的酸度,但其作用不及碳酸氢钠迅速和稳定。

本品用于治疗代谢性酸中毒,特别是高血钾症等引起的心律失常伴有酸血症病例。

【注意事项】 ①本品过量能形成碱血症。②肝功能障碍、休克缺氧、心功能不全者慎用。③一般情况下,不宜用生理盐水等稀释本品,以免成为高渗溶液。

【用法与用量】 静脉注射,一次量,每千克体重,牛、马200~400mL,猪、羊40~60mL,犬40~50mL,用时稀释为1/5浓度。

第三节 维生素

维生素是动物维持生命、生长发育、正常生理功能和新陈代谢所必需的一类低分子化合物,其需要量很小,但其作用是其他物质无法替代的,每一种维生素对动物机体均有其特定的功能,动物机体缺乏时可引起相应的疾病,统称为维生素缺乏症,表现为物质代谢紊乱、生长停滞、繁殖力与抵抗力下降,严重时可引起死亡。维生素类药物主要用于维生素缺乏症的防治,临床上也可作为某些疾病的辅助治疗药物。

各种维生素在化学结构上没有共同性,一般根据其溶解性能分为脂溶性和水溶性维生素两大类。

▶▶ 一、脂溶性维生素

常用的脂溶性维生素包括维生素A、D、E、K等。它们均易溶于大多数有机溶剂,不溶于水。在食物中常与脂类物质共存,脂类物质吸收不良时其吸收也减少,甚至发生缺乏症。脂溶性维生素吸收后可在肝脏、脂肪组织中贮存,长期超大剂量使用并超过机体的贮存限量时可引起中毒。

维生素A(Vitamin A)

本品为淡黄色的油溶液,或结晶与油的混合物,在空气中易氧化,遇光易变质,常制成注射液、微胶囊。

【作用与应用】 本品具有促进生长、维持正常视觉、维持上皮组织正常机能等功能。除猫以外的其他动物可将食入的β-胡萝卜素转变为维生素A。当其摄入不足时,幼年动物生长停顿、发育不良,皮肤粗糙、干燥和角质软化,并发生干眼病和夜盲症。

本品可用于防治犬、猫的角膜软化症、干眼病、夜盲症及皮肤粗糙等维生素A缺乏症,用于体质虚弱、妊娠和泌乳动物,以增强机体对感染的抵抗力;局部应用可促进创伤愈合,用于烧伤、支肤与黏膜炎症的治疗。

【注意事项】 本品过量可导致中毒。急性中毒表现为兴奋、视力模糊、脑水肿、呕吐;慢性中毒表现为厌食、皮肤病变等。中毒时,一般停药1~2周后中毒症状可逐渐消失。

【用法与用量】 维生素 AD 油,内服,一次量,牛、马 20~60mL,猪、羊 10~15mL,犬 5~10mL。维生素 AD 注射液,肌内注射,一次量,牛、马 5~10mL,猪、羊 2~4mL,犬 0.5~2mL。

维生素 D(Vitamin D)

本品为无色针状结晶或白色结晶性粉末,无臭,无味,遇光或空气易变质,应密封保存,主要有维生素 D_2 和 D_3 两种形式,常制成注射液。

【作用与应用】 本品对钙、磷代谢及幼年犬、猫骨骼生长有重要影响,其主要功能是促进钙、磷在小肠内吸收,其代谢活性物质能调节肾小管对钙的重吸收,维持循环血液中钙的水平,促进骨骼的正常发育。

本品主要用于防治犬、猫维生素 D 缺乏所致的疾病,如佝偻病、骨软化症等。

【注意事项】 ①长期大剂量使用本品,可使骨脱钙变脆,并易于变形和发生骨折。此外,还因钙、磷酸盐过高导致心律失常和神经功能紊乱等症状。②中毒时应立即停止使用本品和钙剂。③本品与噻嗪类利尿药同时使用,可引起高钙血症。

【用法与用量】 维生素 D_2 注射液,皮下、肌内注射,一次量,每千克体重,家畜 1500~3000IU。维生素 D_3 注射液,肌内注射,一次量,每千克体重,家畜 1500~3000IU。

维生素 E(Vitamin E)

本品又名生育酚,为微黄色或黄色透明的黏稠液体,几乎无臭,遇光颜色逐渐变深。不易被酸、碱或热所破坏,遇氧迅速被氧化,常制成注射液、预混剂。

【作用与应用】 ①本品的主要作用是抗氧化作用,对保护和维持细胞膜结构的完整性起重要作用,与硒合用可提高作用效果。②维持正常的繁殖机能,本品可促进性激素的分泌,调节性机能,缺乏时影响繁殖机能。③保证肌肉的正常生长发育,缺乏时肌肉中能量代谢受阻,易患白肌病。④维持毛细血管的结构完整与中枢神经系统的机能健全,缺乏时雏鸡毛细血管通透性增加,易患渗出性素质病。⑤增强免疫机能,本品可促进抗体的生成及淋巴细胞的增殖,增强机体的抗病力。

本品主要用于防治维生素 E 缺乏症,如仔猪和羔羊的白肌病、雏鸡渗出性素质病、脑软化猪的肝坏死等。

【注意事项】 本品毒性小,但过量可导致凝血障碍。日粮中高浓度可抑制动物生长,并加重钙、磷缺乏引起的骨钙化不全。

【用法与用量】 内服,一次量,驹、犊 0.5~1.5g,羔羊、仔猪 0.1~0.5g,犬 0.03~0.1g,禽 5~10mg。皮下、肌内注射,一次量,驹、犊 0.5~1.5g,羔羊、仔猪 0.1~0.5g,犬 0.01~0.1g。

二、水溶性维生素

水溶性维生素的特点是体内不易贮存,摄入多余的量则完全由尿排出,因此毒性很低。此类维生素主要包括 B 族维生素(B_1、B_2、B_6、B_{12}、烟酰胺、叶酸、泛酸、生物素)和维生素 C。

维生素 B_1(Vitamin B_1)

本品又称硫胺素,为白色结晶或结晶性粉末,有微弱的臭味,味苦,其干燥品在空气中迅速吸收约 4% 的水分,易溶于水,微溶于乙醇,常制成片剂、注射液。

【作用与应用】 ①本品能促进正常的糖代谢,是维持神经传导、心脏和消化系统正常机能所必需的物质。②增强乙酰胆碱的作用,轻度抑制胆碱酯酶的活性。缺乏时,动物可出现多发性神经炎症状,如疲劳、食欲缺乏、便秘或腹泻,严重时出现运动失调、惊厥、昏迷甚至死亡。

本品主要用于防治维生素 B_1 缺乏症,还可作为高热、重度损伤、牛酮血病、神经炎和心肌炎的辅助治疗药物。

【注意事项】 ①生鱼肉、某些鲜海产品内含大量硫胺素酶,能破坏维生素 B_1 的活性,故不可生喂。②本品对氨苄青霉素、头孢菌素、氯霉素、多黏菌素和制霉菌素等均具不同程度的灭活作用,故不宜混合注射。③影响抗球虫药氨丙啉的活性。

【用法与用量】 皮下、肌内注射或内服,一次量,马、牛 100～500mg,羊、猪 25～50mg,犬 10～50mg,猫 5～30mg。

维生素 B_{12}(Vitamin B_{12})

本品又称钴胺素,为深红色结晶或结晶性粉末,无臭,无味,微溶于水,常制成注射液。

【作用与应用】 本品参与核酸和蛋白质的生物合成,并促进红细胞的发育和成熟,维持骨髓的正常造血机能,还能促进胆碱的生成。缺乏时生长发育受阻,抗病力下降,皮肤粗糙、皮炎。

本品主要用于维生素 B_{12} 缺乏所致的猪巨幼红细胞性贫血、幼龄动物生长迟缓等,也可用于神经炎、神经萎缩等疾病的辅助治疗。

【注意事项】 ①本品用于防治猪巨幼红细胞性贫血时,常与叶酸合用。②反刍动物瘤胃内微生物能直接利用饲料中的钴合成维生素 B_{12},一般很少发生缺乏症。

【用法与用量】 肌内注射,一次量,马、牛 1～2mg,羊、猪 0.3～0.4mg,犬、猫 0.1mg。

维生素 C(Vitamin C)

本品又称抗坏血酸,为白色结晶或结晶性粉末,无臭,味酸,久置色渐变微黄,水溶液显酸性反应,常制成片剂、注射液。

【作用与应用】 ①本品参与体内氧化还原反应,如可使 Fe^{3+} 还原成易吸收的 Fe^{2+},促进铁的吸收,使叶酸还原成二氢叶酸,继而还原成有活性的四氢叶酸。②促进细胞间质的合成,抑制透明质酸酶和纤维素溶解酶,保持细胞间质的完整,增加毛细血管的致密度,降低其通透性及脆性。缺乏时可引起坏血病,主要表现为毛细血管脆性增加,易出血,骨质脆弱,贫血和抵抗力下降。③本品还具有解毒作用,并可增强肝脏解毒能力,可用于铅、汞、砷、苯等慢性中毒以及磺胺类药物和巴比妥类药物等中毒的解救。④维生素 C 还可增强机体的抗病力、抗应激能力,改善心肌和血管代谢机能,并具有抗炎、抗过敏作用。

本品主要用于防治维生素 C 缺乏症、解毒、抗应激外,还可用于急、慢性感染,高热,心源性和感染性休克,以及过敏性皮炎、过敏性紫癜和湿疹的辅助治疗。

【注意事项】 ①本品不宜与维生素 K_3、维生素 B_2、碱性药物、钙剂等混合注射。②本品在瘤胃中易被破坏,故反刍动物不宜内服。③本品对氨苄西林、四环素、金霉素、土霉素、强力霉素、红霉素、卡那霉素、链霉素、林可霉素和多黏菌素等均有不同程度的灭活作用。

【用法与用量】 内服，一次量，马 1~3g，猪 0.2~0.5g，犬 0.1~0.5g。肌内或静脉注射，一次量，马 1~3g，牛 2~4g，羊、猪 0.2~0.5g，犬 0.02~0.1g。

叶酸（Folic Acid）

本品为黄色或橙黄色结晶性粉末，无臭，无味，不溶于水，常制成片剂和注射液。

【作用与应用】 ①本品在动物体内是以四氢叶酸的形式参与物质代谢的，通过对一碳基团的传递参与嘌呤、嘧啶的合成以及氨基酸的代谢，从而影响核酸的合成和蛋白质的代谢。②还可促进正常血细胞和免疫球蛋白的生成。缺乏时，动物表现为生长缓慢、贫血、慢性下痢、繁殖性能和免疫机能下降。鸡表现为脱羽、脊柱麻痹、孵化率下降等；猪患皮炎，脱毛，消化、呼吸及泌尿器官黏膜损伤。

本品主要用于防治叶酸缺乏症，如犬、猫等的巨幼红细胞性贫血、再生障碍性贫血等。

【注意事项】 ①本品对甲氧苄啶、乙胺嘧啶等所致的巨幼红细胞性贫血无效。②可与维生素 B_6、维生素 B_{12} 等联用，以提高疗效。

【用法与用量】 内服或肌内注射，一次量，每千克体重，犬、猫 2.5~5mg，家禽 0.1~0.2mg。混料，每 1000 千克饲料，畜禽 10~20g。

第四节 钙、磷及微量元素

钙、磷与微量元素是动物机体不可缺少的重要组成成分，在动物生长发育和组织新陈代谢过程中具有重要作用。当机体缺乏这些元素时，会引起相应的缺乏症，从而影响动物的生产性能和健康。

▶▶ 一、钙与磷

钙和磷是构成动物骨骼和牙齿的重要成分，钙也是血液凝固所必需的物质，在维持酸碱平衡中有重要作用。磷不仅在骨骼形成中起作用，而且在碳水化合物和脂肪代谢中有着重要功能，即参加所有活细胞重要结构的组成，并在酸碱平衡的维持中以其盐类形式起到一种重要作用。

氯化钙（Calcium Chloride）

本品为白色、坚硬的碎块或颗粒，无臭，味微苦，极易潮解，在水中极易溶解，常制成注射液。

【作用与应用】 ①促进骨骼和牙齿正常发育，维持骨骼正常的结构和功能，缺钙时，幼犬的骨骼不能正常钙化，易形成佝偻病，成年动物易出现骨质疏松症。②维持神经和肌肉的正常兴奋性，参与神经递质的正常释放。③对抗镁离子中枢抑制及神经肌肉兴奋传导阻滞作用。④增强毛细血管的致密性,降低其通透性。⑤参与正常的凝血过程。钙是重要的凝血因子,是凝血过程所必需的物质。

本品主要用于治疗缺钙所引起的佝偻病、骨质疏松症、产后瘫痪等,也可用于治疗毛细血管渗透性增强导致的各种过敏性疾病,如荨麻疹、血管神经性水肿、瘙痒性皮肤病等,还可用于硫酸镁中毒的解救。

【注意事项】 ①本品具有较强的刺激性,不宜肌内或皮下注射,静脉注射时避免漏出血管,以免引起局部肿胀或坏死。②在应用强心苷、肾上腺素期间禁用钙剂。③静脉注射钙剂速度过快可引起低血压、心律失常和心跳暂停。④常与维生素 D 合用,可促进钙的吸收,提高佝偻病、骨质疏松症、产后瘫痪等的疗效。

【用法与用量】 静脉注射,一次量,马、牛 5~15g,羊、猪 1~5g,犬 0.1~1g。

葡萄糖酸钙(Calcium Gluconate)

本品为白色颗粒性粉末,无臭,无味,在水中缓慢溶解,常制成注射液。

【作用与应用】 与氯化钙相同。

【注意事项】 ①刺激性小,比氯化钙安全。②注射液若析出沉淀,宜微温溶解后使用。③静脉注射宜缓慢,应注意对心脏的影响,禁与强心苷、肾上腺素等药物合用。

【用法与用量】 静脉注射,一次量,马、牛 20~60g,羊、猪 5~15g,犬 0.2~2g。

磷酸二氢钠(Sodium Dihydrogen Phosphate)

本品为无色结晶或白色结晶性粉末,无臭,味咸、酸,易溶于水,常制成注射液、片剂。

【作用与应用】 ①磷是骨骼和牙齿的主要成分。②维持细胞膜的正常结构和功能。③磷是体内磷酸盐缓冲液的组成成分,参与调节体内酸碱平衡。④磷是核酸的组成成分,可参与蛋白质的合成。⑤参与体内脂肪的转运与贮存。

本品为磷补充剂,用于低磷血症的预防和治疗,或用于其缺乏引起的佝偻病、骨质疏松症、产后瘫痪等的治疗。

【注意事项】 本品与钙剂合用,可提高疗效。

【用法与用量】 内服,一次量,马、牛 90g,3 次/天。静脉注射,一次量,牛 30~60g。

二、微量元素

微量元素是指占动物体重 0.01% 以下的元素,虽然含量不多,但与动物的生存和健康息息相关。它们的摄入过量或缺乏都会不同程度地影响生长发育,甚至引起疾病。

亚硒酸钠(Sodium Selenite)

本品为白色结晶性粉末,无臭,在空气中稳定。本品在水中溶解,常制成注射液和预混剂。

【作用与应用】 ①硒有抗氧化作用,是谷胱甘肽过氧化物酶的组成成分,此酶可分解细胞内过氧化物,防止对细胞膜的氧化破坏作用,保护生物膜免受损害。②参与辅酶 Q 的合成,辅酶 Q 在呼吸链中起递氢的作用,参与 ATP 的生成。③提高抗体水平,增强机体的免疫力。④有解毒功能,硒能与汞、铅、镉等重金属形成不溶性硒化物,降低重金属对机体的毒害作用。⑤维持精细胞的结构和机能,公猪缺硒可导致睾丸曲细精管发育不良,精子数量减少。

本品主要用于防治犊牛、羔羊、仔猪的白肌病和雏鸡渗出性素质病。

【注意事项】 ①本品与维生素 E 联用,可提高治疗效果。②安全范围很小,在饲料中添加时,应注意混合均匀。③肌内或皮下注射有局部刺激性,动物表现为不安,注射部位肿胀、脱毛等。

【用法与用量】 亚硒酸钠注射液,肌内注射,一次量,马、牛 30~50mg,驹、犊 5~8mg,仔猪、羔羊 1~2mg。亚硒酸钠维生素 E 注射液,肌内注射,一次量,驹、犊 5~8mL,羔羊、仔猪 1~2mL。亚硒酸钠维生素 E 预混剂,混饲,每 1000kg 饲料畜禽 500~1000g。

硫酸铜(Copper Sulfate)

本品为深蓝色结晶或蓝色结晶性颗粒或粉末,无臭,在水中易溶解,常制成粉剂。

【作用与应用】 ①铜是机体利用铁合成血红蛋白所必需的物质,能促进骨髓生成红细胞。②铜是多种酶的成分,参与机体代谢。例如,酪氨酸酶既能使酪氨酸氧化成黑色素,又能在角蛋白合成中将巯基氧化成双硫键,促进羊毛的生长并保持一定的弯曲度。③参与机体的骨骼形成并促进钙、磷在软骨基质上的沉积。④铜可参与血清免疫球蛋白的构成,提高机体免疫力。

本品主要用于铜缺乏症,促进动物生长,也可用于浸泡治疗奶牛的腐蹄。

【注意事项】 绵羊、犊牛较敏感,摄量过大能引起溶血、肝损害等急性或慢性中毒症状。

【用法与用量】 治疗铜缺乏症,内服,一日量,每千克体重,牛 2g,犊 1g,羊 20mg。作为生长促进剂,混饲,每 1000kg 饲料,猪 800g,禽 20g。

氯化钴(Cobalt Chloride)

本品为红色或深红色单斜系结晶,稍有风化性。在水中极易溶解,水溶液为红色,醇溶液为蓝色,常制成片剂、溶液。

【作用与应用】 ①钴是维生素 B_{12} 的组成成分,能促进血红素的形成,具有抗贫血的作用。②钴作为核苷酸还原酶和谷氨酸变位酶的组成成分,参与 DNA 的生物合成和氨基酸的代谢等。

本品用于治疗钴缺乏症引起的反刍动物食欲减退、生长缓慢、腹泻、贫血等。

【注意事项】 ①本品只能内服,注射无效,因为注射给药,钴不能为瘤胃微生物所利用。②钴摄入过量可导致红细胞增多症。

【用法与用量】 内服,一次量。治疗:牛 500mg,犊 200mg,羊 100mg,羔羊 50mg;预防:牛 25mg,犊 10mg,羊 5mg,羔羊 2.5mg。

硫酸锌(Zinc Sulfate)

本品为无色透明的棱柱状或细针状结晶或颗粒状的结晶性粉末,无臭,味涩,有风化性。本品在水中极易溶解,常制成粉剂、注射液。

【作用与应用】 ①锌是动物体内多种酶的成分或激活剂,可催化多种生化反应。②锌是胰岛素的成分,可参与碳水化合物的代谢。③参与胱氨酸和黏多糖代谢,维持上皮组织健康与被毛正常生长。④参与骨骼和角质的生长并能增强机体免疫力,促进创伤愈合。

本品主要用于防治锌缺乏症。

【注意事项】 锌对畜禽毒性较小,但摄入过多可影响蛋白质代谢和钙的吸收,并可导致铜缺乏症。

【用法与用量】 内服,一日量,牛 50~100mg,驹 200~500mg,羊、猪 200~500mg,禽 50~100mg。

硫酸锰(Manganese Sulfate)

本品为浅红色结晶性粉末,在水中易溶解,常制成预混剂。

【作用与应用】 ①锰是动物体内多种酶的成分,参与糖、脂肪和蛋白质及核酸的代谢。②参与骨骼基质中硫酸软骨素的形成,从而影响骨骼的生长发育。

本品主要用于防治锰缺乏症。

【注意事项】 畜禽很少发生锰中毒,但日粮中锰含量超过 2000mg/kg 时,可影响钙的吸收和钙、磷在体内的停留。

【用法与用量】 混饲,每 1000kg 饲料,禽 100~200g。

第五节 糖皮质激素药物

肾上腺皮质激素为肾上腺皮质分泌的一类激素的总称,它们的结构与胆固醇相似,故又被称为皮质类固醇激素。肾上腺皮质激素按其生理作用,主要分两类:一类是调节体内水和盐代谢的激素,即调节体内水和电解质平衡,称为盐皮质激素;另一类是与糖、脂肪及蛋白质代谢有关的激素,常称为糖皮质激素。糖皮质激素在超生理剂量时有抗炎、抗过敏、抗毒素及抗休克等药理作用,因而在临床中广泛应用。本节着重介绍糖皮质激素。

一、概述

(一)糖皮质激素的作用

1. 抗炎作用

糖皮质激素能降低毛细血管通透性,表现为抑制对各种刺激因子引起的炎症反应能力,以及机体对致病因子的反应性。这种作用表现为糖皮质激素能使小血管收缩,增强血管内皮细胞的致密程度,减轻静脉充血,减少血浆渗出,抑制白细胞的游走、浸润和巨噬细胞的吞噬功能。这些作用可明显减轻炎症早期的红、肿、热、痛等症状的发生。

2. 抗过敏作用

过敏反应是一种变态反应,它是抗原与机体内抗体或与致敏淋巴细胞相互结合、相互作用而产生的细胞或组织反应。糖皮质激素能抑制抗体免疫引起的速发性变态反应,以及免疫复合体引起的变态反应或细胞性免疫引起的延缓性变态反应,为一种有效的免疫抑制剂。糖皮质激素的抗过敏作用很可能在于抑制巨噬细胞对抗原的吞噬和处理,抑制激素的抗炎作用,实际上起着抑制免疫反应的基础作用。

3. 抗毒素作用

糖皮质激素能增加机体的代谢能力,提高机体对不利刺激因子的耐受力,降低机体细胞膜的通透性,阻止各种细菌的内毒素侵入机体细胞的能力,提高机体细胞对内毒素的耐受性,糖皮质激素不能中和毒素,而且对毒性较强的外毒素没有作用。糖皮质激素抗毒素作用的另一途径与稳定溶酶体膜密切相关。这种作用减少溶酶体内各种致炎、致热内源性物质的释放,减轻对体温调节中枢的刺激作用,降低毒素致热源的作用。因此,用于严重中毒性感染(如败血症)时,常具有迅速而良好的退热作用。

4. 抗休克作用

大剂量糖皮质激素有增强心肌收缩力、增加微循环血量、减轻外周阻力、降低微血管的通透性、扩张小动脉、改善微循环、增强机体抗休克作用的能力。由于糖皮质激素能改善休克时的微循环,改善组织供氧,减少或阻止细胞内溶酶体的破裂,减少或阻止蛋白水解酶的释放,阻止蛋白水解酶作用下多肽的心肌抑制因子的产生,其具有抑制心肌收缩、降低心输出量的作用。在休克过程中,这种作用又加剧微循环障碍。糖皮质激素能阻断休克的恶性循环,可用于各种休克,如中毒性休克、心源性休克、过敏性休克及低血容量性休克等。

5. 对有机物代谢及其他作用

糖皮质激素有促进蛋白质分解,使氨基酸在肝内转化,合成葡萄糖和糖原的作用;同时,又可抑制组织对葡萄糖的摄取,因而有升血糖的作用。糖皮质激素类的皮质醇结构与醛固酮有类似之处,故能影响水盐代谢。长期大剂量应用糖皮质激素会引起体内钠滞留和钾的排出量增加,但比盐皮质激素的作用弱。糖皮质激素能促进消化腺的分泌机能,加速胃肠黏膜上皮细胞的脱落,使黏膜变薄而损伤,故可诱发或加剧溃疡病的发生。

(二) 糖皮质激素的应用

糖皮质激素具有广泛的应用,但多不是针对病因的治疗药物,而主要是缓解症状,避免并发症的发生。其适应证有:

1. 代谢性疾病

对牛的酮血症和羊的妊娠毒血症有显著疗效。

2. 严重的感染性疾病

各种败血症、中毒性菌痢、腹膜炎、急性子宫炎等感染性疾病,糖皮质激素均有缓解症状的作用。

3. 过敏性疾病

急性支气管哮喘、血清病、过敏性皮炎、过敏性湿疹。

4. 局部性炎症反应

各种关节炎、乳腺炎、结膜炎、角膜炎、黏膜囊炎以及风湿病等。

5. 休克

糖皮质激素对各种休克,如过敏性休克、中毒性休克、创伤性休克、蛇毒性休克均有一定的辅助治疗作用。

（三）不良反应

糖皮质激素在临床应用时,仅在长期或大剂量应用时才有可能产生不良反应。

1. 类肾上腺皮质机能亢进症

大剂量或长期(约1个月)用药后引起代谢紊乱,产生严重低血钾、糖尿、骨质疏松、肌纤维萎缩、幼龄动物生长停滞。马较其他动物敏感。

2. 类肾上腺皮质机能不全

大剂量长时间用药后,一旦突然停用,可产生停药综合征。动物表现为软弱无力、精神沉郁、食欲减退、血糖下降、血压降低,严重时休克。还可见有疾病复发或加剧,这是由于对糖皮质激素形成依赖性所致,或者是病情尚未被控制的结果。

3. 诱发和加重感染

糖皮质激素虽有抗炎作用,但其本身无抗菌作用,使用后还可使机体防御机能和抗感染能力下降,致使原有病灶加剧或扩散,甚至继发感染。因而一般性感染疾病不宜使用。在有危急性感染疾病时才考虑使用。使用时应配合足量的有效抗菌药物,在激素停用后仍需继续用抗菌药物治疗。

4. 抑制过敏反应

糖皮质激素能抑制变态反应,抑制白细胞对刺激原的反应,因而在用药期间可影响鼻疽菌素点眼和其他诊断试验或活菌苗免疫试验。糖皮质激素对少数马、牛有时可见有过敏反应,用药后可见有麻疹、呼吸困难、阴门及眼睑水肿、心动过速等表现,甚至死亡,这些常发生于多次反复应用的病例。

此外,糖皮质激素可促进蛋白质分解,延缓肉芽组织的形成,延缓伤口愈合。大剂量应用可导致或加重胃溃疡。

（四）注意事项

由于糖皮质激素副作用较大,临床应用时应注意采取补救措施。

1. 选择恰当的制剂和给药途径

急性危重病例应选用注射剂做静脉注射,一般慢性病例可以口服或用混悬液肌内注射或局部关节腔内注射等。对于后者的应用,应注意防止引起感染和机械损伤。

2. 补充维生素D和钙制剂

泌乳动物、幼年生长期的动物应用糖皮质激素,应适当补给钙制剂、维生素D以及高蛋白饲料,以减轻或消除因骨质疏松、蛋白质异化等副作用引起的疾病。

3. 在下述病情中禁用

缺乏有效抗菌药物治疗的感染;骨软化症和骨质疏松症;骨折治疗期;妊娠期(因可引起早产或畸胎);结核菌素或鼻疽菌素诊断和疫苗接种期。

二、临床常用制剂

氢化可的松（Hydrocortisone）

本品为白色或类白色的结晶性粉末,无臭,味苦,不溶于水,常制成注射液。

【作用与应用】 本品具有抗炎、抗过敏、抗毒素、抗休克等作用。

本品用于炎症、过敏性疾病、牛酮血病及羊妊娠毒血症。

【注意事项】 ①有较强的免疫抑制作用,细菌感染必须配合大剂量的有效抗菌药物。②严重的肝功能不良、骨软化症、骨折治疗期、创伤修复期、疫苗接种期患畜禁用。③长期使用不能突然停药,应逐渐减量,直至停药。④水、钠潴留和排钾作用较强,噻嗪类利尿药或两性霉素 B 也能促进排钾,与本品合用时应注意补钾。

【用法与用量】 氢化可的松注射液,静脉注射,一次量,马、牛 0.2～0.5g,羊、猪 0.02～0.08g。醋酸氢化可的松注射液,关节腔内注入,马、牛 0.05～0.1g。

地塞米松（Dexamethasone）

本品又称氟美松,其磷酸钠盐为白色或微黄色粉末,无臭,味微苦,不溶于水,其醋酸盐常被制成片剂,磷酸盐常被制成注射液。

【作用与应用】 ①本品的作用和应用与氢化可的松相似,但作用比氢化可的松强 25 倍,抗炎作用强 30 倍,而水、钠潴留的副作用较弱。②本品还对母畜同步分娩有较好的效果,妊娠后期,一次肌内注射,牛、羊、猪一般在 48h 内分娩,马无此作用。

本品用于炎症、过敏性疾病、牛酮血病及羊妊娠毒血症,也可用于母畜牛、羊、猪的同期分娩。

【注意事项】 ①本品对牛、羊、猪有引产效果,但可使胎盘滞留率升高,泌乳延迟,子宫恢复到正常状态较晚。②其他参见氢化可的松。

【用法与用量】 地塞米松磷酸钠注射液,肌内或静脉注射,一次量,马 2.5～5mg,牛 5～20mg,羊、猪 4～12mg,犬、猫 0.125～1mg。关节腔内注入,一次量,马、牛 2～10mg。醋酸地塞米松片,内服,一次量,马 5～10mg,牛 5～20mg,犬、猫 0.5～2mg。

泼尼松（Prednisone）

本品又称强的松、去氢可的松,为白色或几乎白色的结晶性粉末,无臭,味苦,不溶于水,常制成片剂和眼膏。

【作用与应用】 ①本品进入体内后代谢转化成氢化泼尼松而起作用,其抗炎作用比天然的氢化可的松强 4～5 倍,水、钠潴留显著减轻。②促进蛋白质转变为葡萄糖,减少机体对糖的利用,使血糖和肝糖原增加,出现糖尿。③能增加胃液的分泌。

本品用于炎症、过敏性疾病、牛酮血病及羊妊娠毒血症。

【注意事项】 ①抗炎、抗过敏作用强,副作用较少。②眼部有感染时应与抗菌药物合用,角膜溃疡禁用。③其他同氢化可的松。

【用法与用量】 内服,一日量,每千克体重,马、牛 100～300mg,猪、羊 10～20mg,犬、猫

0.5~2mg。眼部外用,2~3次/天。

倍他米松(Betamethasone)

本品为白色或类白色的结晶性粉末,无臭,味苦,在水中几乎不溶,常制成片剂。

【作用与应用】 本品抗炎作用及糖原异生作用较地塞米松强,为氢化可的松的30倍,钠潴留作用稍弱于地塞米松。

本品常用于犬、猫的炎症性、过敏性疾病。

【注意事项】 同氢化可的松。

【用法与用量】 内服,一日量,犬、猫0.25~1mg。

醋酸氟轻松(Fluocinonide)

本品为白色或类白色的结晶性粉末,无臭,无味,不溶于水,常制成乳膏剂。

【作用与应用】 ①本品外用可使真皮毛细血管收缩,抑制表皮细胞增殖或再生,抑制结缔组织内纤维细胞的新生,稳定细胞内溶酶体膜。②具有较强的抗炎、抗过敏作用,局部皮肤、黏膜涂敷,对炎症、瘙痒、过敏都能迅速显效,止痒效果尤其明显。

本品主要用于各种皮肤病,如湿疹、过敏性皮炎、皮肤瘙痒等。

【注意事项】 ①本品对细菌感染性皮肤病应与相应的抗菌药合用。若感染未改善,应停用。②真菌或病毒性皮肤病禁用。③长期或大面积使用可引起皮肤萎缩及毛细血管扩张,发生痤疮样皮炎、毛囊炎等。

【用法与用量】 醋酸氟轻松软膏,外用,涂患处。

矿物质与家禽生理功能的关系

1. 矿物质的营养特性

矿物质是构成禽体组织和细胞的重要成分。它参与调节体液渗透的恒定,活化消化酶,维持血液的酸碱平衡和神经、肌肉的正常兴奋性,还有助于机体内其他营养物质的吸收利用。因此,矿物质对禽类的生长发育、繁殖和营养代谢等都有很重要的作用。

禽类饲料中的矿物质元素可分为两大类。一类是常量元素,它们是钙、磷、镁、钾、钠、硫、氯,其中钙、磷是形成骨骼的最重要的矿物质元素,在养禽生产中也极易缺乏。另一类是微量元素,目前多数学者公认的必需微量元素有铁、铜、锌、钴、锰、碘、硒、氟、钼、铬、镍、钒、锡、硅等14种。在禽类饲料日粮中需要补充的微量元素主要有锰、铁、铜、钴、碘、硒等,它们是禽类机体的生命元素。对于集约化饲养的禽类而言,这些微量元素甚至比维生素更具有依赖性。

2. 矿物质缺乏对家禽生理功能的影响

(1)钙:家禽所需的钙质约99%用于构成骨骼和蛋壳,其余分布于细胞和体液中,对维持神经、肌肉、心脏的正常生理功能及体内酸碱平衡,促进伤口血液凝固等具有重要作用。

雏禽缺钙一般表现为生长发育迟缓,骨骼发育不良,质脆易折断,或变软易弯曲,尤其是腿骨,严重时两腿变形外展,关节肿大,站立不稳,胸部变形。产蛋禽缺钙主要表现为产蛋减少,蛋壳变薄、易破,严重时产软壳蛋、无壳蛋。

(2)磷:家禽所需的磷约有80%同钙一起参与构成骨骼成分,其余分布在全身组织中,可参与磷脂、核酸和某些酶的组成,具有广泛的生理作用,蛋壳也需要少量的磷参与构成。

家禽缺磷时主要表现为厌食、倦怠、生长发育迟缓、骨骼发育不良,严重时的表现与钙缺乏症状相似。

(3)锰:锰的作用主要是参与骨骼发育、蛋壳形成,促进胚胎发育及能量代谢。

雏禽缺锰时,主要表现为骨粗短症及脱腱症。腿骨粗短,关节肿大、扭转,其上下的骨骼弯曲变形,发展到一定程度时,患肢不能站立行走。一般病禽骨质并不变软或变脆,据此可与钙、磷、维生素缺乏相区别。成年禽缺锰时,表现为产蛋显著减少,蛋壳变薄,易破裂,种蛋入孵后胚胎发育不良,表现为翅、腿明显变短,头呈圆球形,下颌变短,腹部突出,明显水肿,绒毛生长不良,多在出雏前死亡。

(4)硒:硒的主要生理功能是与维生素E协同阻止体内某些代谢产物对细胞膜的氧化作用,保持细胞膜不受损害,维持细胞正常代谢。此外,硒还具有提高种蛋的孵化率,刺激免疫球蛋白形成,增强机体抗病力的作用。硒和维生素E在含量上有相互补偿作用,在功能上有协调关系,但两者不能相互代替。

硒缺乏症主要发生在雏禽。轻度缺乏时,一般表现为精神沉郁,食欲减退,羽毛蓬乱,无光泽,生长发育不良,死亡率较高;严重缺乏时,特别是同时缺乏维生素E时,一般在2~3周龄开始发生,高峰在3~6周龄,病禽外周血管的通透性增大,红细胞和其他血液成分大量渗出,翅下、胸腹及腿部皮下出现水肿,呈蓝绿色。同时,病禽还表现有缩颈、垂翅现象,冠髯苍白,站立不稳,甚至蹲地不起,排绿色或乳白色稀粪,最后衰竭死亡。

(5)锌:锌具有广泛的生理功能,在体内参与构成和激活多种酶,同时也是胰岛素的组成部分,与蛋白质、核酸和糖代谢密切相关。锌具有促进雏禽生长和发育的作用。

雏禽缺锌时,表现为贫血,发育不良,体质衰弱,食欲缺乏,羽毛粗乱、不丰满、质地差、易磨损,新羽不易生长,腿骨粗短,脊柱弯曲、缩短,肋骨发育不全,关节肿大僵硬,两腿无力,步态不稳,皮肤鳞屑增多,特别是脚部皮肤。成年禽严重缺锌时,羽毛也会缺损,产出的蛋蛋壳较薄,入孵后,胚胎骨骼不能正常生长,成为畸形胚,出孵率较低,幼雏体质较弱。

(6)铁:铁是多种含铁蛋白质及酶的构成成分,主要参与血红蛋白的合成及机体的能量代谢,同时,铁还是家禽形成羽毛色素所必需的物质。

家禽缺铁时主要表现为贫血,生长发育不良,羽毛色素缺乏,失去应有颜色和光泽,血液中红细胞数目减少,血红蛋白的含量降低。

(7)铜:铜的主要作用是作为某些酶的组成成分,对血红蛋白的形成起催化作用。另外,铜还与羽毛的发育及色素的产生、骨骼发育、生殖机能等密切相关。

家禽缺乏铜时,一般表现为消瘦贫血,羽毛发育不良,色素不足或易褪色,骨骼变形,有时出现腿部变软、瘫痪,动脉血管弹性降低,易于破裂,往往容易出血。产蛋禽产蛋明显减少,种蛋入孵后死胚增多。另外,铜缺乏时也会影响铁的正常利用。

(8) 碘:碘是甲状腺素的主要成分,主要存在于甲状腺中,以维持其正常功能。甲状腺素几乎参与所有的物质代谢过程,具有调节代谢和产生热量的作用,还能促进胚胎发育和雏禽生长。

家禽长期缺碘会引起甲状腺功能降低,发生地方性甲状腺肿。雏禽表现为甲状腺肿大,功能低下,生长发育迟缓,骨骼发育不良,羽毛不丰满,体重减轻。产蛋禽除表现为甲状腺肿大外,还会引起产蛋量和蛋的孵化率降低,胚胎发育不良,初生雏往往患有先天性甲状腺肿。

(9) 镁:镁和机体内的钙、磷有着密切关系,它是骨骼形成的必要物质,体内约有70%的镁以碳酸盐的形式存在于骨骼中,蛋壳中含镁约0.4%。体液中镁对碳水化合物的代谢和许多酶的活化是必不可少的。此外,镁对维持神经、肌肉的正常机能也有很大的作用。

雏禽缺镁时一般表现为生长发育停滞、肌肉震颤,严重时呈昏睡状态,气喘,受惊吓会发生短时间的惊厥,后转入昏迷状态,最终导致死亡。成年禽缺镁时,也表现有肌肉震颤现象,此外还表现为产蛋减少、蛋壳变薄、骨质疏松。

(10) 钠:钠是机体所必需的矿物质元素之一。其主要功能是调节血液的酸碱度,维持心脏的正常活动。

家禽缺钠时一般表现为食欲缺乏。饲料的消化利用率降低,常有异嗜,生长发育停滞,骨质变软,腿脚无力,眼角膜出现角质化,体重减轻。产蛋禽还表现为产蛋减少、蛋变形、孵化率降低等现象。

(11) 氯:氯的主要功能是维持渗透压和酸碱平衡,同时也参与胃酸的形成。机体氯缺乏一般与钠缺乏有关。

家禽缺氯时一般表现为血液浓缩、脱水、生长极度不良,并表现出特征性的神经症状:当受惊吓时,突然倒地,躯体前翻,两脚后伸,不能站立,经几分钟麻痹后可恢复正常;但再受到惊吓时,又会重新出现上述症状,有的甚至会休克死亡。

(12) 钾:钾离子的作用主要是参与心脏的正常活动,减少心肌收缩,有助于心肌的舒张,另外还能增加细胞的渗透性,参与维持神经、肌肉的正常生理功能。

家禽缺钾时一般表现为食欲缺乏,肠蠕动减退,生长发育缓慢,肌肉软弱无力,腿脚不灵活,机体极度虚弱,并出现心脏衰竭的症状。

(13) 钴:钴是家禽所必需的微量元素之一,它主要通过形成维生素 B_{12} 而发挥其生物学作用,其生理功能主要是刺激造血,另外对铜、铁及其他矿物质元素的利用也有调节作用。

家禽缺钴主要表现为消瘦、贫血、食欲缺乏、生长发育缓慢、过度虚弱,甚至死亡。

(14) 钼:钼与铁代谢密切相关,能催化肝脏铁蛋白中铁的释放,加速铁进入血浆的过程。
家禽缺钼主要表现为生长发育不良、精神沉郁、消瘦、贫血、体质虚弱。

(15) 硫:硫是一种比较特殊的矿物质,主要由蛋白质中含硫氨基酸(蛋氨酸、胱氨酸)提供,无机硫家禽的利用率较低。

家禽缺硫时主要表现为长期处于惊慌状态,多分散寻找安静的地方躲避。一旦集中,往往会出现相互啄食的恶癖,有时可将羽毛下的皮肤啄破,引起大量出血,一般对采食、消化影响不大。

复习思考题

1. 简述氯化钠和氯化钾的作用、应用及注意事项。
2. 简述氯化钙在临床上的作用、应用及注意事项。
3. 简述糖皮质激素的作用、应用及注意事项。
4. 简述长期使用糖皮质激素会出现的不良反应。

第十二章

抗组胺药与解热镇痛抗炎药物

贝贝,公狗,3个月大,上周在家洗澡后狗毛未吹干,外出淋雨,之后开始咳嗽,流鼻涕,昨天吃完鸡腿后不再吃东西,今天大便成形。检查:体温39.8℃,心肺正常,精神尚可,诱咳(+),体重为4.08kg,初步诊断为感冒引起的支气管炎。假如你作为一名宠物医师,请你结合药理学知识,制订治疗方案。

⊙ 掌握抗组胺药的作用、临床应用及注意事项。
⊙ 掌握解热镇痛抗炎药的作用、应用及注意事项。

⊙ 合理选用抗组胺药、解热镇痛抗炎药物。
⊙ 能根据病畜发热症状及诊断结果,进行选药用药,并开写处方,同时指出对动物发热症状标本兼治的方法和措施。

第一节 抗组胺药

组胺是速发变态反应过程中由肥大细胞释放出的一种化学物质,可引起毛细血管扩张及通透性增加、平滑肌痉挛、分泌活动增强等,临床上可导致局部充血、水肿、分泌物增多、支气管和消化道平滑肌收缩等。抗组胺类药物根据其和组胺竞争的靶细胞受体不同分为 H_1 受体阻断药和 H_2 受体阻断药两大类。常用的 H_1 受体阻断药有盐酸苯海拉明、盐酸异丙嗪、马来酸氯苯那敏等;H_2 受体阻断药有西咪替丁、雷尼替丁等。

盐酸苯海拉明(Diphenhydramine Hydrochloride)

本品又名苯那君、可他敏,为白色结晶性粉末,无臭,味苦,易溶解于水,常制成片剂或注射液。

【作用与应用】 ①本品抗组胺作用快,维持时间短,对中枢抑制作用显著,能解除肠道平滑肌痉挛,降低毛细血管的通透性,减弱变态反应。②还有镇静、抗胆碱、止吐和轻度局麻作用,但对组胺引起的腺体分泌无拮抗作用。

主要用于治疗由组胺引起的各种过敏性疾病,如荨麻疹、血清病、血管神经性水肿等;对过敏引起的胃肠炎痉挛、腹泻等也有一定疗效;也可用于因组织损伤而伴有组胺释放的疾病,如烧伤、冻伤、湿疹、脓毒性子宫炎等。也用作过敏性休克以及由饲料过敏引起的腹泻和蹄叶炎等的辅助治疗。

【注意事项】 ①本品仅用于过敏性疾病的对症治疗。②对严重的病例,一般先给予肾上腺素,然后再应用本品。③本品能加强麻醉药和镇痛药的作用,合并用药时应注意。④对过敏性支气管痉挛的疗效较差,常与氨茶碱、维生素 C 或钙剂配合应用,可增强疗效。

【用法与用量】 内服,一次量,牛 0.6~1.2g,马 0.2~1g,猪、羊 0.08~0.12g,犬 0.03~0.06g,猫 0.01~0.03g,2~3 次/天。肌内注射,一次量,马、牛 0.1~0.5g,猪、羊 0.04~0.06g,犬 0.5~1mg。

盐酸异丙嗪(Promethazine Hydrochloride)

本品又称非那根,为白色或几乎白色的粉末或颗粒,几乎无臭,味苦,易溶于水,常制成片剂和注射液。

【作用与应用】 ①本品竞争性阻断组胺 H_1 受体而产生抗组胺作用,较苯海拉明强而持久,可持续 12h 以上。②可加强局麻药、镇静药和镇痛药的作用,还有降温、止吐、镇咳作用。

本品应用与苯海拉明相同。

【注意事项】 ①禁与碱性及生物碱类药物配伍;避免与杜冷丁、阿托品多次合用;不宜与氨茶碱混合注射。②急性中毒导致中枢抑制时可用安定静脉注射,禁用中枢兴奋药。

【用法与用量】 内服,一次量,马、牛 0.25~1g,猪、羊 0.1~0.5g,犬 0.05~0.1g。肌内注射,一次量,马、牛 0.25~0.5g,猪、羊 0.05~0.1g,犬 0.025~0.05g。

马来酸氯苯那敏(Chlorpheniramine Maleate)

本品又名扑尔敏,为白色结晶性粉末,无臭,味苦,易溶于水,常制成片剂和注射液。

【作用与应用】 本品抗组胺作用较盐酸苯海拉明、盐酸异丙嗪强而持久,中枢抑制作用较弱,用量小,副作用小。

本品主要用于治疗过敏性疾病。

【注意事项】 ①妊娠期及哺乳期动物慎用。②不宜与阿托品等药合用,也不宜与氨茶碱混合注射。

【用法与用量】 内服,一次量,马、牛 80~100mg,猪、羊 10~20mg,犬 2~4mg,猫 1~2mg。肌内注射,一次量,马、牛 60~100mg,猪、羊 10~20mg。

西咪替丁(Cimetidine)

本品又名甲氰咪胍,为白色或类白色结晶性粉末,几乎无臭,味苦,在水中微溶,在稀盐酸中易溶,常制成片剂。

【作用与应用】 ①本品为 H_2 受体拮抗药,抗 H_2 受体作用强,有显著抑制胃酸分泌的作用,也能抑制由组胺、分肽胃泌素、胰岛素和食物等刺激引起的胃酸分泌,并使其酸度降低。②另外,本品还有免疫增强作用。

本品主要用于中小动物胃炎、胃肠溃疡、胰腺炎和急性胃肠出血。

【注意事项】 ①疗程不宜过短,否则易复发或反跳。②与氨基糖苷类抗生素合用时可能导致呼吸抑制或呼吸停止。

【用法与用量】 内服,一次量,每千克体重,猪 300mg,2 次/天,牛 8~16mg,3 次/天,犬、猫 5~10mg,2 次/天。

第二节 解热镇痛抗炎药

▶▶ 一、概述

解热镇痛抗炎药是一类具有解热、镇痛作用,而且大多数还有抗炎、抗风湿作用的药物。它们在化学结构上虽属不同类别,但都可抑制体内前列腺素的生物合成而发挥解热、镇痛、抗炎作用。由于其特殊的抗炎作用,故本类药物又称非甾体抗炎药。本类药物具有解热、镇痛和抗炎三项共同作用。

(一) 解热作用

解热镇痛抗炎药能降低发热动物的体温,而对体温正常动物几乎没有影响。这与氯丙嗪对体温的影响不同,在物理降温配合下,氯丙嗪能使动物体温降低至正常值以下。

下丘脑体温调节中枢通过对产热和散热两个过程的精细调节,使体温维持在相对恒定水平。传染病之所以发热,是由于病原体及其毒素刺激中性粒细胞,产生与释放内源性致热原进入中枢神经系统,作用于体温调节中枢,将调定点提高至正常体温以上,这时产热增加,散热减少,体温升高。其他能引起内源性致热原释放的各种因素也都可引起发热。内源性致热原并非直接作用于体温调节中枢,可能使中枢合成与释放致热原增多,致热原再作用于体温调节中枢而引起发热。一般认为,解热镇痛药是通过抑制中枢致热原合成而发挥解热作用的。

发热是机体的一种防御反应,而且热型也是诊断疾病的重要依据。故对一般发热患畜可不必急于使用解热药;但热度过高和持久发热消耗体力,严重者可危及生命,这时应用解热药可降低体温,缓解高热引起的并发症。但解热药只是对症治疗,因此仍应着重病因治疗。

(二) 镇痛作用

解热镇痛药仅有中等程度镇痛作用,对各种严重创伤性剧痛及内脏平滑肌绞痛无效;对临床常见的慢性钝痛（如神经痛、肌肉或关节痛等）则有良好的镇痛效果；不产生兴奋性与成瘾性，故临床上应用广泛。

本类药物镇痛作用部位主要在外周神经系统。在组织损伤或发炎时，局部产生与释放某些致炎物质如缓激肽等，产生致痛效应，同时产生与释放致热原。缓激肽作用于痛觉感受器引起疼痛；致热原可使痛觉感受器对缓激肽等致痛物质的敏感性提高。因此，在炎症过程中，致热原的释放对炎性疼痛起到了放大作用，而致热原本身也有致痛作用。解热镇痛药可防止炎症时致热原的合成，因而对持续性钝痛有镇痛作用。

（三）抗炎抗风湿作用

大多数解热镇痛药都有抗炎作用，对控制风湿性及类风湿性关节炎的症状有一定疗效，但不能根治，也不能防止疾病发展及并发症的发生。

致热原还是参与炎症反应的活性物质，而发炎组织（如类风湿性关节炎）中也有大量致热原存在；致热原与缓激肽等致炎物质有协同作用。解热镇痛药抑制炎症反应时致热原的合成，从而缓解炎症。抗风湿作用是解热镇痛药解热作用、镇痛作用和抗炎作用的综合作用结果。

二、临床常用药物

解热镇痛抗炎药均具有镇痛作用，但在抗炎作用方面则各具特点，按化学结构可分为苯胺类、吡唑酮类、水杨酸类及其他有机酸类等。

（一）苯胺类

对乙酰氨基酚（Paracetamol）

本品又称扑热息痛，为白色结晶性粉末，无味，溶于水，常制成片剂和注射液。

【作用与应用】 ①本品具有解热镇痛作用，其作用与阿司匹林相似，强而持久，副作用小。②抗炎及抗风湿作用较弱，无实际疗效。

本品主要用于中、小动物的解热镇痛。

【注意事项】 ①猫易引起严重毒性反应，不宜使用。②治疗量的不良反应较少，偶见发绀、厌食、恶心、呕吐等副作用，停药后自行恢复。③大剂量引起肝、肾损害，可在给药后12h内应用乙酰半胱氨酸或蛋氨酸以预防肝损害。肝、肾功能不全患畜或幼畜慎用。④长期过量应用，可诱发再生障碍性贫血。

【用法与用量】 内服，一次量，牛、马 10~20g，羊 1~4g，猪 1~2g，犬 0.5~1g。肌内注射，一次量，牛、马 5~10g，羊 0.5~2g，猪 0.5~1g，犬 0.1~0.5g。

（二）吡唑酮类

氨基比林（Aminophenazone）

本品又称匹拉米洞，为白色或几乎白色的结晶性粉末，无臭，味微苦，溶于水，常制成片剂及与巴比妥制成复方氨基比林注射液。

【作用与应用】 ①本品内服吸收迅速,即时产生镇痛作用,半衰期为1~4h。其解热镇痛作用强而持久,为安替比林的3~4倍,也强于非那西丁和扑热息痛。②与巴比妥类合用能增强其镇痛作用。③对急性风湿性关节炎的疗效与水杨酸类相似。

本品主要用于治疗肌肉痛、关节痛和神经痛,也用于马、骡疝痛。

【注意事项】 ①长期连续用药,可引起颗粒白细胞减少症。②偶有皮疹和剥脱性皮炎。③在胃酸条件下与食物作用,可形成致癌性亚硝基化合物,如亚硝胺。④服用本品后出现红斑或水肿症状应立即停药。

【用法与用量】 内服,一次量,牛、马8~20g,猪、羊2~5g,犬0.13~0.4g。皮下或肌内注射,一次量,牛、马0.6~1.2g,猪、羊0.05~0.2g。复方氨基比林注射液皮下或肌内注射,一次量,牛、马20~50mL,猪、羊5~10mL。

安乃近(Analgin)

本品又名罗瓦而精、诺瓦经,为氨基比林和亚硫酸钠相结合的化合物,白色或微黄色结晶性粉末,易溶于水,常制成片剂、注射液。

【作用与应用】 ①本品解热作用较显著,镇痛作用也较强,肌内注射吸收迅速,药效维持3~4h。②还具有一定的抗炎抗风湿作用。

本品主要用于解热、镇痛、抗风湿,也常用于肠痉挛及肠臌气等症。

【注意事项】 ①本品长期应用,可引起粒细胞减少症。②不能与氯丙嗪合用,以防引起体温剧降。③剂量过大有时出汗过多而引起虚脱。④不宜用于穴位注射,尤其不适用于关节部位,易引起肌肉萎缩及关节功能障碍。

【用法与用量】 内服,一次量,牛、马4~12g,猪、羊2~5g,犬0.5~1g。皮下、肌内注射,一次量,牛、马3~10g,猪1~3g,羊1~2g,犬0.3~0.6g。静脉注射,一次量,牛、马3~6g。

保泰松(Phenylbutazone)

本品又名布他酮,为白色或微黄色结晶性粉末,味微苦,难溶于水,性质稳定,常制成片剂、注射液。

【作用与应用】 本品作用与氨基比林类似,但解热、镇痛作用较弱,而抗炎作用较强,对炎性疼痛效果较好,还有促进尿酸排泄作用。

本品主要用于治疗类风湿性关节炎、风湿性关节炎及痛风。

【注意事项】 ①长期过量使用,可引起胃肠道反应,肝、肾损害,水、钠潴留等。②可抑制骨髓,引起粒细胞减少,甚至再生障碍性贫血。③对食品生产动物、泌乳奶牛等禁用。

【用法与用量】 内服,一次量,每千克体重,牛、猪4~8mg,犬20mg,马2.2mg(首日量加倍),2次/天。静脉注射,一次量,每千克体重,马3~6mg,2次/天,牛、猪4mg,1次/天。

(三)水杨酸类

阿司匹林(Aspirin)

本品又称乙酰水杨酸,为白色结晶或结晶性粉末,无臭或微带醋酸臭,微溶于水,常制成片剂。

【作用与应用】 ①解热、镇痛作用较好,消炎、抗风湿作用强,并可促进尿酸排泄。②还可抑制抗体产生和抗原抗体的结合反应,并抑制炎性渗出而呈现抗炎作用,对急性风湿症有特效。

本品常用于发热、风湿症和神经、肌肉、关节疼痛及痛风症的治疗。

【注意事项】 ①本品大剂量或长期应用,可抑制凝血酶原形成,发生出血倾向,可用维生素 K 治疗。②对消化道有刺激作用,不宜空腹投药,可与碳酸钙同服以减轻对胃的刺激。③治疗痛风时,可同服等量的碳酸氢钠,以防尿酸在肾小管内沉积。④本品对猫毒性大,不宜使用。

【用法与用量】 内服,一次量,马、牛 15~30g,猪、羊 1~3g,犬 0.2~1g。

水杨酸钠(Sodium Salicylate)

本品又称柳酸钠,为无色或微淡红色的细微结晶或鳞片,或白色无晶形粉末,无臭或微有特殊臭味,味甜咸,易溶于水,常制成片剂、注射液。

【作用与应用】 ①本品解热作用较弱,有一定的镇痛作用,但比阿司匹林、氨基比林等弱。②抗炎、抗风湿作用较强。③还有促进尿酸盐排泄作用,对痛风有效。

本品主要用于治疗风湿、类风湿性关节炎和急、慢性痛风症。

【注意事项】 ①本品对凝血功能的影响与阿司匹林相似。②对胃肠道刺激作用较阿司匹林强,应用时需同时与淀粉拌匀或经稀释后灌服或缓慢静脉注射,不可漏出血管外。③与肾上腺皮质激素合用,也因蛋白置换而使激素抗炎作用增强,但诱发溃疡的作用也增强;与呋塞米合用,因竞争肾小管分泌系统而使水杨酸排泄减少,造成蓄积中毒。

【用法与用量】 内服,一次量,牛 15~75g,马 10~50g,猪、羊 2~5g,犬 0.2~2g,鸡、猪 0.1~0.12g。静脉注射,一次量,牛、马 10~30g,猪、羊 2~5g,犬 0.1~0.5g。

(四) 其他有机酸类

吲哚美辛(Indometacin)

本品又称消炎痛,为白色或微黄色结晶性粉末,几乎无臭无味,不溶于水,应遮光、密闭保存,常制成片剂。

【作用与应用】 本品具有抗炎、解热及镇痛作用。其抗炎作用非常显著,比保泰松强 84 倍,也强于氢化可的松;解热作用也较强,比氨基比林强 10 倍,药效快而显著;镇痛作用较弱,但对炎性疼痛强于保泰松、安乃近和水杨酸类。

本品主要用于慢性风湿性关节炎、神经痛、腱炎、腱鞘炎及肌肉损伤等。

【注意事项】 ①犬、猫可见恶心、腹痛、下痢等消化道不良反应症状,有的出现消化道溃疡,可致肝和造血功能损害。②肾病及胃溃疡患畜慎用。

【用法与用量】 内服,一次量,每千克体重,马、牛 1mg,猪、羊 2mg。

苄达明(Benzydamine)

本品又称炎痛静、消炎灵,其盐酸盐为白色结晶性粉末,味辛辣,易溶于水,常制成片剂。

【作用与应用】 ①本品具有解热、镇痛和抗炎作用,对炎性疼痛的镇痛作用较吲哚美辛强,抗炎作用与保泰松相似或稍强。②还具有罂粟碱样解痉作用。③与抗生素或磺胺类药合用可增强疗效。

本品主要用于手术、外伤、风湿性关节炎等炎性疼痛,与抗生素合用可治疗牛支气管炎和乳腺炎。

【注意事项】 本品副作用少,但连续用药可产生轻微的消化道障碍和白细胞减少。

【用法与用量】 内服,一次量,每千克体重,马、牛1mg,猪、羊2mg。

萘普生(Naproxen)

本品又名消痛宁、萘洛芬,为白色或类白色结晶性粉末,无臭或几乎无臭,不溶于水,常制成片剂、注射液。

【作用与应用】 本品具有解热、镇痛和抗炎作用,比保泰松、阿司匹林作用强。

本品主要用于治疗风湿症、肌腱炎、痛风等,也用于轻、中度疼痛等。

【注意事项】 ①本品毒性小,但犬对本品敏感,可见出血或胃肠道毒性。②能明显抑制白细胞的游走,对血小板黏着和聚集反应也有抑制作用,可延长出血时间。③与速尿或氢氯噻嗪利尿药并用时,可使利尿药排钠和降压作用下降。④丙磺舒可明显延长本品的半衰期,阿司匹林可加速本品的排出。

【用法与用量】 内服,一次量,每千克体重,马5~10mg,犬2~5mg。静脉注射,一次量,每千克体重,马5mg。

氟尼辛葡甲胺(Flunixin Meglumine)

本品为白色或类白色结晶性粉末,无臭,溶于水,常制成颗粒剂和注射液。

【作用与应用】 本品是一种强效的环氧化酶抑制剂,具有解热、镇痛、抗炎和抗风湿作用。

本品主要用于缓解马的内脏绞痛、肌肉炎症及疼痛;牛的各种疾病感染引起的急性炎症,如蹄叶炎、关节炎等,另外也可用于母猪乳腺炎、子宫炎及无乳综合征的辅助治疗。

【注意事项】 ①大剂量或长期使用,马可发生胃肠溃疡,牛可出现便血和血尿,犬出现呕吐和腹泻。②马、牛不宜肌内注射,易引起局部炎症。③不得与抗炎性镇痛药、非甾体类抗炎药合用,否则毒副作用增大。

【用法与用量】 内服,一次量,每千克体重,犬、猫2mg,1~2次/天,连用不超过5d。肌内注射、静脉注射,一次量,每千克体重,猪2mg,犬、猫1~2mg,1~2次/天,连用不超过5d。

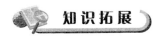

解热镇痛药的发展现状

解热镇痛药是一类具有退热和减轻外周慢性钝痛的药物,能抑制下丘脑前部神经元中的前列腺素(PGs)的合成和释放,除解热和镇痛作用外,还具有抗炎、抗风湿作用。解热镇痛类药物也可选择性作用于体温调节中枢,降低其异常兴奋性,通过神经调节使皮肤血管扩张,排汗增加,呼吸加快,增加散热,同时稳定白细胞内的溶酶体膜,阻碍白细胞内致热原的释放,使体温恢复到正常水平。此类药物对头痛、牙痛、神经痛、关节痛、肌肉痛及月经痛等中等钝痛效果好,对外伤性剧痛及内脏平滑肌绞痛无效。

1. 解热镇痛药的应用现状

自从阿司匹林于1898年上市以来的一个多世纪里,非甾体类镇痛消炎药(nonsteroidal antiinflam-matory drugs,NSAIDs)已增至百余个品种,成为全球最畅销的药品。NSAIDs 具有疗效明确、耐受性好等优点,然而 NSAIDs 导致的胃肠道不良反应限制了 NSAIDs 的进一步应用。在美国,一年中超过1.5亿张非甾体类抗炎药处方用于急慢性疼痛或风湿性疾病的治疗,每年因 NSAIDs 所致严重胃肠道并发症使10.7万人次住院,1.65万人死亡。在英国,每年因服用 NSAIDs 而并发的溃疡病约1.4万人,死亡0.2万人。兽医临床上 NSAIDs 的需求量十分巨大,其年消费量仅次于化疗药。我国现有动物用 NSAIDs 品种单一,副作用明显,迫切需要开发或引进疗效更好和副作用较小的新药。

有文献调查结果显示,我国畜牧业生产过程中有81%的病例超剂量应用此类药物,造成无法准确诊断疾病的后果,从而造成误诊。在诊治的21例中,死亡7例,病死率高达33%,如此高的病死率,究其原因,一是因解热镇痛类药的应用掩盖了其发热这一重要疾病特征而造成误诊;二是滥用解热镇痛类药造成畜体的自我调节紊乱,降低了抵抗力。因此,有必要重新认识和了解解热镇痛类药物,合理用药,避免由于滥用此类药物导致不良反应的发生。

2. 解热镇痛药的发展状况

自从1951年美国国会审议了由两位药师参议员提出的立法议案,通过了"食品、药品、化妆品法"的修正案,规定了处方药(Rx)和非处方药(OTC)的分类标准后,迄今已逾半个世纪,大多数国家已先后实施了这种办法,成为药品管理的国际惯例,同时也在研制开发、相互转换、销售渠道和市场规律上形成规范。我国也从2000年1月1日起实施处方药与非处方药分类管理。

据报道,1998年在全球非处方药中,解热镇痛药物的销售额占第2位,达17.2%。进入20世纪90年代以来,发达国家的 OTC 镇痛药市场是扑热息痛、布洛芬和阿司匹林三分天下。美国 OTC 镇痛药市场按销售额计,扑热息痛占45%,阿司匹林占25%,布洛芬占25%,其他占5%。到目前为止,美国 OTC 镇痛药市场格局仍维持不变。在欧洲,占 OTC 镇痛药市场主导地位的也是这3个药品。在英国和西班牙,布洛芬的销售额超过了扑热息痛。在生活水平与我国相仿的印度,布洛芬已成为最畅销的解热镇痛药之一,它的销售额正以每年15%~20%的速度增长。目前,我国已成为亚洲最大、世界第二大解热镇痛药生产和出口大国。2000年解热镇痛药主要品种的产量已达60000t,其中扑热息痛、阿司匹林和安乃近三大产品的总产量超过50000t,占总产量的86%;2000年解热镇痛药的出口量达32000t,占总产量的54%。扑热息痛在解热镇痛药市场中一直占据主导地位,全球产销量最大。目前,世界扑热息痛的产量已达70000t,现有90000t的生产能力,其中美国的生产能力达40000t。对扑热息痛需求增长较快的是拉美、非洲、中东和亚洲。含扑热息痛的药品的销售额达20多亿元。它已成为我国销售额领先的产品之一。布洛芬的世界年生产能力已达20000t。布洛芬在西方发达国家早已成为解热镇痛药的主要品种。进入20世纪90年代以来,受国外产品特别是印度产品的冲击,我国的布洛芬市场发展缓慢。2000年全年产量只有747t,仅占解热镇痛药总产量的1.2%。我国生产的布洛芬与印度产品相比价格偏高,出口受到一定的限制。我国布洛芬发展缓慢的主要原因有:①对布洛芬的宣传力度不够。②国产制剂对胃肠道有刺激性,有的病人不愿接受。③生产规模小,成本较高,同时受到低价产品的挤压和竞争,市场增长缓慢。

据统计,目前阿司匹林消费量在非甾体消炎药中排序第一,但临床上主要以服用小剂量预防缺血性心脏病和血栓形成为主,而较少用于治疗类风湿关节炎等疾病。排序第二的为芬必得,是布洛芬的缓释胶囊制剂,因其疗效确切、副作用小、服用方便,已在临床上广泛应用。

NSAIDs是目前临床上治疗风湿、类风湿性关节炎的主要药物,它们具有明显的抗炎止痛作用,能减轻关节炎病人的炎症反应,缓解症状,提高病人的活动能力。但它们不能根除病因,也不能阻止病程的发展和并发症的发生,而且多数药物的不良反应较多。现已通过改变NSAID的化学结构或制剂类型来提高对COX-2的选择性抑制,达到增强其抗炎止痛作用,减少不良反应之目的。

因选择性COX-2抑制剂可减少胃肠道不良反应和肾毒性,故COX-2抑制剂的开发成功标志着关节炎治疗新时代的开始,也是现在研究抗炎药的发展方向。1998年,在美国批准上市的COX-2抑制剂Celecoxib(商品名:Celebrex)和1999年批准上市的Rofecoxib(商品名:Vioxx)在美国已成为畅销药品,是COX-2抑制剂研究开发最成功的药品。COX-2抑制剂将成为预防癌症的一类新药。2000年1月美国已批准赛尔公司的Celecoxib用于预防直肠癌。近年来的诸多研究表明,应用非甾体抗炎药与降低结肠癌发病的危险性呈正相关。Tenidap结构和作用方式不同于常规非甾体抗炎药的抗类风湿性关节炎新药,具有环氧合酶和脂氧酶的双重抑制作用,可抑制IL-1的生物合成及IL-6、IL-2等的释放,并可抑制γ干扰素(IFN-γ)的产生和mRNA的编码诱导,从而起到缓解类风湿性关节炎的症状及缩短病程的作用。可以预见,在今后的一段时期内,研究COX-2选择性抑制剂、发现新结构类型的高活性化合物仍是主攻方向。但由于COX-2寿命短,在生命不同时期的不同细胞和器官系统中有不同的调节作用,人们将以谨慎的态度对待该类药物的研究,以确保它们的安全使用。

迄今为止,NSAIDs仍是世界上使用最多的药物之一。现已开发出的非传统NSAIDs有COX-2特异性抑制剂和NO供体药物。虽然COX-2特异性抑制剂的优势在短疗程的镇痛应用中并不突出,但在临床上,选择性COX-2抑制剂的优点仍不断显现,与NO供体药物一起成为一线治疗药物。更高活性、更高选择性的COX-2抑制剂将成为未来NSAIDs新药研究的主流。

复习思考题

1. 试述解热镇痛抗炎药物的作用机制。
2. 临床上为什么不应轻易使用解热药?
3. 临床常用的解热镇痛抗炎药有哪些,其作用、特点和用途是什么?
4. 简述氨基比林的药理作用和临床应用。

第十三章

解 毒 药

案例描述

某农户自养两头奶牛,在田间地头放牧回来后,发现其精神沉郁,烦躁不安,反刍停止,大量流涎,粪便稀薄,全身肌肉震颤,阵发性抽搐、痉挛。临床检查:体温39℃,清涎如柱,口角附多量泡沫,瞳孔缩成一线,初诊为有机磷中毒,请你开出处方。

学习目标

- 掌握非特异性解毒药的种类和方法。
- 掌握特异性解毒药的解毒机制、作用、应用及注意事项。
- 理解有机磷、亚硝酸盐、氰化物、金属及类金属、有机氟中毒的中毒机制。

职业技能

- 能根据畜主主诉和中毒症状合理选用特异性和非特异性解救药物。
- 掌握有机磷酸酯类中毒的临床解救方法。

第一节 非特异性解毒药

能阻止或解除毒物对动物机体毒性作用的药物被称为解毒药。解毒药一般可分为非特异性解毒药和特异性解毒药两大类。非特异性解毒药又被称为一般解毒药,其解毒范围广,但无特异性,因此解毒效果较低,通常在毒物产生毒性作用之前,通过破坏毒物、促进毒物排除、阻止毒物吸收、保护胃肠黏膜等方式,保护机体免遭毒物的进一步损害,赢得抢救时间,在实践中具有重要意义。常用的非特异性解毒药有以下几种。

一、物理性解毒药

(一) 吸附剂

吸附药可使毒物附着于其表面或孔隙中,以减少或延缓毒物的吸收,起到解毒的作用。吸附药不受毒物种类和毒物剂量的限制,任何经口进入畜体的毒物中毒都可以使用。使用吸附剂的同时要配合使用泻剂或催吐剂。常用的吸附剂有药用炭、木炭粉、高岭土等,其中药用炭最为常用。

(二) 催吐剂

催吐就是使动物发生呕吐,促进毒物排出。催吐药一般用于中毒初期,在毒物被胃肠道吸收前,使动物发生呕吐,排空胃内容物,防止进一步中毒或减轻中毒症状。但当中毒症状十分明显时,使用催吐剂意义不大。常用的催吐药有硫酸铜、吐根末、吐酒石等。

(三) 泻药

泻药就是通过加强胃肠蠕动,促进胃肠道内毒物的排出,以避免或减少毒物的吸收,一般用于中毒的中期。一般应用硫酸镁或硫酸钠等盐类泻药,但氯化汞中毒时不能用盐类泻药。在巴比妥类、阿片类、颠茄中毒时,不能用硫酸镁泻下,尽可能用硫酸钠。对发生严重腹泻或脱水的动物,应慎用或不用泻药。

(四) 利尿剂

急性中毒时,常选用速尿等利尿药加速毒物从血液经肾排出。速尿的利尿作用强且作用快,使用方便。既可口服,也可静脉注射,是极为实用的急性中毒解毒剂。

(五) 其他

在中毒时,可以通过静脉输入生理盐水、葡萄糖等,以稀释毒物浓度,减轻毒性作用。

二、化学性解毒药

(一) 氧化剂

利用氧化剂与毒物间的氧化反应可以破坏毒物,从而使毒物毒性降低或丧失。氧化剂解毒药常用于氰化物、有机磷、巴比妥类、阿片类、士的宁、生物碱、毒扁豆碱、蛇毒、砷化物、一氧化碳、烟碱、棉酚等的解毒,但有机磷毒物如1605、1059、3911、乐果等中毒时不能使用氧化剂解毒。常用的氧化剂有高锰酸钾、过氧化氢等。

(二) 中和剂

利用弱酸弱碱类与强碱强酸类毒物发生中和作用,使其失去毒性。常用的弱酸解毒剂有稀盐酸、稀醋酸、食醋、酸奶等,常用的弱碱解毒剂有肥皂水、氧化镁、小苏打溶液、石灰水上清液等。

(三) 还原剂

利用还原剂与毒物间的还原反应可以破坏毒物,从而使毒物毒性降低或丧失。常用的还原剂解毒药如维生素 C。其解毒作用与其参与某些代谢过程、保护含巯基的酶、促进抗体生成、增强肝脏解毒能力和改善心血管功能等有关。

（四）沉淀剂

沉淀剂可使毒物沉淀，以减少其毒性或延缓吸收，从而产生解毒作用。常用的沉淀剂解毒药有3%~5%鞣酸水、浓茶水、稀碘酊、钙剂、蛋清、牛奶等，该类药物能与多种有机毒物、重金属盐类等生成沉淀，减少吸收。

三、药理性解毒药

药理性解毒药主要通过药物与毒物之间的拮抗作用，部分或完全抵消毒物的毒性作用而产生解毒。常见的相互拮抗的药物或毒物如下：

（1）毛果云香碱、氨甲酰胆碱、新斯的明等拟胆碱药物与阿托品、莨菪碱等抗胆碱药物有拮抗作用，可互相作为解毒药。阿托品对有机磷农药及吗啡类药物也有一定的拮抗作用。

（2）水合氯醛、巴比妥类等中枢抑制药与尼可刹米、安钠咖、士的宁等中枢兴奋药及麻黄碱等有拮抗作用。

四、对症治疗药

中毒时往往会伴有一些严重的症状，如呼吸衰竭、心力衰竭、惊厥、休克等。如不迅速处理，将影响动物康复，甚至危及生命。因此，在解毒的同时要及时使用强心药、呼吸兴奋药、抗惊厥药、抗休克药等对症治疗药，以配合解毒。

第二节 特异性解毒药

特异性解毒药又称特效解毒药，是一类能特异性地对抗或阻断某些毒物中毒效应的解毒药，具有高度专属性，解毒效果好，在中毒的治疗中占有重要地位。

一、有机磷酸酯类中毒的特异性解毒药

有机磷酸酯类化合物简称有机磷，是一类广泛用于农业、医学及兽医学领域的高效杀虫药，对防治农业害虫、杀灭人类疫病媒介昆虫、驱杀动物体内外寄生虫等都有重要意义。但其毒性强，在临床实践中常因运输、保管、使用不当等，导致人和家畜中毒。

（一）毒理

有机磷酸酯类化合物能通过皮肤、消化道或呼吸道进入动物体内，与体内胆碱酯酶（ChE）结合形成磷酰化胆碱酯酶，使胆碱酯酶失活，不能水解乙酰胆碱，导致乙酰胆碱在体内大量蓄积，引起胆碱受体兴奋，出现一系列胆碱能神经过度兴奋的临床中毒症状，包括毒

蕈碱样症状（M样症状）、烟碱样症状（N样症状）等。此外，有机磷酸酯类还可抑制三磷酸腺苷酶、胰蛋白酶、胃蛋白酶、胰凝乳酶等酶的活性，导致中毒症状加重。

（二）解毒机制

以生理拮抗剂结合胆碱酯酶复活剂进行解毒，配合对症治疗。

1. 生理拮抗剂

生理拮抗剂又称M胆碱受体阻断药，如阿托品、东莨菪碱、山莨菪碱等，它可竞争性地阻断M胆碱受体与乙酰胆碱结合，从而迅速解除有机磷中毒的M样症状，大剂量时也能进入中枢神经，消除部分中枢神经症状，而且对呼吸中枢有兴奋作用，可解除呼吸抑制，但其对骨骼肌震颤等N样中毒症状无效，也不能使胆碱酯酶复活，故单独使用时，只适宜于轻度中毒，并应及早、足量、反复给药。对中、重度中毒，还应合并使用胆碱酯酶复合剂。

2. 胆碱酯酶复活剂

碘解磷定、氯解磷定和双复磷等"胆碱酯酶复活剂"，其分子中所含的肟基（=N—OH）具有强大的亲磷酸酯作用，能与磷原子牢固地结合，所以能夺取与有机磷结合的、已失去活性的磷酰化胆碱酯酶中带有磷的化学基团（磷酰化基团），并与其结合后脱离胆碱酯酶，使ChE恢复原来状态，重新呈现活性。

如果中毒时间超过36h，磷酰化胆碱酯酶即发生"老化"，胆碱酯酶复活剂难以使胆碱酯酶恢复活性，所以应用胆碱酯酶复活剂治疗有机磷中毒时，早期用药效果较好。对轻度中毒可用生理拮抗剂缓解症状，但对中度和重度中毒必须以胆碱酯酶复活剂配合生理拮抗剂解毒，才能取得较好的效果。

（三）临床常用药物

碘解磷定（Pralidoxime Iodide）

本品曾名派姆，为黄色颗粒状结晶或晶粉，无臭，味苦，遇光易变质，常制成注射液。

【体内过程】 本品静脉注射后，很快达到有效血浓度，数分钟后被抑制的血中胆碱酯酶活性即开始复活，临床中毒症状也有所缓解。静注后在肝、肾、脾、心等器官含量较高，肺、骨骼肌和血中次之。因其脂溶性差，不易透过血脑屏障，但临床应用大剂量时，对中枢症状有一定缓解作用，故认为碘解磷定在大剂量时也能通过血脑屏障进入中枢神经系统。本品在肝脏迅速代谢，由肾脏排出，在体内无蓄积作用，半衰期较短，一次给药，作用仅维持1.5h左右，必须反复用药。维生素B_1能延长其半衰期。

【作用与应用】 ①本品对胆碱酯酶有复活作用，对有机磷引起的N样症状抑制作用明显。②对M样症状抑制作用较弱，对中枢神经症状抑制作用不明显，对体内已蓄积的乙酰胆碱无作用。

本品主要用于内吸磷、对硫磷、特普、乙硫磷等的中毒解救，对马拉硫磷、敌敌畏、敌百虫、乐果、甲氟磷、丙胺氟磷和八甲磷等中毒的疗效较差，对氨基甲酸酯类杀虫剂中毒无效。

【注意事项】 ①血液ChE应维持在50%甚至60%以上，否则需要重复应用。②为防止延迟吸收的有机磷加重中毒症状，甚至引起动物死亡，应用本品至少维持48~72h。③中毒超过36h,应用本品效果差。④在碱性溶液中易分解成有剧毒的氰化物,禁与碱性药物配伍。⑤静脉注射过快会产生呕吐、心动过速、运动失调等,药液刺激性强,应防止漏至皮下。

【用法与用量】 静脉注射,一次量,每千克体重,家畜15~30mg,症状缓解前,两小时一次。

其他胆碱酯酶复活剂

氯解磷定(Pralidoxime Chloride):又名氯化派姆,也称氯磷定。本品结构与碘解磷定相似,仅以Cl^-代替I^-。在我国生产的肟类胆碱酯酶复活剂中,以氯解磷定的水溶性和稳定性好,作用较碘解磷定强、产生作用快、毒性较低。其注射液可供肌注或静脉注射。

双复磷(Obidoxime):含2个肟基团,作用同碘解磷定,但较易透过血脑屏障,有阿托品样作用,对有机磷所致烟碱样和毒蕈碱样症状均有效,对中枢神经系统症状的消除作用较强。其注射液可供肌注或静注。

氯解磷定注射液:2mL:0.5g。肌内、静脉注射,一次量,每千克体重,家畜15~30mg。
双复磷注射液:2mL:0.25g。肌内、静脉注射,一次量,每千克体重,家畜15~30mg。

二、亚硝酸盐中毒的特异性解毒药

亚硝酸盐来自于饲料中的硝酸盐。富含硝酸盐的饲料有小白菜、白菜、萝卜叶、莴苣叶、菠菜、甜菜茎叶、红薯藤叶、多种牧草和野菜等。当其储存、保管、调制不当时,如青绿饲料长期堆放变质、腐烂,青贮饲料长时间焖煮在锅里等情况下,饲料中的硝酸盐被大量繁殖的硝酸盐还原菌(反硝化细菌)还原,产生大量的亚硝酸盐,被动物采食后引起中毒。饲料中的硝酸盐被动物采食后,在胃肠道微生物的作用下也可转化为亚硝酸盐,并进一步还原为氨被利用,但是当牛、羊等反刍动物瘤胃pH值和微生物群发生异常变化,使亚硝酸盐还原为氨的过程受到限制时,采食大量新鲜的青绿饲料后,可引起亚硝酸盐中毒。另外,耕地排出的水、浸泡过大量植物的坑塘水及厩舍、积肥堆、垃圾堆附近的水源中也都含有大量硝酸盐或亚硝酸盐,当动物采食以上含有大量硝酸盐的饲料、饮水时,也会引起亚硝酸盐中毒。

(一) 毒理

亚硝酸盐进入机体后,将血液中的低铁血红蛋白($HbFe^{2+}$/Hb)氧化成高铁血红蛋白($HbFe^{3+}$/MHb),使其失去携氧的能力,导致血液不能为组织供氧而引起中毒;同时亚硝酸盐能抑制血管运动中枢,使血管扩张,血压下降。此外,亚硝酸盐在体内与仲胺或酰胺结合,生成致癌物亚硝胺或亚硝酰胺,长期作用可诱发癌症。动物中毒后,主要表现为呼吸加快、心跳增速、黏膜发绀、流涎、呕吐、运动失调,严重时呼吸中枢麻痹,最终窒息死亡,血液呈酱油色,且凝固时间延长。

(二) 解毒机制

针对亚硝酸盐中毒的毒理,通常使用高铁血红蛋白还原剂,如小剂量亚甲蓝、大剂量维生素C等,使高铁血红蛋白还原为低铁血红蛋白,恢复其携氧能力,解除组织缺氧的中毒症状。

(三) 临床常用药物

亚甲蓝 (Methyltltioninium Chloride)

本品又称美蓝,为深绿色、有铜样光泽的柱状结晶或结晶性粉末,无臭,在水中易溶,常制成注射液。

【体内过程】 本品内服不易吸收。在组织中可迅速被还原为还原型亚甲蓝,并部分被代谢。亚甲蓝、还原型亚甲蓝及代谢产物均经肾脏缓慢排出。

【作用与应用】 使用亚甲蓝后,因其在血液中的浓度不同,对血红蛋白可产生氧化和还原两种作用。小剂量的亚甲蓝进入机体后,在体内脱氢辅酶的作用下,迅速被还原成还原型亚甲蓝(MBH_2),具有还原作用,能将高铁血红蛋白还原成低铁血红蛋白,重新恢复其携氧的功能。同时,还原型亚甲蓝又被氧化成氧化型亚甲蓝(MB),如此循环进行。此作用常用于治疗亚硝酸盐中毒及苯胺类等所致的高铁血红蛋白症。使用大剂量亚甲蓝时,体内脱氢辅酶来不及将亚甲蓝完全转化为还原型亚甲蓝,未被转化的氧化型亚甲蓝直接利用其氧化作用,使正常的低铁血红蛋白氧化成高铁血红蛋白,此作用可加重亚硝酸盐中毒,但高铁血红蛋白与氰离子有较强的亲和力,可用于解除氰化物中毒。

本品小剂量用于亚硝酸盐中毒,大剂量用于氰化物中毒。

【注意事项】 ①本品刺激性大,禁止皮下或肌内注射。②本品与强碱性溶液、氧化剂、还原剂和碘化物等有配伍禁忌。③葡萄糖能促进亚甲蓝的还原作用。本品常与高渗葡萄糖溶液合用,以提高疗效。

【用法与用量】 静脉注射,一次量,每千克体重,解救家畜高铁血红蛋白血症 1~2mg,氰化物中毒 5~10mg。

▶▶ 三、氰化物中毒的特异性解毒药

氰化物是一种毒性极大、作用迅速的毒物。富含氰苷的饲料种类很多,如亚麻籽饼、橡胶籽饼、木薯、某些豆类、高粱幼苗、马铃薯幼芽、醉马草及杏、梅、桃、李、樱桃等蔷薇科植物的叶、核仁等。当动物采食大量以上饲料后,氰苷在胃肠内水解形成氢氰酸导致中毒。另外,工业生产用的氰化物,如氰化钠、氰化钾、氯化氰、乙腈、丙烯腈、氰基甲酸甲酯等污染牧草、饮水,被动物误食后,也可导致氰化物中毒。牛对氰化物最敏感,其次是羊、马和猪。

(一) 毒理

氰化物的氰离子(CN^-)能迅速与氧化型细胞色素氧化酶中的 Fe^{3+} 结合,形成氰化高铁细胞色素氧化酶,从而阻碍此酶转化为 Fe^{2+} 的还原型细胞色素氧化酶,使酶失去传递氧的功能,使组织细胞不能利用血中氧,形成"细胞内窒息",导致细胞缺氧而中毒。由于氢氰酸在类脂质中溶解度大,并且中枢神经对缺氧敏感,所以氢氰酸中毒时,中枢神经首先受到损害,并以呼吸和血管运动中枢为甚,动物表现为先兴奋后抑制,最终呼吸麻痹,窒息死亡。血液呈鲜红色为其主要特征。

（二）解毒机制

目前一般采用氧化剂（如亚硝酸钠、大剂量的亚甲蓝等）结合供硫剂（硫代硫酸钠）联合解毒。氧化剂使部分低铁血红蛋白氧化为高铁血红蛋白，高铁血红蛋白中的 Fe^{3+} 与 CN^- 有很强的结合力，不但能与血液中游离的氰离子结合，形成氰化高铁血红蛋白，使氰离子不能产生其毒性作用，还能夺取已与细胞色素氧化酶结合的氰离子，使细胞色素氧化酶复活而发挥解毒作用。但形成的氰化高铁血红蛋白不稳定，可离解出部分氰离子而再次产生毒性，所以需进一步给予供硫剂硫代硫酸钠，与氰离子形成稳定而毒性很小的硫氰酸盐，随尿液排出而彻底解毒。

（三）临床常用药物

亚硝酸钠（Sodium Nitrite）

本品为无色或白色至微黄色结晶，无臭，味微咸，在水中易溶，水溶液显碱性反应，常制成注射液。

【作用与应用】 本品为氧化剂，可将血红蛋白中的 Fe^{2+} 氧化成 Fe^{3+}，形成高铁血红蛋白而解救氰化物中毒。本品主要用于氰化物中毒。

【注意事项】 ①本品仅能暂时性地延迟氰化物对机体的毒性，静脉注射数分钟后，应立即用硫代硫酸钠。②本品容易引起高铁血红蛋白症，故不宜大剂量或反复使用。③有扩张血管作用，注射速度过快时，可致血压降低、心动过速、出汗、休克、抽搐。

【用法与用量】 静脉注射，一次量，每千克体重，马、牛 2g，羊、猪 0.1～0.2g。

硫代硫酸钠（Sodium Thiosulphate）

本品又名大苏打，为无色透明结晶或结晶性细粒，无臭、味咸，在水中极易溶解，水溶液显微弱的碱性反应，常制成注射液。

【作用与应用】 ①本品在肝脏内硫氰生成酶的作用下，可与游离的或已与高铁血红蛋白结合的 CN^- 结合，生成无毒的且比较稳定的硫氰酸盐，由尿排出，故可配合亚硝酸钠或亚甲蓝解救氰化物中毒。②本品具有还原性，可使高铁血红蛋白还原为低铁血红蛋白，并可与多种金属或类金属离子结合形成无毒硫化物排出，也可用于亚硝酸盐中毒及砷、汞、铅、铋、碘等中毒。③因硫代硫酸钠被吸收后能增加体内硫的含量，增强肝脏的解毒机能，所以能提高机体的一般解毒功能，可用作一般解毒药。

本品主要用于氰化物中毒，也可用于砷、汞、铅、铋、碘等中毒。

【注意事项】 ①本品不易由消化道吸收，静脉注射后可迅速分布到全身各组织，故临床以静脉注射或肌内注射给药。②本品解毒作用产生较慢，应先静脉注射氧化剂如亚硝酸钠，再缓慢注射本品，但不能将两种药液混合静脉注射。③对内服中毒动物，还应使用5%本品溶液洗胃，并于洗胃后保留适量溶液于胃中。

【用法与用量】 静脉、肌内注射，一次量，马、牛 5～10g，羊、猪 1～3g，犬、猫 1～2g。

▶▶ 四、金属及类金属中毒的特异性解毒药

随着工业的快速发展，金属及类金属元素对环境的污染越来越严重，人类及动物通过各

种生态链接触大量金属及类金属而引起中毒。引起中毒的金属主要有汞、铅、铜、银、锰、铬、锌、镍等,类金属主要有砷、锑、磷、铋等。

(一)毒理

金属及类金属进入机体后解离出金属或类金属离子,这些离子除了在高浓度时直接作用于组织产生腐蚀作用,使组织坏死外,还能与组织细胞中含巯基的酶相结合,使酶失去活性,影响了组织细胞的功能,使细胞的物质代谢发生障碍而出现一系列中毒症状。

(二)解毒机制

解毒常使用金属络合剂,它们与金属、类金属离子有很强的亲和力,可与金属、类金属离子络合形成无活性、难解离的可溶性络合物,随尿排出。金属络合剂与金属、类金属离子的这种亲和力大于含巯基酶与金属、类金属离子的亲和力,其不仅可与金属及类金属离子直接结合,而且能夺取已经与酶结合的金属及类金属离子,使组织细胞中的酶复活,恢复其功能,起到解毒作用。

(三)临床常用药物

二巯丙醇(Dimercaprol)

本品为无色或几乎无色易流动的澄清液体,有强烈的类似蒜的臭味,在水中能溶解,但水溶液不稳定,常制成注射液。

【作用与应用】 本品为巯基络合剂,能竞争性与金属离子结合,形成较稳定的水溶性络合物,随尿排出,并使失活的酶复活。本品对急性金属中毒有效,对慢性中毒疗效不佳,本品虽能使尿中金属排泄量增加,但被金属抑制的含巯基细胞酶的活力已不能恢复。

本品主要用于治疗砷中毒,对汞和金中毒也有效。与依地酸钙钠合用,可治疗幼小动物的急性铅脑病。

【注意事项】 ①本品为竞争性解毒剂,应及早足量使用。当重金属中毒严重或解救过迟时,疗效不佳。②本品仅供肌内注射,由于注射后会引起剧烈疼痛,务必做深部肌内注射。③肝、肾功能不良动物慎用。④碱化尿液可减少复合物重新解离,从而使肾损害减轻。⑤本品可与镉、硒、铁、铀等金属形成有毒复合物,其毒性作用高于金属本身,故本品应避免与硒或铁盐同时应用。在最后一次使用本品时,至少经过2h才能应用硒、铁制剂。⑥二巯丙醇对机体其他酶系统也有一定抑制作用,故应控制剂量。

【用法与用量】 肌内注射,一次量,每千克体重,家畜3mg,犬、猫2.5~5.0mg,用于砷中毒第1~2d每4~6h一次,第3d开始一天两次,一疗程为7~14d。

依地酸钙钠(Calcium Disodium EDTA)

本品为乙二胺四乙酸二钠钙,为白色结晶性或颗粒性粉末,在水中易溶,常制成注射液。

【作用与应用】 本品为氨羧络合剂,能与多种二价、三价重金属离子络合形成无活性可溶性的环状络合物,由组织释放到细胞外液,经尿排出,产生解毒作用。本品与各种金属的络合能力不同,其中与铅的络合作用最强,与其他金属的络合效果较差,对汞和砷无效。

本品主要用于治疗铅中毒,对无机铅中毒有特效,也可用于镉、锰、铬、镍、钴和铜中毒。

依地酸钙钠对贮存于骨内的铅络合作用强,对软组织和红细胞中的铅作用较小。

【注意事项】 ①大剂量使用可致肾小管水肿等,用药期间应注意检查尿。对各种肾病患畜和肾毒性金属中毒动物应慎用,对少尿、无尿和肾功能不全的动物应禁用。本品对犬具有严重的肾毒性。②长期用药有一定致畸作用。

【用法与用量】 静脉注射,一次量,马、牛 3~6g,猪、羊 1~2g,2 次/天,连用 4d,临用时用生理盐水或 5% 葡萄糖注射液稀释成 0.25%~0.5% 浓度,缓慢注射。皮下注射,每千克体重,犬、猫 25mg。

五、有机氟中毒的特异性解毒药

有机氟杀虫剂和杀鼠剂,如氟乙酸钠、氟乙酰胺、甲基氟乙酸等,常在农业生产中用来消灭农作物害虫。家畜有机氟中毒通常是因为误食以上有机氟毒饵及其中毒死亡的动物或被有机氟污染的饲草、饮水等发生中毒。有机氟可通过各种途径从皮肤、消化道和呼吸道侵入动物机体发生急性或慢性氟中毒。

(一)毒理

中毒机制尚不完全清楚,目前认为有机氟进入机体后在酰胺酶作用下分解生成氟乙酸,氟乙酸与辅酶 A 作用生成氟乙酰辅酶 A,后者再与草酰乙酸缩合形成氟柠檬酸。由于氟柠檬酸与柠檬酸的化学结构相似,可与柠檬酸竞争三羧酸循环中的乌头酸酶,并抑制其活性,从而阻止了柠檬酸转化为异柠檬酸的过程,造成柠檬酸堆积,破坏了体内三羧酸循环,使糖代谢中断,组织代谢发生障碍。同时组织中大量的柠檬酸可导致组织细胞损害,引起心脏和中枢神经系统功能紊乱,使动物中毒。动物中毒时主要表现为不安、厌食、步态失调、呼吸心跳加快等,甚至死亡。

(二)常用药物

乙酰胺(Acetamide)

本品又名解氟灵,为白色透明结晶,易潮解,在水中极易溶解,常制成注射液。

【作用与应用】 本品对氟乙酰胺、氟乙酸钠等中毒有解毒作用,主要用于有机氟中毒的解救。

【注意事项】 本品酸性强,肌内注射时局部疼痛,可配合应用普鲁卡因或利多卡因,以减轻疼痛。

【用法与用量】 静脉、肌内注射,一次量,每千克体重,家畜 50~100mg。

此外,滑石粉中含有镁离子,能与氟离子形成配合物,减少氟的吸收,降低血中氟浓度。也可用于奶牛地方性氟中毒。

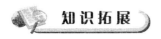 知识拓展

中草药解毒良方

很多中草药具有良好的解毒作用,对包括农药在内的药物中毒、食物中毒以及蛇毒等均有治疗功效,现将常用解毒中草药及其适用范围介绍如下。

1. 甘草

素有"甘草合百药"之说,就是指甘草除有调和百药药性这一作用外,还有解百药之毒的功效。现代医药学研究证明,甘草中所含的甘草甜素对细菌毒素、毒药、蛇毒、河豚毒、食物或人体中代谢产物的中毒等均有一定的解毒功效。中药方中,特别是含有"剧"或"毒"类的中药方,均加甘草,也就是基于这一道理。当马钱子、洋金花、天仙子、乌头、附子、川乌或草乌等剧毒中草药中毒时,及时服用甘草汤均有较好的解毒作用。此外,对白喉毒素和过敏性疾病等也有一定的治疗功效。鲜为人知的是,甘草可解蒙汗药中毒。近年来,一些不法分子利用"蒙汗药"加入香烟、茶叶和饮料中,致人迷幻,骗取钱财。"蒙汗药"的主要成分是洋金花,含有莨菪碱,有麻醉作用,可使人致幻。对付"蒙汗药",可用生甘草60g煎水一大碗,立即喝下灌服(紧急情况下还可用热水泡服),可以快速解救被"蒙汗"者,使其在短时间内苏醒过来。如外出时随身携带一些甘草,必要时提前嚼服生甘草20g,能防止迷幻和被麻醉。

2. 绿豆

有清热、解毒和消暑等功效。取绿豆120g,生甘草60g,水煎汤,频频冷服,可解附子与巴豆等有毒中草药中毒。农药中毒时,可服绿豆浆,第1次服3～5匙,每3～5min服1次,而后可增至每次服半碗,服至中毒症状消失时止。

3. 黄芩

黄芩含有黄芩甲素,是一种良好的解毒剂,取黄芩煎浓汤频频服用,可治砒霜、巴豆、斑蝥、番木鳖、天仙子或曼陀罗等中草药中毒。

4. 七叶一枝花或半边莲

取其煎汤或研末,内服和外敷,可治蛇毒。

5. 民间解毒验方

取绿豆(或黑豆)与生甘草各30g,加水煎汤,频频服用,适用于各种中毒解救,或取甘草120g,煎汁冷后冲滑石粉内服,首次服15g,以后每隔10～15min冲服6g,可连服5～6次,适用于轻度有机磷农药中毒。

复习思考题

1. 当动物误食不明毒物出现中毒症状时，可采取哪些治疗措施？
2. 简述常见特异性解毒药的解毒机制。
3. 简述有机磷农药中毒的毒理。如何解救？解毒机制是什么？
4. 猪亚硝酸盐中毒用什么药物解毒？解毒机制是什么？
5. 解救氰化物中毒时，为什么要同时使用亚硝酸盐和硫代硫酸钠？

第十四章

技 能 训 练

实验一　实验动物的捉拿、保定及给药方法

练习实验动物的捉拿、保定及给药方法,为今后实验及临床应用打下基础。

 实验材料

1. 动物

小白鼠、家兔、青蛙或蟾蜍、鸡。

2. 药物

灭菌生理盐水。

3. 器材

1mL 注射器及 5 号针头、2mL 注射器及 6 号针头、兔固定器、兔开口器、兔胃导管、导尿管、烧杯、乙醇棉球若干、小白鼠投胃管、聚氯乙烯管若干、小白鼠固定筒。

1. 动物捉拿及固定法

（1）小白鼠。以右手抓其尾,放在实验台上或鼠笼盖铁纱网上,然后用左手拇指及其食指沿其背向前抓住其颈部皮肤,并以左手的小指和掌部夹住其尾固定在手上（图 14-1）。

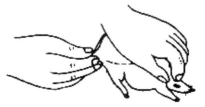

图 14-1　小白鼠的捉拿及固定法

（2）兔。一手抓住兔脊部的皮肤,另一手托住兔的臀部。将兔体仰卧保定时,一手抓住颈皮,另一手顺其腹部抚摸至膝关节,压住关节,另一人用绳带捆绑兔的四肢,使兔腹部向上固定在手术台上,头部则用兔头固定夹固定。

(3)青蛙或蟾蜍。以左手食指和中指夹住一侧前肢,大拇指压住另一侧前肢,右手将两后肢拉直,夹于左手无名指与小指之间。

2. 动物给药方法

(1)小白鼠的给药法。

①灌胃:按上述方法用左手抓住小白鼠后,仰持小白鼠,使头颈部充分伸直,但不可抓得太紧,以免窒息。右手持投胃管,自小白鼠口角插入口腔,再从舌背面紧沿上颚进入食管,注入药液。操作时应避免将胃管插入气管,投注液量 0.01~0.025mL/g 体重(图 14-2)。

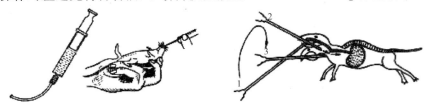

图 14-2　小白鼠灌胃器及小白鼠灌胃法

②皮下注射:如两人合作,一人左手抓小白鼠头部皮肤,右手抓鼠尾,另一人在鼠背部皮下组织注射药液。如一人操作,则左手抓鼠,右手将准备好的药液注射器针头插入颈部皮下或腋部皮下,将药液注入,注射量每只不超过 0.5mL(图 14-3)。

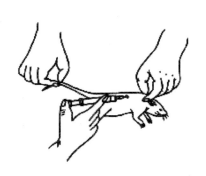
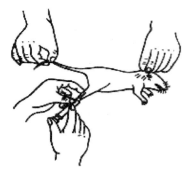

图 14-3　小白鼠皮下注射法　　　　**图 14-4　小白鼠肌内注射法**

③肌内注射:小白鼠固定方法同上。将注射器针头插入后肢大腿外侧肌肉注入药液,注射量每腿 0.2mL(图 14-4)。

④腹腔注射:左手仰持固定小白鼠,右手持注射器从腹左侧或右侧(避开膀胱)朝头部方向刺入,宜先刺入皮下,经 2~3mm 再刺入腹腔,此时针头与腹腔的角度约 45°,针头插入不宜太深或太近上腹部,以免刺伤内脏,注射量一般为 0.01~0.025mL/g 体重(图 14-5)。

⑤尾静脉注射:将小白鼠放入特制圆筒或倒置的漏斗内,将鼠尾浸入 40℃~45℃ 温水中半分钟,使血管扩张,然后将鼠尾拉直,选择一条扩张最明显的小血管,用拇指及中指拉住尾尖,食指压迫尾根保持血管瘀血扩张。右手持吸好药液的注射器(连接 5 号针头),将针头插入尾静脉内,缓慢将药液注入。如注入药液有阻力,而且局部变白,表示药液注入皮下,应重新在针眼上方注射(图 14-6)。

图 14-5　小白鼠腹腔注射法

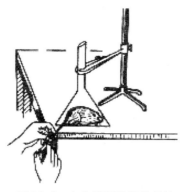

图 14-6　小白鼠尾静脉注射法

(2) 兔的给药法。

①灌胃：(a)将兔固定或放置在兔固定器内。只需一人操作，右手固定开口器于兔口中，左手插胃管(也可用导尿管)轻轻插入 15cm 左右。将导管口放入一杯水中，如无气泡从管口冒出，表示导管已插入胃中。然后慢慢注入药液，最后注入少量空气，取出导管和开口器。(b)如无兔固定器，需两人合作，一人左手固定兔身及头部，右手将开口器插入兔口腔并压在兔舌上，另一人用合适的导尿管从开口器小孔插入食管约 15cm。其余方法同(a)。灌药前实验兔要先禁食为宜，灌药量一般不超过 20mL(图 14-7)。

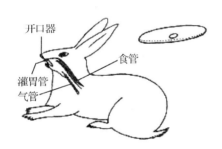

图 14-7　兔的灌胃法

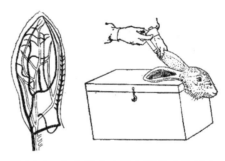

图 14-8　兔血管分布及兔耳静脉注射法

②耳静脉注射法：注射部位多在耳背侧边缘静脉。将兔放在固定器内或由助手固定。将耳缘静脉处皮肤的粗毛剪去，用手指轻弹或以乙醇棉球反复涂擦，使血管扩张。助手以手指于耳缘根部压住耳缘静脉，待静脉充血后，操作者以左手拇指、食指捏住耳尖部，右手持注射器，从静脉近末梢处刺入血管，如见到针头在血管内，即用手指将针头与兔耳固定之，助手放开压迫耳根之手指，即可注入药液。若感觉畅通无阻，并可见到血液被药液冲走，则证明在血管内；如注入皮下则阻力大且耳壳肿胀，应拔出针头，再在上次所刺的针孔前方注射。注射完毕，用棉球或手指按压片刻，以防出血，注射量为 0.5~2.5mL/kg 体重(图 14-8)。

③皮下注射：一人保定兔，另一人用左手拇指及中指提起家兔背部或腹内侧皮肤，使成一皱褶，以右手持注射器，自皱褶下刺入针头在表皮下组织时，松开皱褶将药液注入。

④肌内注射：应选择肌肉丰满处进行，一般选用兔子的两侧臀肌或大腿肌。一人保定好兔子，另一人右手持注射器，使注射器与肌肉呈 60°角刺入肌肉中，为防止药液进入血管，在注射药液前应轻轻回抽针栓，如无回血，即可注入药液。

(3) 青蛙或蟾蜍淋巴囊给药法。

青蛙皮下淋巴囊分布如图14-9所示。蛙的皮下有数个淋巴囊,注入药液易吸收,一般以腹淋巴囊或胸淋巴囊作为给药部位。操作时,一手固定青蛙,使其腹部朝上,另一手持注射器针头从青蛙大腿上端刺入,经过大腿肌层和腹肌层,再浅出进入腹壁皮下至淋巴囊,然后注入药液。另外,还可用颌淋巴囊给药法(图14-10)。从口部正中前缘插针,穿过下颌肌层进入胸淋巴腔。因青蛙皮肤弹性差,不经肌层,药液易漏出。注射量为0.25~1.0毫升/只。

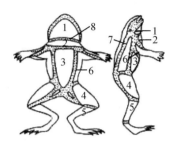 

1. 颌下囊 2. 胸囊 3. 腹囊 4. 股囊
5. 胫囊 6. 侧囊 7. 头背囊
8. 淋巴囊间隔

图14-9 青蛙皮下淋巴囊分布示意图   图14-10 青蛙颌淋巴囊给药

(4) 鸡翅静脉注射法。将鸡翅展开,露出腋窝部,拔去羽毛,可见翼根静脉。注射时,由助手固定好鸡,消毒皮肤,将注射器针头沿静脉平行刺入血管。

注意事项

- 注意捕捉和保定动物的姿势。
- 注意不同给药方法的部位、操作手法。
- 灌胃时避免插入气管。

课后作业

总结小白鼠、家兔、青蛙的捉拿、固定及给药方法的操作要领。

实验二 消毒药的配制

实验目的

掌握采用溶液浓度稀释法配制稀溶液和采用助溶法配制酊剂的方法。

实验材料

1. **药物**

蒸馏水、95%乙醇、碘片、碘化钾。

2. **器材**

天平、量筒或量杯、烧杯、移液管、玻璃棒、研钵等。

实验步骤

1. **采用溶液浓度稀释法配制溶液**

（1）反比法。

$$C_1 : C_2 = V_2 : V_1$$

式中，C_1、V_1、C_2、V_2分别代表高浓度溶液的浓度和体积、低浓度溶液的浓度和体积。

例如，将95%乙醇用蒸馏水稀释成75%乙醇100mL，按照下式计算：

$$95 : 75 = 100 : x$$

得$x = 78.9$mL。

结果为取95%乙醇78.9mL，加蒸馏水稀释至100mL，即成75%的乙醇。

（2）交叉法。

例如，用95%乙醇和40%乙醇稀释成70%乙醇，按照公式计算，结果为：

即取95%乙醇30mL和40%乙醇25mL混合搅拌，即成70%乙醇。

2. **采用助溶法配制酊剂**

例如，配制5%碘酊100mL，操作方法如下：

取碘化钾3.5g，加蒸馏水2mL溶解后，加入研磨好的碘片5g和适量的95%乙醇，搅拌溶解后转移到容量瓶中，加蒸馏水至100mL。

注意事项

⊙ 溶解碘化钾时应尽量少加水，最好配成饱和或过饱和溶液。

⊙ 将碘在碘化钾饱和溶液中溶解后，应先加入乙醇后加水。如果先加水后乙醇或加少量低浓度乙醇（含醇量低于38%时），均会析出沉淀。

结合碘酊的药理作用，讨论其在兽医临床中的应用。

实验三　药物的配伍禁忌

掌握常见配伍禁忌出现的现象,加强对临床联合用药的认识。

1. 药物

液状石蜡、20%磺胺嘧啶钠、5%碳酸氢钠、10%葡萄糖、5%碘酊、2%氢氧化钠、葡萄糖酸钙、10%稀盐酸、0.1%肾上腺素、3%亚硝酸钠、高锰酸钾、甘油(或甘油甲缩醛)、维生素B_1、维生素C、甲醛溶液。

2. 器材

试管、乳钵、移液管、滴管、玻璃棒、试管架、试纸、天平。

1. 分离实验

取试管一支,分别加入液状石蜡和水各3mL,充分振荡,使试管内两种液体充分混合后,置于试管架上,观察现象。

2. 沉淀实验

(1) 取试管一支,分别加入20%磺胺嘧啶钠和5%碳酸氢钠各3mL,置于试管架上,观察现象。

(2) 取试管一支,分别加入20%磺胺嘧啶钠2mL和10%葡萄糖2mL,充分混合,置于试管架上,观察现象。

(3) 取试管一支,分别加入20%磺胺嘧啶钠2mL和维生素B_1 2mL,置于试管架上,观察现象。

(4) 取试管一支,分别加入5%碳酸氢钠2mL和葡萄糖酸钙2mL,充分混合,置于试管架上,观察现象。

3. 中和实验

取试管一支,先加入5mL稀盐酸,再加入碳酸氢钠2g,置于试管架上,观察现象。同时用pH试纸测定两药混合前后的pH值。

4. 变色实验

(1) 取试管一支,分别加入0.1%肾上腺素和3%亚硝酸钠各1mL,置于试管架上,观察现象。

(2)取试管一支,分别加入0.1%高锰酸钾和维生素C各2mL,置于试管架上,观察现象。

(3)取试管一支,分别加入5%碘酊2mL和2%氢氧化钠1mL,置于试管架上,观察现象。

5. 燃烧或爆炸实验

强氧化剂与还原剂相遇,常常可以发生燃烧甚至爆炸。

(1)称取高锰酸钾1g,放入乳钵内,再滴加一滴甘油或甘油甲缩醛,然后研磨,观察现象。

(2)取平皿一个,分别加入2mL甲醛溶液、1g高锰酸钾和0.5mL蒸馏水,观察现象。

将药物的配伍禁忌实验结果填入表14-1。

表14-1 药物的配伍禁忌实验结果

药品	器材	取量	加入药物	药量	结果
液状石蜡	试管	3mL	蒸馏水	3mL	
20%磺胺嘧啶钠	试管	3mL	5%碳酸氢钠	3mL	
20%磺胺嘧啶钠	试管	2mL	10%葡萄糖	2mL	
20%磺胺嘧啶钠	试管	2mL	维生素B_1	2mL	
5%碳酸氢钠	试管	2mL	葡萄糖酸钙	2mL	
5%碳酸氢钠	试管	2g	10%稀盐酸	5mL	
0.1%肾上腺素	试管	1mL	3%亚硝酸钠	1mL	
0.1%高锰酸钾	试管	2mL	维生素C	2mL	
高锰酸钾	乳钵	1g	甘油或甘油甲缩醛	1滴	
甲醛、蒸馏水	试管	2mL、0.5mL	高锰酸钾	1g	

根据实验结果分析产生原因,并判定属于哪种药物配伍禁忌。

实验四 不同剂量对药物作用的影响

观察不同剂量对药物作用的影响。

实验材料

1. 动物
蟾蜍或青蛙、小白鼠。

2. 药物
0.1%硝酸士的宁注射液,0.2%、1%、2%安钠咖注射液。

3. 器材
1mL玻璃注射器、针头(5号或6号)、大烧杯、乙醇棉球等。

实验步骤

取大小相近的蟾蜍三只并编号,由腹淋巴囊分别注射0.1%硝酸士的宁注射液0.1mL、0.4mL、0.8mL。记录给药后引起蟾蜍惊厥所需要的时间。

取小白鼠三只,称重并编号,分别放入三个大烧杯内,观察正常活动。然后按0.02mL/g体重进行腹腔注射,甲鼠注射0.2%安钠咖注射液,乙鼠注射1%安钠咖注射液,丙鼠注射2%安钠咖注射液。给药后再放入相应的大烧杯中。记录给药时间,然后观察小白鼠有无兴奋、举尾、惊厥甚至死亡情况,记录发生作用的时间,比较三只小白鼠有何不同。

注意事项

- 药物必须准确注射到蟾蜍腹淋巴囊及小白鼠腹腔内。
- 认真观察用药前后动物的反应。

实验结果

将实验结果记入表14-2、表14-3中。

表14-2　硝酸士的宁作用结果

药量及时间 蛙号	0.1mL		0.4mL		0.8mL	
	给药时间	惊厥时间	给药时间	惊厥时间	给药时间	惊厥时间
1						
2						
3						

表14-3　安钠咖作用结果

鼠号	体重	给药浓度及剂量	用药后反应及出现时间
甲			
乙			
丙			

 **课后作业**

分析实验结果,说明剂量与药物作用的关系。

实验五 动物诊疗处方开写

 **实验目的**

了解处方的意义,掌握处方的开写方法,能够结合临床病例熟练准确地开写处方。

 **实验材料**

处方笺、临床病例等。

 **实验步骤**

- 教师讲解处方的开写方法。
- 结合临床病例,练习开写处方。

 **注意事项**

- 处方不得用铅笔书写,不得涂改,不得有错别字,药物的名称要用药典规定的名称,不用简化字。
- 处方中开写的剧毒药物剂量不得超过极量,如因特殊需要而超量时,应在剂量旁加惊叹号,同时加盖处方兽医师印章,以示负责。
- 一张处方开有多种药物时,各种药物的书写应按主药、辅药、矫正药、赋形药的顺序排列。
- 如在同一张处方笺上书写几个处方,每个处方中的项目均应完整,并在每个处方第一个药名的左上方写出次号①②③……

 **课后作业**

- 根据给出的临床病例,练习开写处方。
- 根据提供的错误处方,指出错误并加以改正。

实验六　药物的溶血性实验

掌握常用测定药物安全性能的方法,为确定合理给药途径提供依据。

实验材料

1. 动物

家兔一只。

2. 药物

生理盐水、供试药液。

3. 器材

5mL 注射器、6 号针头、乙醇棉球、清洁干燥试管、试管架、1mL 和 5mL 移液管、竹签、烧杯、离心机、恒温箱。

(1) 2%红细胞悬浮液的制备。

① 取家兔 1 只,心脏采血 5~10mL,放入洁净干燥的小烧杯中,用竹签搅拌除去纤维蛋白(或加 2.5%柠檬酸钠抗凝)。

② 加适量生理盐水,以 2000~2500r/min 离心 5min,倾去上清液。

③ 重复步骤② 3~5 次,至上清液不呈红色为止。

④ 用移液管量取红细胞 2mL,加生理盐水至 100mL,即 2%红细胞悬浮液。

(2) 取试管 7 支,编号,按表 14-4 加入各种溶液。第 6 管不加供试品,作为空白对照,第 7 支试管不加供试品并用蒸馏水代替生理盐水,作为完全溶血对照。

(3) 将各试管轻轻摇匀,置 37℃恒温箱中(或 25℃~27℃室温中),观察并记录 0.5h、1h、2h、3h 的结果。

如果供试药液 0.3mL(即第 3 管)在 0.5h 内引起溶血,则不宜作静脉注射用,供试药液 0.3mL 在 3h 内不引起溶血,则可作静脉注射用。将药物溶血性实验结果填入表 14-4。

表 14-4 药物溶血性实验结果

试管编号	1	2	3	4	5	6	7
检验药液/mL	0.1	0.2	0.3	0.4	0.5	—	—
生理盐水/mL	2.4	2.3	2.2	2.1	2	2.5	蒸馏水2.5
2%红细胞混悬液/mL	2.5	2.5	2.5	2.5	2.5	2.5	2.5
溶血现象 0.5h							
溶血现象 1h							
溶血现象 2h							
溶血现象 3h							

课后作业

为什么注射剂要进行溶血性试验？
附：溶血试验的判断标准见表14-5。

表 14-5 溶血试验判断标准

溶血程度	判断标准
全溶血	溶液澄明,红色,管底无红细胞残留
部分溶血	溶液澄明,红色或橙色,底部尚有少量红细胞残留
不溶血	红细胞全部下沉,上层液体无色澄明,经振摇后红细胞均匀分散
凝集	经振摇后红细胞不能分散,或出现药物性沉淀

实验七 防腐消毒药的杀菌效果的观察

实验目的

掌握防腐消毒药杀菌效果的定量测定方法。

实验材料

1. 菌种
大肠杆菌 O_{78}、金黄色葡萄球菌。
2. 药物
500g/L 戊二醛、1% 甘氨酸、普通营养琼脂培养基、磷酸盐缓冲液(PBS)。
3. 器材
量筒、容量瓶、平皿、移液管、试管、吸管、L形玻璃棒、恒温箱等。

(1)实验浓度消毒液的配制:用灭菌蒸馏水将 500g/L 戊二醛稀释成浓度为 2.5g/L、10g/L、20g/L。

(2)实验用菌悬液的配制:将保存的大肠杆菌、金黄色葡萄球菌分别接种于肉汤培养液中,37℃恒温箱中培养 16~18h,取增菌后的菌液 0.5mL,用磷酸盐缓冲液稀释至浓度为 $1\times10^6 \sim 1\times10^7$ CFU/mL。

(3)进行消毒效果实验。将 0.5mL 菌悬液加入 4.5mL 试验浓度消毒剂溶液中混匀计时,到规定作用时间后,从中吸取 0.5mL 加入 4.5mL 中和剂(即 1% 甘氨酸)中混匀,使之充分中和,10min 后吸取 0.5mL 悬液用涂抹法接种于营养琼脂培养基平板上,于 37℃下培养 24h,计数生长菌落数。每个样本选择适宜稀释度接种 2 个平皿。

(4)按照下列公式计算平均杀菌率,杀菌率达 99.9% 以上为达到消毒效果。

$$杀菌率 KR = (N_1 - N_0)/N_1 \times 100\%$$

式中,N_1 为消毒前活菌数,N_0 为消毒后活菌数。

- 不同消毒液要选择不同的中和剂,中和剂须有终止消毒液,且对实验无不良影响。
- 一般要求在室温(20℃~25℃)下进行实验。

将实验结果记入表 14-6。

表 14-6 戊二醛对大肠杆菌和金黄色葡萄球菌的杀菌效果

菌种	戊二醛浓度/g/L	作用不同时间的平均杀菌率/%		
		5min	10min	20min
大肠杆菌	2.5			
	10			
	20			
金黄色葡萄球菌	2.5			
	10			
	20			

哪些因素会影响消毒液的杀菌效果,试举例说明。

附:磷酸盐缓冲溶液(PBS)的配制方法:在 800mL 蒸馏水中溶解 8g NaCl、0.2g KCl、

1.44g Na_2HPO_4 和 0.24g KH_2PO_4，用 HCl 调节溶液的 pH 值至 7.4，加水定容至 1000mL，在 103.4kPa 高压下灭菌 20min，室温下保存。

实验八　链霉素对神经肌肉传导阻滞作用的观察

 **实验目的**

观察链霉素的神经毒性反应，练习小白鼠腹腔注射的给药方法。

 **实验材料**

1. 动物

小白鼠两只，体重为 18～22g。

2. 药物

4% 硫酸链霉素溶液、1% 氯化钙溶液。

3. 器材

鼠笼、天平、烧杯、1mL 注射器。

 **实验步骤**

（1）取小白鼠两只，称重并编号，观察呼吸、四肢肌张力、体态等正常活动情况。

（2）两只小白鼠均按 0.01mL/g 体重腹腔注射 4% 硫酸链霉素溶液，观察并记录出现反应的时间和症状。

（3）待症状明显后，给甲鼠按 0.01mL/g 体重腹腔注射 1% $CaCl_2$ 溶液，乙鼠作为对照。观察两只小鼠有何变化。

 **实验结果**

将实验结果记入表 14-7。

表 14-7　链霉素的毒性反应及钙离子的拮抗作用

鼠号	药物	呼吸情况	四肢肌张力	体态
甲	用药前			
	注射硫酸链霉素后			
乙	用药前			
	注射硫酸链霉素后			
	注射 $CaCl_2$ 后			

- 实验动物也可用家兔。
- 静脉注射 $CaCl_2$ 抢救效果最好,可根据实际情况选择给药途径。

氨基糖苷类抗生素有哪些不良反应,氯化钙对抗的属于哪一种不良反应?

实验九　应用管碟法测定抗菌药物的抑菌效果

观察抗菌药物的作用效果,熟练掌握管碟法体外测定药物的抗菌活性。

1. 菌种

培养 16~18h 肉汤金黄色葡萄球菌菌液、大肠杆菌 O_{78} 菌液。

2. 药物

青霉素 G 钠、恩诺沙星、硫酸庆大霉素、氟苯尼考。

3. 器材

恒温箱、生化培养箱、电热蒸汽灭菌器、水浴锅、灭菌肉汤琼脂培养基、乙醇灯、平皿、吸管、牛津杯(标准不锈钢管)、镊子、滴管、记号笔、L 形玻璃棒、游标卡尺等。

(1) 药液的配制与肉汤营养琼脂平板的制备。

① 按要求准确称取一定量的抗菌药物,用无菌蒸馏水配制成所需浓度的药液。

② 将灭菌肉汤琼脂培养基溶化后取15mL倒入灭菌培养皿内,放置一定时间凝固,作为底层培养基。

(2) 用无菌吸管吸取试验菌的培养液0.1mL,滴在平皿底层培养基上,用无菌L形玻璃棒将菌液涂匀。

(3) 在平皿底部做好相应标记,用无菌镊子在每个平皿中等距离放置4个牛津杯。

(4) 用滴管分别将药液滴加到牛津杯中,以滴满为度,盖上平皿盖。然后将滴加药液的平皿放置在玻璃板上,再水平送入恒温箱内,37℃下培养16~24h。

(5) 用游标卡尺测量抑菌圈直径,判定抗菌药物抗菌作用的强弱。

- 应在无菌条件下操作,试验完毕及时灭菌处理,防止散毒。
- 牛津杯放入培养基表面时,既要确保牛津杯底端与培养基表面紧密接触,以防药液从接触面漏出,又要防止牛津杯陷入平皿底部。
- 加入牛津杯的药液量应相同。

实验结果记入表14-8。

表14-8 管碟法测定抗菌药物的抑菌效果

菌种	药物	浓度/(μg/mL或IU/mL)	抑菌圈直径/mm	判定结果
金黄色葡萄球菌	青霉素G钠			
	恩诺沙星			
	硫酸庆大霉素			
	氟苯尼考			
大肠杆菌	青霉素G钠			
	恩诺沙星			
	硫酸庆大霉素			
	氟苯尼考			

附:利用抗菌药物作用机制分析实验结果,阐述其临床应用的指导意义。

1. 药敏试验判定标准(表14-9)

表 14-9　抗菌药物的抑菌效果判定标准

抑菌圈直径/mm	敏感性
<9	耐药
9～11	低度敏感
12～17	中度敏感
>18	高度敏感

2. 肉汤琼脂培养基制法

牛肉膏 3.0g、蛋白胨 10.0g、氯化钠 5.0g、琼脂 2.0g、蒸馏水 1000.0mL,加热溶解后,调节 pH 值至 7.4～7.6,煮 10min,冷却过滤,103.4kPa 压力灭菌 15min 备用。

实验十　应用试管稀释法测定药物的最小抑菌浓度

掌握常用的抗菌药物最小抑菌浓度(MIC)测定方法。

1. 菌种

沙门菌。

2. 药物

硫酸庆大霉素、灭菌营养肉汤培养基。

3. 器材

1mL 和 2mL 灭菌移液管、带棉花塞的无菌试管、分析天平、恒温箱。

(1) 准备材料。

① 硫酸庆大霉素溶液的制备。准确地称取硫酸庆大霉素粉剂,用蒸馏水配制成浓度为 1280IU/mL 的溶液。

② 制备肉汤培养基。按照实验九中所附的肉汤琼脂培养基制法进行。

③ 制备菌悬液。将保存的沙门菌接种于肉汤培养液中,37℃恒温箱中培养 16～18h,取对数生长期菌液 0.5mL,用肉汤培养液按一定比例(1∶100～1∶1000 之间)稀释至浓度为 1×10^8～2×10^8 CFU/mL。

（2）取13支无菌试管,排成一列,标号。

（3）加入菌悬液,除第1管加入菌悬液1.8mL外,其余各管均加入1.0mL。

（4）加入倍比稀释的药液。第1管加入药液0.2mL混匀后,吸出1.0mL加入到第2管。采用同样方法依次稀释至第12管,弃去1.0mL,第13管为生长对照。12支试管的药物浓度分别为128、64、32、16、8、4、2、1、0.5、0.25、0.125、0.06IU/mL。也可根据实验需要增加试管数,使浓度类推。

（5）用棉花塞盖好试管口,置37℃恒温箱培养16~24h。

（6）取试管逐支摇匀,肉眼观察,以无细菌生长的最低浓度为最低抑菌浓度。

- 可根据实验条件自行设计试验菌和受试药物。
- 抗菌药物浓度不应低于1000μg/mL(如1280μg/mL)或10倍于最高测定浓度。
- 试验菌液必须是对数生长期的敏感菌,此时期细菌对药物最敏感。
- 稀释过程中要用移液管反复吹打,使充分混匀,且确保加量准确。
- 应在无菌条件下操作,防止杂菌污染,实验完毕及时灭菌处理,防止散毒。

说明测定MIC在兽医临床中的意义。

实验十一　敌百虫驱虫实验

通过本次实验掌握敌百虫的作用与应用,观察敌百虫的副作用。

1. 动物

猪。

2. 药物

兽用精制敌百虫。

3. 器材

天平、玻棒、烧杯、喂料盆。

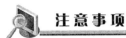 **实验步骤**

（1）挑选蛔虫感染明显的病猪，停饲 12h，称重。

（2）按 0.12g/kg 体重称取精制敌百虫，溶解后与少量精料均匀混合后饲喂。

（3）半小时后按常规喂料，并观察猪是否有腹泻、流涎或口吐白沫、肌肉震颤等症状，是否有排虫情况。

 **注意事项**

⊙ 混饲后一般在 2h 左右开始排便，4h 左右药效消失。

⊙ 较轻的副作用一般不需要处理，但出现严重的中毒反应时需要用阿托品或碘解磷啶来解救。

⊙ 本实验也可使用伊维菌素皮下注射来驱蛔虫。

 **实验结果**

将实验结果记入表 14-10。

表 14-10 敌百虫驱虫实验结果

猪体重	给药方法与剂量	给药后是否腹泻	排虫时间	排虫数量

 **课后作业**

了解敌百虫的副作用，掌握中毒解救方法。

实验十二　水合氯醛的全身麻醉作用及氯丙嗪的增强麻醉作用的观察

 **实验目的**

观察水合氯醛的麻醉作用及主要体征变化，了解氯丙嗪的增强麻醉作用。

实验材料

1. 动物

家兔三只。

2. 药物

10% 水合氯醛、2.5% 氯丙嗪。

3. 器材

家兔固定器、5mL 注射器两支、针头三个、台秤、体温计。

实验步骤

（1）取兔三只，称重并编号，观测正常情况，如呼吸、脉搏、体温、痛觉反射、翻正反射、瞳孔、角膜反射、骨骼肌紧张度等。

（2）分别给各兔注射药物。甲兔耳静脉注射全麻醉量的水合氯醛，即 1.2mL/kg 体重的 10% 水合氯醛；乙兔耳静脉注射半麻醉量的水合氯醛，即 0.6mL/kg 体重的 10% 水合氯醛；丙兔先耳静脉注射 0.12mL/kg 体重的 2.5% 氯丙嗪，后耳静脉注射半麻醉量的 10% 水合氯醛。

（3）分别观察各兔的反应及体征变化。

注意事项

⊙ 必须仔细观察给药前后家兔的临床表现，记录麻醉维持时间，同时还要注意观察家兔体温的变化。

⊙ 准确控制水合氯醛与氯丙嗪的剂量。

实验结果

将实验结果记入表 14-11。

表 14-11 全身麻醉实验结果

兔号	体重	药物	麻醉时间		用药前			同药后		
			出现时间	麻醉时间	痛觉反射	角膜反射	肌肉紧张度	痛觉反射	角膜反射	肌肉紧张度
甲		全量水合氯醛								
乙		半量水合氯醛								
丙		氯丙嗪+半量水合氯醛								

课后作业

分析全身麻醉时，为什么要观察体征？氯丙嗪用于麻醉前给药有什么好处？

实验十三　肾上腺素对普鲁卡因局部麻醉作用的影响的观察

观察肾上腺素对普鲁卡因局部麻醉作用的影响。

1. 动物

家兔一只。

2. 药物

0.1%盐酸肾上腺素注射液、2%盐酸普鲁卡因注射液。

3. 器材

注射器(1mL、5mL)、8号针头、剪毛剪、镊子、乙醇棉球、台秤。

（1）取家兔一只，称重，观察其正常活动，用针刺后肢，观察并记录有无疼痛反应。

（2）按2mL/kg体重，在两侧坐骨神经周围分别注入2%盐酸普鲁卡因注射液和加有0.1%肾上腺素的普鲁卡因注射液。

（3）5min后开始观察两后肢有无运动障碍，并用针刺两后肢，观察有无痛觉反应，以后每10min检查一次，观察两后肢恢复感觉的情况。

⊙ 使兔自然俯卧，在尾部坐骨嵴与股骨头之间摸到一凹陷处，即为坐骨神经部位，注射点需要准确把握。

⊙ 普鲁卡因与肾上腺素的比例，即每10mL 2%普鲁卡因注射液中加0.1%盐酸肾上腺素注射液0.1mL。

将实验结果记入表14-12。

表 14-12　局部麻醉实验结果

药物	用药前反应	用药后反应/min						
		5	10	20	30	40	50	60
普鲁卡因								
普鲁卡因+肾上腺素								

分析家兔两后肢运动和感觉恢复时间为何不同？说明普鲁卡因与肾上腺素合用进行局部麻醉的临床意义。

实验十四　消沫药的消沫作用的观察

观察松节油、煤油、二甲基硅油在体外的消沫作用，掌握其合理应用。

1. 药物

松节油、煤油、2.5%二甲基硅油、1%肥皂水。

2. 器材

试管、试管架、玻璃棒、滴管、大烧杯。

（1）取1%肥皂水数毫升，分别装入容量相同的4支试管内，振荡，使之产生泡沫。

（2）向各试管中分别滴加松节油、煤油、2.5%二甲基硅油、自来水各3~5滴，观察各试管泡沫消失的速度，并记录各试管泡沫消失的时间。

将实验结果记入表14-13。

表 14-13　消沫药作用实验结果

试样	松节油	煤油	2.5%二甲基硅油	自来水
时间/min				

分析实验结果，比较各药的作用。

实验十五　泻药的作用实验

通过实验了解容积性泻药对肠道的作用特点，掌握容积性泻药的合理应用。

1. 动物

家兔一只。

2. 药物

10%水合氯醛溶液、生理盐水、6.5%硫酸镁溶液、20%硫酸镁溶液。

3. 器材

手术台、剪毛剪、乙醇棉球、镊子、手术刀、止血钳、缝合针、缝合线、纱布、5mL注射器、烧杯等。

（1）取无消化道疾病的家兔一只，按1.5mL/kg体重耳静脉注入10%水合氯醛，使之麻醉。

（2）将麻醉后的家兔仰卧保定于手术台上，腹部剪毛消毒。

（3）切开腹壁，暴露肠管，取出一段小肠，若内容物较多，可先向大肠方向推移。

（4）在不损伤肠系膜血管的情况下，用缝合线将此段肠管每隔约3cm结扎成三段，使之互不相通。

（5）向每段肠管分别注入生理盐水、6.5%硫酸镁溶液、20%硫酸镁溶液2mL。

（6）注射完毕立即将肠管送回腹腔，缝合腹壁，并用39℃生理盐水浸湿的纱布覆盖，1h后打开腹腔，取出肠管，观察各段变化。

注意事项

- 结扎的每段肠管上的血管大小、数量尽量保持一致。
- 注射药物后各段肠管充盈度要尽可能相同。
- 为了保持腹部正常温度,覆盖的纱布要不断更换。

实验结果

将实验结果记入表14-14。

表14-14 泻药作用实验结果

药物	注射后充盈度	1h后充盈度
生理盐水		
6.5%硫酸镁溶液		
20%硫酸镁溶液		

课后作业

根据实验结果分析泻药对家兔的泻下作用,思考能起到泻下作用的适宜浓度及临床应用。

实验十六 不同浓度枸橼酸钠对血液作用的观察

实验目的

观察不同浓度枸橼酸钠对体外动物血液的作用,从而掌握枸橼酸钠的应用。

实验材料

1. 动物

家兔一只。

2. 药物

生理盐水、4%枸橼酸钠溶液、10%枸橼酸钠溶液。

3. 器材

小试管、试管架、穿刺针、5mL玻璃注射器、12号针头、恒温水浴锅、秒表、1mL吸管、小玻璃棒。

（1）取小试管四支，编号。前三管分别加入生理盐水、4%枸橼酸钠溶液、10%枸橼酸钠溶液各0.1mL，第四管空白对照。

（2）家兔心脏穿刺采血约4mL，迅速向每支试管中加入血液0.9mL，充分混匀后，放入(37±0.5)℃恒温水浴中。

（3）启动秒表计时，每隔30s将试管轻轻倾斜一次，观察血液是否流动，直至出现血凝为止，分别记录各试管的血凝时间。

- 小试管管径大小均匀且小试管清洁干燥。
- 心脏穿刺取血动作要迅速，以免血液在注射器内凝固。
- 血液加入小试管后，须立即用小玻璃棒搅拌混匀，搅拌时应避免产生气泡。
- 由采血到试管置入恒温水浴的间隔时间不得超过3min。

将实验结果记入表14-15。

表14-15　不同浓度枸橼酸钠对血凝时间的影响

药物	生理盐水	4%枸橼酸钠溶液	10%枸橼酸钠溶液	空白对照组
时间				

讨论各试管的结果，分析原因，说明其在临床上的意义。

实验十七　利尿药与脱水药的利尿作用的观察

观察呋塞米、甘露醇对家兔的利尿作用，了解利尿原理，掌握其应用。

实验材料

1. 动物
家兔三只,体重 2~3kg。

2. 药物
10% 水合氯醛、生理盐水、1% 呋塞米注射液、20% 甘露醇注射液。

3. 器材
手术台、兔开口器、台秤、乙醇棉球、5mL 注射器、剪毛剪、手术刀、止血钳、缝合线、塑料管、量筒等。

实验步骤

(1)取体重相近的家兔三只,称重并编号,按 1.5mL/kg 体重分别给三只家兔耳静脉注入 10% 水合氯醛,使之麻醉。

(2)将麻醉后的家兔仰卧保定于手术台上,腹部剪毛消毒,切开腹壁,暴露膀胱。

(3)在膀胱底部找出并分离输尿管,用缝合线在其下打一松结,在结下方输尿管上剪一小口,向肾脏方向插入一条适当大小的塑料管,抽紧松结,固定塑料管,另一端接量筒收集尿液。

(4)10min 后,按 0.5mL/kg 体重分别给三只家兔耳静脉注射生理盐水、1% 呋塞米注射液、20% 甘露醇注射液。

(5)用量筒收集并记录每 10min 的尿量,连续观察 40min,比较在不同时间段内尿量的变化和总尿量。

注意事项

- 家兔在实验前 12h 内应给予足够的饮水或青绿多汁的饲料。
- 各个家兔的体重、饮水量及给药时间尽量一致。
- 插塑料管时要避免插入输尿管肌层与外膜之间。

实验结果

将实验结果记入表 14-16。

表 14-16 药物对家兔排尿量的影响

兔号	用药前尿量/mL (10min)	药物	用药后尿量/mL			
			10min	20min	30min	40min
甲		生理盐水				
乙		1% 呋塞米				
丙		20% 甘露醇				

 **课后作业**

根据实验结果分析1%呋塞米与20%甘露醇对家兔的利尿作用特点,思考其临床应用。

实验十八　解热镇痛药对发热家兔体温影响的观察

 **实验目的**

观察解热镇痛药对人工发热动物的解热作用,掌握药物解热作用的测试方法。

 **实验材料**

1. 动物

家兔三只。

2. 药物

30%安乃近注射液、过期伤寒混合疫苗。

3. 器材

体温计、注射器、针头、乙醇棉球、台秤。

 **实验步骤**

(1) 选健康的成年家兔三只,称重并编号,用体温计测定正常体温2~3次,体温波动较大者不宜用于本实验。

(2) 按0.5mL/kg体重给1号、2号兔耳静脉注射过期伤寒混合疫苗后,每隔30min测量一次体温。

(3) 待体温升高1℃以上时,1号兔按2mL/kg腹腔注射生理盐水,2号、3号兔按2mL/kg腹腔注射30%安乃近注射液。给药后每隔30min测量一次体温,共2~3次,观察各兔体温的变化情况。

注意事项

⊙ 测量体温前应使家兔安静,将体温计刻度甩至35℃以下,头端涂以液状石蜡,轻轻插入直肠4~5cm,扶住体温计,3min后取出读数。

⊙ 正常家兔体温一般在38.5℃~39.5℃之间,体温过高者对致热原反应不良。

⊙ 致热原也可用2%蛋白胨溶液(预先加热),肌内注射,每只10mL,经1~3h体温可升高1℃以上;也可皮下注射灭菌牛奶,每只10mL,经3~5h体温可升高1℃以上。

 **实验结果**

将实验结果记入表14-17。

表14-17 解热镇痛药对发热家兔体温的影响

兔号	体重/kg	药物	正常体温/℃	发热后体温/℃	给药后体温/℃			
					0.5h	1.0h	1.5h	2.0h
1		过期伤寒混合疫苗+生理盐水						
2		过期伤寒混合疫苗+安乃近						
3		安乃近						

课后作业

根据实验结果分析安乃近的解热特点及其临床应用。

实验十九 有机磷酸酯类中毒与解救实验的观察

 **实验目的**

观察有机磷酸酯类中毒的症状,比较阿托品与碘解磷定的解毒效果。

 **实验材料**

1. 动物

家兔三只。

2. 药物

10%敌百虫溶液、0.1%硫酸阿托品注射液、2.5%碘解磷定注射液。

3. 器材

家兔固定器、台秤、5mL注射器、8号针头、乙醇棉球、剪毛剪、听诊器。

 **实验步骤**

(1) 取家兔三只,称重标记后,剪去背部或腹部被毛,分别观测并记录其正常活动、唾液分泌情况、瞳孔大小、有无粪尿排出、呼吸心跳次数、胃肠蠕动及有无肌肉震颤现象等。

(2) 按1mL/kg体重分别给三只家兔耳静脉缓慢注射10%敌百虫溶液,待出现中毒症状时,观测并记录上述指标的变化情况。如20min后未出现中毒症状,再追加$\frac{1}{3}$剂量。

(3) 待中毒症状明显时,按1mL/kg体重给甲兔耳静脉注射0.1%硫酸阿托品注射液;按2mL/kg体重给乙兔耳静脉注射2.5%碘解磷定注射液;丙兔同时注射0.1%硫酸阿托品注射液和2.5%碘解磷定注射液,方法、剂量同甲、乙两兔。

(4) 观察并记录甲、乙、丙三只家兔解救后各项指标的变化情况。

- 敌百虫可通过皮肤吸收,接触后应立即用自来水冲洗干净,切忌使用肥皂,否则敌百虫在碱性条件下可转化为毒性更强的敌敌畏。
- 解救时动作要迅速,否则动物会因抢救不及时而死亡。
- 瞳孔大小受光线影响,在整个实验过程中不要随便改变兔固定器位置,保持光线条件一致。

将实验结果记入表14-18。

表14-18 有机磷酸酯类中毒与解救结果

兔号	药物	观测指标						
		体重	瞳孔大小	唾液分泌	肌肉震颤	呼吸频率	心率	胃肠蠕动
甲	用敌百虫前							
	用敌百虫后							
	用硫酸阿托品后							
乙	用敌百虫前							
	用敌百虫后							
	用碘解磷定后							
丙	用敌百虫前							
	用敌百虫后							
	用硫酸阿托品和碘解磷定后							

有机磷酸酯类中毒时,阿托品和碘解磷定分别能缓解哪些症状,为何两者联用效果更好?

实验二十　亚硝酸盐中毒与解救实验的观察

实验目的

观察亚硝酸盐中毒的临床表现及亚甲蓝的解毒效果,了解中毒与解毒原理。

实验材料

1. 动物

家兔一只。

2. 药物

5%亚硝酸钠注射液、0.1%亚甲蓝注射液。

3. 器材

家兔固定器、台秤、5mL注射器、8号针头、乙醇棉球、体温计。

实验步骤

（1）取家兔一只称重,观察正常活动、呼吸及口鼻部皮肤、眼结膜及耳血管的颜色等情况,测量体温。

（2）按1～1.5mL/kg体重给家兔耳静脉注射5%亚硝酸钠注射液,记录时间并观察动物的呼吸、眼结膜及耳血管颜色的变化,开始发绀时测量体温。

（3）待出现典型的亚硝酸盐中毒症状后,按2mL/kg体重给家兔静脉注射0.1%亚甲蓝注射液,观察并记录解毒结果。

注意事项

- 解救时,注射亚甲蓝的剂量不能过大,否则有害。
- 要准备好亚甲蓝注射液,中毒症状明显时立即注射解救,以免家兔中毒死亡。

实验结果

将实验结果记入表14-19。

表 14-19　亚硝酸盐中毒与解救结果

检查项目	中毒前	中毒后	解毒后
呼吸			
体温			
眼结膜			
耳血管			
其他			

根据实验结果,分析用亚甲蓝解救亚硝酸盐中毒的原理及效果。

参考文献

[1] 周新民.动物药理学[M].北京:中国农业出版社,2001.

[2] 贺生中,李荣誉,裴春生.动物药理[M].北京:中国农业出版社,2011.

[3] 李春雨,贺生中.动物药理[M].北京:中国农业出版社,2007.

[4] 陈杖榴.兽医药理学[M].3版.北京:中国农业出版社,2011.

[5] 梁运霞等.动物药理与毒理[M].北京:中国农业出版社,2006.

[6] 高迎春.动物科学用药[M].北京:中国农业出版社,2002.

[7] 操继跃.兽医药物动力学[M].北京:中国农业出版社,2005.

[8] 李瑞.药理学[M].5版.北京:中国农业出版社,2003.

[9] 周立国.药物毒理学[M].北京:中国医药科技出版社,2003.

[10] 朱蓓蕾.动物毒理学[M].上海:上海科学技术出版社,1989.

[11] 沈建忠.动物毒理学[M].北京:中国农业出版社,2002.

[12] 赵兴绪,魏彦明.畜禽疾病处方指南[M].北京:金盾出版社,2003.

[13] 朱模忠.兽药手册[M].北京:化学工业出版社,2002.

[14] 曾振灵.兽医药理学实验指导[M].北京:中国农业出版社,2009.

[15] 王新,李艳华.兽医药理学[M].北京:中国农业科学技术出版社,2006.

[16] 李荣誉,王笃学,崔耀明.兽医药理学[M].北京:中国农业出版社,2007.

[17] 赵红梅,苏加义.动物机能药理学实验教程[M].北京:中国农业大学出版社,2007.

[18] 钱之玉.药理学进展[M].南京:东南大学出版社,2005.

[19] 王玉祥.药理学实验[M].南京:中国医药科技出版社,2004.

[20] 孙志良,罗永煌.兽医药理学实验教程[M].北京:中国农业大学出版社,2006.

[21] 沈建忠,谢联金.兽医药理学[M].北京:中国农业科学技术出版社,2000.

[22] 胡功政.兽药合理配伍使用[M].郑州:河南科学技术出版社,2009.

[23] 操继跃,卢笑丛.兽医药理动力学[M].北京:中国农业出版社,2005.

[24] 阎继业.畜禽药物手册[M].北京:金盾出版社,1997.

［25］张秀美.新编兽药实用手册［M］.济南:山东科学技术出版社,2006.

［26］戴自英.实用抗菌药物学［M］.上海:上海科学技术出版社,1996.

［27］吴艳.药理学实验指导［M］.北京:人民军医出版社.2004.

［28］杨宝峰.药理学［M］.北京:人民卫生出版社,2003.

［29］杨藻宸.药理学和药物治疗学［M］.北京:人民卫生出版社.2000.

［30］郭世宁,李继昌.家畜无公害用药新技术［M］.北京:中国农业出版社,2003.